致密碎屑岩油气藏测井评价技术

赵俊峰　编著

中国石化出版社

图书在版编目(CIP)数据

致密碎屑岩油气藏测井评价技术 / 赵俊峰编著.
—北京 : 中国石化出版社, 2022.3
ISBN 978-7-5114-6600-6

Ⅰ.①致… Ⅱ.①赵… Ⅲ.①碎屑岩-油气藏-油气测井-研究 Ⅳ.①TE151

中国版本图书馆 CIP 数据核字(2022)第 039377 号

中国石化出版社出版发行

地址:北京市东城区安定门外大街 58 号
邮编:100011 电话:(010)57512500
发行部电话:(010)57512575
http://www.sinopec-press.com
E-mail:press@sinopec.com
北京力信诚印刷有限公司印刷
全国各地新华书店经销

*

787×1092 毫米 16 开本 11.75 印张 274 千字
2022 年 3 月第 1 版 2022 年 3 月第 1 次印刷
定价:48.00 元

序

石油天然气作为不可再生资源是重要的能源矿产和战略性资源，直接关系到我国的经济安全和社会稳定。致密碎屑岩是我国目前最现实的重要油气勘探领域，开展致密碎屑岩油气藏评价研究具有重要的理论意义和现实意义。

测井专业作为衔接石油地质和钻井工程的纽带，始终贯穿于油气勘探开发的全过程，在致密碎屑岩油气勘探开发中更是如此。相较于其他非常规油气资源，致密碎屑岩油气藏勘探开发最早，在中国乃至全球石油产量中均占据重要地位。与常规储层相比，致密碎屑岩储层的孔隙结构复杂、非均质性强，传统的测井评价技术存在较大的非适应性。如何寻找致密碎屑岩“甜点”以获得高产工业油气流至关重要，测井技术在致密碎屑岩油气藏识别中发挥着重要作用。

《致密碎屑岩油气藏测井评价技术》是赵俊峰博士长期从事复杂油气层尤其是致密碎屑岩测井评价的成果提炼，是测井技术在致密碎屑岩油气藏勘探开发方面的总结与提升。该书包括致密碎屑岩储层测井响应特征、储层特征及其关系、储层参数评价模型、储层识别方法及油气水判别标准、成像测井资料综合应用等内容，适合从事致密碎屑岩油气勘探开发的专业人员阅读学习。为拓展测井技术在石油地质领域的应用范围，作者颇费苦心，从地质背景、输导体系、油气运移、成藏模式等4个方面论述了利用裂缝产状评价储层流体性质的理论依据及可行性。同时该书给出了大量翔实的致密碎屑岩油气勘探开发实例，便于现场工程师学习使用。该书的完成有助于促进测井技术在致密碎屑岩油气勘探开发中与其他专业深入融合应用，有助于推动我国测井技术的进步，有助于推进我国致密碎屑岩油气的长足发展。

前言

2021 年 10 月 21 日，习近平总书记在胜利油田看望慰问石油工人时讲话指出，石油能源建设对我们国家意义重大，中国作为制造业大国，要发展实体经济，能源的饭碗必须端在自己手里。目前，我国石油等大宗商品对外依存度达70%以上，蕴含着巨大的经济风险。面对百年未有之大变局，一方面，疫情后我国工业生产逐步恢复，能源需求持续上升；另一方面，受制于能源投资的周期性，新能源供给还不稳定，导致目前正在重返高油价区间。在此情形下，如何寻找包括致密碎屑岩在内的油气藏以获得更高油气产能，实现资源的有效接替至关重要。实践证明，测井技术在致密碎屑岩油气藏识别中发挥着重要作用，在这样的背景下，研究总结一套致密碎屑岩油气藏测井识别与评价技术，对于推进致密碎屑岩油气勘探开发意义重大。

测井资料是识别和评价致密碎屑岩油气藏的重要手段，不同于常规油气，除常规 9 条测井曲线外，致密碎屑岩油气藏还应着重考虑电成像、核磁共振、阵列声波、元素俘获等特殊测井资料的综合应用，只有这样，才能从地质与工程两个方面把握储层的品质，为致密碎屑岩获得高产油气提供数据支撑。本书从致密碎屑岩孔隙型油气藏到裂缝型油气藏，从页岩间砂岩油气藏到致密砂岩油气藏，翔实介绍了致密碎屑岩油气的测井解释实践，有助于技术人员全面了解我国致密碎屑岩油气勘探开发现状，学习并掌握新区块、新对象的工作思路与研究方法。

为拓展测井技术在石油地质领域的应用范围，作者从地质背景、输导体系、油气运移、成藏模式等4个方面论述了利用裂缝产状评价储层流体性质的理论依据及可行性，并以我国致密碎屑岩油气勘探开发获得突破为例，详细介绍了测井资料在致密碎屑岩油气评价中的作用，方便各类人员阅读学习；同时考虑到非测井专业技术人员的阅读难度，专门增加了“成像类测井资料综合应用”一章，简明介绍了成像类测井响应特征，最大限度地满足非测井专业技术人员的阅读。

全书共分9章，第一章区域地质概况、第二章储层测井响应特征及地层划分、第三章储层特征及其关系、第四章储层参数评价模型、第五章储层识别方法及油气水判别标准、第六章成像类测井资料综合应用、第七章测井系列优化选取、第八章应用实例、第九章认识与建议。该书有两个鲜明特点：一是创新性强：如在储层识别及油气水判别除常用方法外，还给出了裂缝产状识别法；二是使用性强：通过列举孔隙型、裂缝型、页岩间砂岩、致密砂岩的应用实例，使石油技术工作者能快速掌握致密碎屑岩油气藏测井评价技术。

本书不局限于致密碎屑岩油气藏测井评价，增加了测井系列及其响应特征、地层划分，不仅适用于有一定测井基础的技术人员使用，也适用于没有测井基础的石油地质人员阅读。

本书编写过程中，王轩然、侯立云等同志参加了校对工作，在此一并致谢。

赵俊峰

2021年12月于青岛

目录

第一章

区域地质概况

第一节　构造特征

一、构造位置

1. 自然地理位置

东濮凹陷地处中国中原地区，横跨河南及山东两省，位于豫东、鲁西南之黄河两岸，包括濮阳、清丰、范县、长垣、滑县、兰考、菏泽、东明和莘县九个县市。地理位置坐标为东经 114°22′~115°40′，北纬 30°40′~35°57′。

2. 大地构造位置

东濮凹陷属华北地台渤海湾含油气盆地南缘临清拗陷的东南部，是在中—古生界克拉通沉积岩基础上由喜山运动的作用，发生拉张、断陷而成的新生代断陷盐湖盆地。其东侧以兰聊基底断层为界与鲁西隆起上的菏泽凸起相邻，西侧以长垣基底断裂为界与内黄隆起相接，南以封丘北断层为界与开封幼陷为邻，北以马陵断层为界与临清凹陷内的莘县凹陷相望(见图 1-1-1)。

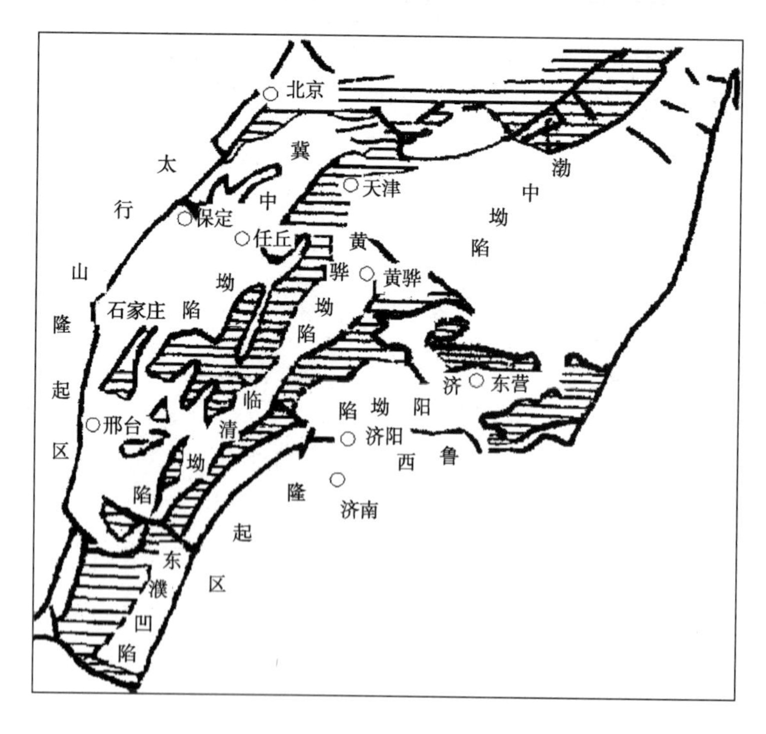

图 1-1-1　东濮凹陷大地位置图(据中原油田，2004)

二、构造演化特征

东濮凹陷由五个次级构造单元组成，即东侧陡坡带、东部洼陷带、中央隆起带、西部洼陷带和西侧缓坡带(见图 1-1-2)。不同的构造单元，其砂体分布、沉积体系以及储层性质明显不同，显示了构造对沉积和储层性质的控制作用。区域构造呈北东向展布。兰聊断层和长垣断层控制了凹陷的形成和演化，文东、文西断层影响着黄河北地区中央隆起带的形成，黄河断层则对黄河南地区的中央隆起带产生影响。除北东向构造外，还有属于派生的北西和东西向构造。次级断层的形成把盆地进一步分割成隆中有洼，洼中有隆的构造格局。东濮凹陷整体上表现为北窄南宽、东西分带、南北分区的构造格局。东濮凹陷的油气分布也表现为东西分带、南北分区的特点，且整体表现为“北富南贫”的分布特征。凹陷南北长约 160km，东西宽约 70km，面积约 5300km^2。

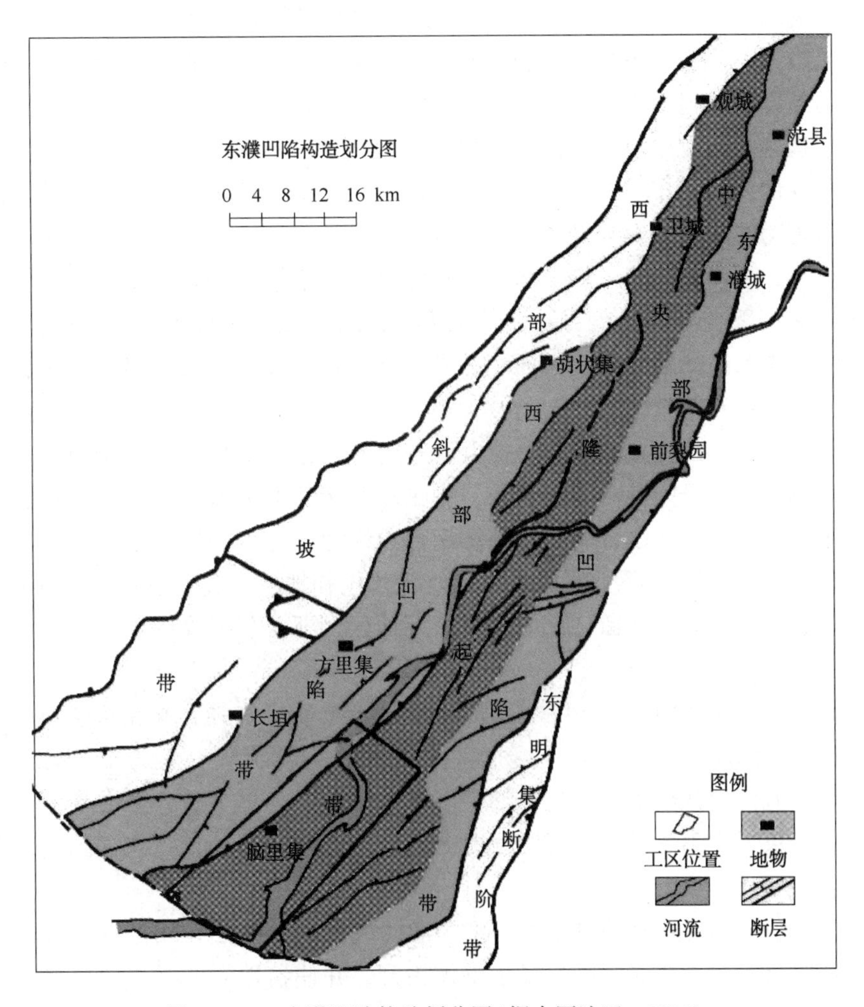

图 1-1-2　东濮凹陷构造划分图(据中原油田，2006)

相对于渤海湾盆地的其他凹陷，东濮凹陷形成相对要晚，在早第三纪始新世中期开始形成，下部缺少孔店组地层。但其演化历史同其他凹陷一样，经历了初步形成、强烈断陷、逐步萎缩的最终消亡的演化过程，具体可分五个阶段。

(1) 初陷期(Es_4)：该期为湖盆雏形期。东界兰聊断裂活动使凹陷略呈东北倾单斜(箕状)。湖盆地势较平坦，水体分布范围广，沉积体系单一，沉积作用主要发育于兰聊断层下降盘。兰聊断层在其北、中、南段明显控制了濮城、前梨园和葛岗集三个洼陷的形成。其中前梨园和葛岗集两个次洼最为发育，形成该期两个沉积中心，这说明兰聊断层下降盘“隆洼相间”的基本格局在沙四期就已初步形成。此时气候干燥，近源短河流发育，形成一套以物理风化为主，快速堆积的陆相红色碎屑沉积物，其中主要是堆积相、冲积扇，季节性河流和小型湖沼沉积。湖盆东西两侧冲积扇发育，多沿山麓分布，北部为湖相沉积。

(2) 深陷期(Es_3)：东濮凹陷控盆断裂在该期大规模活动，造成了盆地与边缘(凸起)之间的地形高差较大，东侧山系陡峭，坡降较大，西侧次之，南北两侧较缓。兰聊断层、长垣断层和黄河断层活动强烈，纵贯盆地南北的两洼(东西洼陷)一隆(中央隆起带)的构造格架完全确立。构造形态较以前更为复杂。盆内不同级别、不同序次断裂的活动使水体广而深，并控制同期的沉积分布。由于受控于兰聊断层活动的基底形态的不同，黄河南地区的构造展布显得更为复杂。表现为隆中有洼，洼中有隆的局面。该时期的沉降中心和沉积中心在前梨园洼陷、葛岗集洼陷、柳屯和海通集洼陷。深陷期是凹陷主要的含油气组合形成时期。整个湖盆面积达4300km^2，最大沉积厚度3250m，无论从水域广度或水体深度看，沙三期都是第三纪湖盆最大的时期。大面积的湖侵加之古气候潮湿及充足的物源，为各类三角洲的形成创造了有利条件。

(3) 萎缩期(Es_2—Es_1)：区域应力场由沙三期的拉张应力场变为近东西向的剪切拉张应力场。盆地基底差异升降活动得到调整，中央隆起带相对上升的活动日趋停止，形态基本定型。盆地萎缩，湖水变浅，湖盆西部和南部边缘地区遭到不同程度剥蚀。也曾发生过小规模的湖侵(Es_1)，但水体较浅，沉积一套半深水湖相地层。沉降中心位于前梨园洼陷和西部洼陷，沉积中心分布在文留、濮城和卫城等地区，湖盆与周缘物源区的地形幅度差明显减少。

(4) 衰亡期(Ed)：兰聊、长垣、黄河等断层的活动重又加强，并在这些断层下降盘快速堆积了巨厚(>2000m)的沉积物。但湖水急剧退缩，以河流相充填为主。湖盆中河网密布，水流横溢，残留湖区趋于沼泽化，整个沉积作用表现为填平补齐至准平原化。东濮湖盆全部消亡，结束了早第三纪的全部发育历史。华北运动Ⅱ幕使该区快速抬升，造成东营组区域性的剥蚀。

(5) 拗陷期(Ng—Q)：渐新世末期，整个渤海湾盆地的裂陷作用基本结束，相应发生区域隆升而使湖盆萎缩。东濮凹陷也发生整体抬升，并使盆地先期沉积地层部分遭受剥蚀均夷。这一次升降运动是整个渤海湾盆地区由断陷转为拗陷的标志，故命名为“渤海湾升降”(相当于华北运动Ⅱ幕，阎敦实等，1980)。上第三系馆陶组沉积早期，除少数断层继续有微弱活动外，多数断层已停止活动。馆陶组沉积中、晚期断层活动更加微弱，处于稳定沉降时期，明化镇组整合沉积于馆陶组地层之上。至明化镇组沉积晚期，即明上段沉积时期，整个渤海湾地区受喜马拉雅运动第三幕影响，在来自北西方向的挤压，和深部地壳下均衡调整作用及断块差异压实升降运动作用下，产生了一期晚期近东西向断层。喜马拉雅运动第三幕持续时间短，活动强度弱，在第四系沉积时已趋向平静。整个渤海湾地区又进入稳定沉降阶段，接受了第四系平原组的地层沉积。

第二节 地层特征

东濮凹陷新生界包括古近系沙河街组(Es)、东营组(Ed)；新近系馆陶组(Ng)、明化镇组(Nm)；第四系平原组(Qp)，最大累计厚度达8000m。古生界包括寒武系、奥陶系、石炭系、二叠系。其中，致密碎屑岩主要油气勘探目的层为古近系沙河街组、石炭—二叠系。沙河街组厚3500~5000m，可进一步细分为四个段，自下至上依次为沙四段(Es_4)、沙三段(Es_3)、沙二段(Es_2)、沙一段(Es_1)，石炭—二叠系可进一步细分为六个组，自下至上依次为本溪组、太原组、山西组、下石盒子组、上石盒子组、石千峰组(见表1-2-1)。

表1-2-1 东濮凹陷地层简表

地层系统						主要岩性	厚度/m	主要沉积相
界	系	统	组	段	亚段			
新生界	上第三系	上中新统	明化镇组			砂、泥岩互层	1000~1700	河流相
			馆陶组			块状砂岩层	200~620	
	下第三系	渐新统	东营组			泥岩与粉细砂岩互层	0~1000	河流相
			沙河街组	沙一	上段	泥岩、生物灰岩、白云岩	100~280	湖相
					下段	盐岩、膏岩	40~180	
				沙二	上段	膏泥岩、粉砂岩	120~600	漫湖相
					下段	砂岩夹泥岩	250~550	河流相
		始新统		沙三	沙三^1	粉砂岩、泥岩、油页岩互层	100~470	湖泊相
					沙三^2	盐岩、膏盐层	120~915	
					沙三^3	砂、泥岩互层	160~670	
					沙三^4	盐岩、膏盐层	90~1500	
				沙四	上段	灰(红)色砂、泥岩互层	70~400	
					下段	红色砂、泥岩互层	0~415	
			孔店组			砂砾岩与泥岩互层	580?	河流相

续表

地层系统						主要岩性	厚度/m	主要沉积相
界	系	统	组	段	亚段			
古生界	二叠系	上统	石千峰组			砂岩、砂页岩、泥岩		河流湖沼相
			上石盒子组			泥岩、细砂岩略等厚互层		
		下统	下石盒子组			泥岩、粉砂岩、泥质粉砂岩		
			山西组			页岩、碳质页岩、煤层		
	石炭系	中统太原组				砂岩碳质页岩铝土页岩煤层		海陆交互相
		下统本溪组				砂岩、泥岩煤层、铝土页岩		
	奥陶系	中统	峰峰组			石灰岩夹白云岩		浅海相
			上马家沟组		上段	石灰岩夹白云岩		
					下段	白云岩、白云质灰岩		
			下马家沟组		上段	石灰岩、白云岩		
					下段	白云岩		
		下统	冶里—亮甲山组			燧石白云岩、石灰岩		浅海相
	寒武系	上统	凤山组			细晶白云岩夹条带状灰岩		浅海相
			长山组			泥晶灰岩鲕状白云岩		
			崮山组			页岩、石灰岩、泥灰岩		
		中统	张夏组			鲕状灰岩		
			徐庄组			页岩、石灰岩含海绿石		
		下统	毛庄组			页岩、砂岩、泥灰岩		
			馒头组			泥岩、页岩		
			辛集组			石英砂岩、砾岩		
太古界			登封群			花岗片麻岩		

1. 石炭系

按岩性、沉积旋回及化石特征本区可分为中石炭统本溪组和上石炭统太原组。

中石炭统本溪组：中奥陶统经历长期剥蚀，在凹凸不平的古地形上接受本溪组的沉积。本区厚度在20~120m间。其岩性为：上部灰色、灰绿色泥岩，薄层状细砂岩，石灰岩或生物碎屑，石灰岩夹灰黑色灰质泥岩或煤层及火成岩，火成岩均分布在凹陷南部，下部岩性为灰色泥岩，浅灰色粉砂岩及炭质泥岩，铝土层或铁铝层呈不规则分布。本区在永城一带铝土层变为铝土质页岩，其中夹海相透镜体。

上石炭统太原组：与中统连续沉积，为海陆交互相的含煤建造，其厚度变化在30~97m之间，按岩性可分为上下两部分。上部岩性为深灰色泥岩、石灰岩、泥质灰岩夹细砂岩、石灰岩灰质泥岩夹煤层，顶部以岩或生物碎屑岩灰岩与二叠系山西组为界，岩性比较稳定。

下部深灰色泥岩、灰色细砂岩，炭质泥岩及煤层，夹不规则的铝土层，底部以硅质细砂岩与下伏地层为界。

2. 二叠系

分布范围与石炭系大致相同，分布比较普遍，属湖泊沼泽及河流相为主的一套含煤砂泥质沉积。分为上统和下统共四个组。

下统：按其岩性特征分为山西组和下石盒子组。

山西组：为陆相含煤建造，按岩性可分为上、中、下三部分，下部以灰色泥岩、白云质粉砂岩互层，灰色泥岩中产丰富的孢子花粉化石。中部为含煤地层集中段，煤层厚度大，单层可达8m称大煤层，分布稳定，为区域对比标志层。上部为深灰色泥岩、灰白色细砂岩及灰色泥岩、白云质泥岩呈不等厚互层，与上覆下石盒子组底砂岩界线清晰。

下石盒子组：岩性为灰色、暗紫红色泥岩及粉砂岩和泥质粉砂岩互层。

上统：按其岩性及古生物组合，分为两个组：上石盒子组和石千峰组。

上石盒子组：分布范围大致与下统相同，其岩性为深灰色、棕红色泥岩、紫红色泥岩夹薄层细砂岩或砾状砂岩略等厚互层。

石千峰组：岩性为紫红色泥岩、灰质砂岩、粉砂岩及棕红色泥岩互层。

3. 下第三系沙河街组

沙四段(Es_4)：与下伏三叠系呈角度不整合接触，岩性为棕红、紫红色粉砂岩、灰质粉砂岩与泥岩互层，常含有石膏团块，视电阻率测井曲线平直且数值较低，常称为“低阻红层”。最大厚度在文留—胡状集地区(厚度达350m)，向南向北逐渐变薄至缺失。地震剖面有“弱振幅、中连续、中低反射”特征。

沙三段(Es_3)：为一套暗色反旋回砂泥岩、盐岩沉积，厚度大，在中央隆起带厚1500~2600m左右，沙三段是东濮凹陷主要的生、储油层系，自下而上可分为沙三^4、沙三^3、沙三^2、沙三^{1}四个亚段。沙三段发育有三套盐岩沉积，在文留地区的沙三^4、沙三^{2}亚段分别发育厚约700m、300m的盐岩夹泥岩段。在三城地区沙三^2、沙三^{3}亚段分别有200~300m的盐岩段。这三套盐岩向北到观城、陈营、文明寨，西南向到习城集以南地区逐渐相变为薄层碳酸盐岩、油页岩和砂泥岩沉积。沙三段在东濮凹陷内大部分地区与沙四段为连续沉积，但在边缘地区如文明寨、观城、范县、高平集部分地区、东明集二台阶等地区超覆不整合在沙四之上。本次研究层位为沙三段，因此对其地层岩性特征分亚段详述如下：

沙三^{4}亚段(Es_3^4)：中下部主要为大套盐岩、石膏夹薄层灰质页岩、灰黄色薄层泥灰岩、深灰色泥岩组成。上部为深灰色泥岩、夹薄层粉砂岩、油页岩、灰质页岩。沙三^{4}亚段由凹陷中心向四周发生相变，大套盐岩相变为砂泥岩层，构成了凹陷内的三种沉积类型，即①膏盐沉积：文留南部及胡状集地区沙三^{4}亚段下部为灰白色泥膏岩、膏盐、盐岩与深灰色泥岩互层。上部为泥岩、灰质页岩夹粉砂岩、泥质粉砂岩，向南砂岩增多。文留北部至柳屯一带，其下部为灰、深灰色泥岩夹粉砂岩、油页岩，上部为灰白色膏盐层、盐岩夹灰、深灰色泥岩。②半深湖—深湖相砂泥岩沉积：分布于前梨园、兰聊断裂下降盘和濮城、卫城、葛岗集、海通集洼陷，岩性主要为灰、深灰色泥岩、薄层高电阻灰质页岩与粉砂岩互层，夹少量油页岩，砂岩灰质含量高。③滨—浅湖、三角洲砂泥岩沉积：分布于凹陷边缘及马厂构造高部位，为红色、灰色砂泥岩沉积，砂岩发育。

沙三^{3}亚段($Es_3{}^3$)：岩性为一套暗色泥岩、页岩与砂岩互层。北部卫城、柳屯地区出现盐岩。就其分布范围来说小于沙三^{4}亚段，高平集斜坡、胡状集西部、爪营等地区因剥蚀而缺失$Es_3{}^3$。根据沙三^{3}亚段地层的岩性特征，凹陷内可分为三种沉积类型：①膏盐类型，分布于濮城、卫城、柳屯地区，岩性主要为白色盐岩、膏盐层夹薄层灰色泥(页)岩、油页岩。盐岩、膏盐层累计厚度在卫城最大，可达200m。②半深—深湖相灰色砂泥岩类型，分布于前梨园、濮城、葛岗集、海通集等凹陷，岩性主要为稳定的灰、深灰色泥岩夹粉砂岩、页岩、油页岩。③滨—浅湖、三角洲相砂泥岩类型，分布于凹陷周缘和马厂、三春集构造高部位红、灰色交互的砂泥岩。砂质岩类发育，古生物繁盛。厚度在160~650m之间。

沙三^{2}亚段(Es_3^2)：文留、前梨园、柳屯、卫城等地主要为白色盐岩、膏盐层、泥膏岩夹灰色泥岩、含膏泥岩；其他地区主要为灰色泥岩夹粉砂岩及少量灰质页岩、油页岩，或灰色泥岩与粉砂岩互层，马厂地区出现红色泥岩，黄河以北地区具7个典型的高自然伽马、高视电阻率“尖峰”为特征。

沙三^{1}亚段(Es_3^1)：主要为灰、浅灰色泥岩夹粉砂岩、细砂岩、页岩、油页岩，全区较稳定，古隆起部位见红色泥岩，卫城—柳屯—前梨园一带下部见较薄盐岩沉积，厚度在120~400m之间。具若干个中—高视电阻率“尖峰”标志层。

沙二段(Es_2)：为一套红色砂泥岩，沉积环境为干旱湖盆。沙二^{下}亚段发育一套紫红、棕红、灰色泥岩与粉砂岩互层的河流相沉积，是东濮凹陷重要的储集层。沙二^{上}亚段在桥口、文留到卫城和濮城的南部为红、灰色泥岩夹泥膏岩、膏岩、盐岩，盐岩主要发育在户部寨地区，卫城、濮城及以北地区砂岩很发育，偶夹紫红、灰色泥岩，底部为一套稳定的泥岩段，是良好的区域性盖层。

沙一段(Es_1)：为暗色泥岩，砂岩、碳酸盐岩、盐膏岩。在中央隆起带两侧前梨园洼陷、柳屯—海通集洼陷以及濮卫次洼，沙一^{下}亚段主要为白色盐岩夹灰色泥(页)岩及少量泥灰岩、泥云岩。沙一^{上}亚段为灰色泥岩夹薄层粉砂岩、泥灰岩、泥云岩及生物灰岩。沙一段厚度在140~360m。

第三节　油气生成

一、烃源岩厚度

东濮凹陷生岩主要形成于始新世—渐新世强烈断陷期的深湖—半深湖环境，沉积了巨厚的富含有机质的下第三系沙河街组地层，为该层系油气生成奠定了物质基础。东濮凹陷在两洼一隆的构造格局下发育有5个次级生烃洼陷：东部洼带分为濮城—前梨园洼陷、葛岗集洼陷；西部洼陷带分为观城、柳屯—海通集洼陷、南何家—孟岗集洼陷。由于东濮双断式断陷湖盆下陷速度快、幅度大、物源补给充分，因而形成的烃源岩厚度比较大（见表1-3-1）。在两大沉积旋回中沙四段—沙三段—沙二段稳定沉积时间长，烃源岩厚度大，具有沙四上、沙三段两套烃源岩，最大厚度800～2400m，平均500～910m；上旋回沙一段的暗色泥岩，最大厚度500m，平均200m。另有C-P系煤成气作为第二气源。

表1-3-1　东濮凹陷下第三系沉积岩、烃源岩数据表

洼陷区	沉积岩		暗色泥岩		烃源岩		成熟烃源岩体积/km^3	烃源岩占沉积岩体积占比/%	烃源岩中成熟烃源岩体积比/%
	最大厚度/m	体积/km^3	最大厚度/m	体积/km^3	最大厚度/m	体积/km^3			
濮—前	5450	2600	2610	1123	1900	860	849	33	98.7
柳—海	4510	1750	2100	767	1600	618	596	35	96.5
南—孟	4250	2852	1600	911	1250	714	712	25	99.6
葛岗集	3300	1904	1530	702	1150	576	510	30	88.5
观城	1750	183	355	36	300	33	19	18	57.5
累计	—	9292	—	3539	—	2801	2686	30（平均）	90（平均）

二、有机质丰度及类型

1. 有机质丰度及分布特征

一个含油气盆地沉积岩石中，分散有机质丰度是油气层生成的物质基础。根据我国陆相烃源岩的有机质丰度标准（见表1-3-2），东濮凹陷生烃有机质丰度均达到了好的烃源岩标准，但各层段有机质丰度指标相对含量差别较大（见表1-3-3）。

表1-3-2　我国陆相烃源岩评价标准

级别	有机碳/%	氯仿沥青“A”/%	烃含量/10^{-6}
最好烃源岩	1.5～2	>0.15	>1000
好烃源岩	1～1.5	0.1～0.15	500～1000
较好烃源岩	0.6～1	0.05～0.1	200～500
较差烃源岩	0.4～0.6	0.01～0.05	100～200
非烃源岩	<0.4	<0.01	<100

表1-3-3　东濮凹陷各洼陷分段有机质丰度比较表

次凹名称	层位	有机碳		氯仿沥青“A”		总烃		残余生油潜量（s_1+s_2）	
		平均	样品数	平均	样品数	平均	样品数	平均	样品数
观城	Es_1	1.10	6	0.0379	1			2.93	6
	Es_2	0.94	9					2.57	9
	Es_{3+4}	1.12	36	0.1206	4			2.95	33

续表

次凹名称	层位	有机碳		氯仿沥青“A”		总烃		残余生油潜量(s_1+s_2)	
		平均	样品数	平均	样品数	平均	样品数	平均	样品数
濮—前	Es_1	1.25	114	0.0908	21	300	9	3.85	111
	Es_2	0.60	60	0.0740	2			0.56	71
	Es_{3+4}	1.06	244	0.1710	105	1260	50	2.16	184
柳—海	Es_1	1.56	15	0.1077	16	394	6	9.40	4
	Es_2	1.46	13	0.0190	2			6.15	10
	Es_{3+4}	0.90	151	0.0963	112	491	75	1.85	89
北部	Es_1	1.28	135	0.0965	38	338	15	3.99	121
	Es_2	0.77	82	0.0465	4			0.95	58
	Es_{3+4}	1.01	431	0.1317	222	798	126	2.15	306
葛岗集	Es_1	0.82	35	0.0811	39	292	21	2.18	36
	Es_2	0.42	35	0.1038	2			0.30	36
	Es_{3+4}	0.51	244	0.0565	103	258	70	.039	192
南—孟	Es_1	0.60	22	0.0614	22	435	19	1.18	21
	Es_2							0.57	7
	Es_{3+4}	0.48	4	0.0400	4	246	4	0.47	4
南部	Es_1	0.74	57	0.0740	61	360	40	1.81	57
	Es_2	0.42	35	0.1038	2			0.34	43
	Es_{3+4}	0.51	248	0.0588	107	257	74	0.39	196

(1) 有机碳

沉积岩石中有机碳的百分含量是目前所使用的丰度值中较能反映其原始有机质浓度的指标之一，本区按层段比较，以沙三段及沙一段为最好平均为1%以上，沙二段次之平均0.3%~0.7%。按南北两区比较，北区为1%高于南区的0.5%。按洼陷比较，濮城—前梨园洼陷、柳屯—海通集洼陷最好，葛岗集与南何家—孟岗集洼陷次之。

有机碳的平面分布严格受着沉积条件的控制。沙三段—沙四上段沉积时期，北部前梨园及海通集洼陷均为有机碳分布的高值区，其含量一般在1.2%~1.4%以上，这两个地区实际上既是北部的沉积中心，又是沉降中心；南部有机碳的环带状分布规律则不明显。沙一段沉积时期，北部前梨园及海通集洼陷仍为沉积中心，有机碳仍呈环带状分布；南部葛岗集洼陷仍亦为沉积中心，有机碳呈明显的环带状分布。上述资料表明：有机碳的平面状分布可以进一步揭示出本区前梨园及海通集和葛岗集洼陷为本区的沉积中心，由于前梨园洼陷面积大、沉积连续，而且是继承性洼陷，因而也是本区油气生成条件最好的洼陷。

（2）氯仿沥青“A”

沉积岩中氯仿沥青“A”的含量是反映其可溶有机质的丰度指标。而沉积岩中可溶有机质的多少既与原始母质丰度有关，又与其母质性质及热成熟度密切相联系。从油气生成的观点出发，氯仿沥青“A”含量的多少是判别烃源岩更直接的指标。

东濮凹陷各层段氯仿沥青“A”含量沙一段平均值约$600\times10^{-6}\sim960\times10^{-6}$，沙三段—沙四上段为$400\times10^{-6}\sim1730\times10^{-6}$，沙二段为$300\times10^{-6}\sim1000\times10^{-6}$，一般以沙三段—沙四上段为最好，沙一段次之，沙二段较差。各洼陷比较，以濮城前梨园洼陷最好（平均值为$700\times10^{-6}\sim1700\times10^{-6}$），柳屯—海通集洼陷次之（平均值$700\times10^{-6}\sim1190\times10^{-6}$），葛岗集和孟岗集洼陷较差（平均值一般为$500\times10^{-6}\sim800\times10^{-6}$）。北区优于南区。

沙三段—沙四上段古云集、前梨园、东明集及三春集的氯仿沥青“A”均出现高值区，一般在$2000\times10^{-6}\sim4000\times10^{-6}$之间，观城、柳屯、海通集也出现了明显的高值区，一般在$2000\times10^{-6}\sim3000\times10^{-6}$之间。沙一段氯仿沥青“A”平面分布几乎与沙三段—沙四上段近似。氯仿沥青“A”含量沿洼陷呈环带状分布的规律与有机碳的分布规律基本相同，而且在母质丰度基本一致的前提下，由于氯仿沥青“A”的含量随埋深的增加而增高，因而环带分布的规律性更明显。中央构造带仍属低值区。氯仿沥青“A”的平面分布进一步证实，除黄河南的西部南何家—孟岗集洼陷未发现氯仿沥青“A”沿洼陷呈环带状分布外，其余各洼陷都呈现这一规律，说明存在这一规律的洼陷都具有一定的生烃能力，尤其是濮城—前梨园洼陷，氯仿沥青“A”的含量高达4000×10^{-6}以上，是本区最好的生烃洼陷。

（3）总烃

总烃是判别烃源岩的最有效指标。总烃的含量与母质类型的热演化程度的关系更为直接，因此，在利用总烃衡量有机质丰度时，只有在热演化条件一致的前提下，才能反映其本来面貌。

东濮凹陷各生烃层段中总烃的变化趋势是北区大于南区，北区沙一段为$320\times10^{-6}\sim340\times10^{-6}$，沙三段—沙四上段为$480\times10^{-6}\sim800\times10^{-6}$，南区沙一段为$300\times10^{-6}\sim360\times10^{-6}$，沙三段—沙四上段为$210\times10^{-6}\sim260\times10^{-6}$。北区由于沙一段埋藏较浅，成熟度较低，尽管沙一段的有机碳含量（1.2%～1.3%）高于沙三段—沙四上段（0.9%～1.0%），但总烃量却远低于沙三段—沙四上段。南区总烃在各层段的变化规律与有机碳相同，即沙一段高于沙三段—沙四上段。其原因是南区沙一段埋藏较深，大多已达成熟阶段。从总烃的变化表明，本区以濮城—前梨园洼陷最高（$730\times10^{-6}\sim1280\times10^{-6}$），其余各洼陷均稳定在$200\times10^{-6}\sim400\times10^{-6}$。

（4）生烃潜量（S_1+S_2）

烃源岩中直接热解出的可溶烃（S_1）及干酪根热解烃（S_2）的总量称之为生烃潜量。这是一个既与原始有机质丰度有关，又与母质类型性质相关联的一个具有定量意义的生烃指标。根据统计资料表明有，本区北部沙一段平均生烃潜量为2.74～3.99kg/t，沙三段—沙四上段为1.22～2.16kg/t，沙二段仅为0.61～0.95kg/t。南部沙一段平均生烃潜量为1.17～1.81kg/t，沙三段—沙四上段为0.29～0.4kg/t，沙二段仅为0.18～0.34kg/t。从上述数据看仍然是北区优于南区。如果以各层段比较，无论是北区或南区均出现沙一段最好、沙三段—沙四上段次之、沙二段较差的状态。在各洼陷中，柳屯—海通集洼陷沙一段生烃潜量竟高达7.88~9.40kg/t(4个样品)沙二段高达5.46~6.64kg/t，见表3-2-2，这是一个值得注意的地区。根据蒂索等人把残留生烃潜力低于2kg/t划分为非烃源岩，仅能生成一部分天然气；而把生烃潜力为2~6kg/t划分为中等烃源岩，6kg/t以上为好烃源岩，用这一标准来衡量，东濮凹陷北部地区只能属较差烃源岩区，仅柳屯—海通集洼陷的沙一段及沙二段可达好的烃源岩标准。黄河南部基本上属于较差烃源岩区。但根据东濮凹陷各洼陷沙河街组生烃潜量频率分布，北部沙一段50%以上的样品生烃潜量在2.57kg/t以上，而沙三段—沙四上段也有30%以上的样品生烃潜力在2.57kg/t以上，黄河南部沙一段尚有30%的样品生烃潜力大于2.57kg/t以上，但沙三段—沙四上段样品生烃潜力在2.57kg/t以上者几乎没有了。生烃潜量分布进一步说明，北部优于南部。

根据东濮凹陷南北两区及各洼陷的有机碳、氯仿沥青"A"、总烃及生烃潜量等四项指标比较，总的趋势是北区优于南区，凹陷北部属于中等烃源岩，而南部属于较差烃源岩，一般以生气为主，只能生成一定数量的石油。各洼陷中又以连续继承性好的前梨园洼陷为最好。从层位上比较，沙一段及沙三段—沙四上亚段均有生烃能力，而沙一段的有机质丰度还高于沙三段—沙四上亚段，但由于沙一段埋藏较浅，成熟度较低，平均的烃转化率还是沙三段—沙四上段高于沙一段。值得注意的是，沙二段的暗色泥岩各项有机质丰度指标均已达生烃层的界限范围，说明具有一定的生烃能力。

2. 生烃有机母质(干酪根)类型

烃源岩定量评价中，分散有机质是基础，而生烃有机母质性质及类型是判别生烃能力大小的关键，对生烃潜力起决定作用的还是良好的母质性质。表1-3-4是东濮凹陷成烃有机质的性质及类型统计。Ⅰ型为腐泥型、$Ⅱ_1$型为腐殖—腐泥型、$Ⅱ_2$型为腐泥—腐殖型、Ⅲ型为腐殖型。从表中可以看出东濮凹陷主要生烃层为沙三段—沙四上段，北区以腐泥型(Ⅰ型)、腐殖—腐泥型($Ⅱ_1$型)干酪根为主，南区则以腐殖型(Ⅲ型)、腐泥—腐殖型($Ⅱ_2$型)干酪根为主。

表1-3-4 东濮凹陷下第三系烃源岩镜下鉴定、电镜扫描统计

洼陷地区	层位	样品数量	Ⅰ型		$Ⅱ_1$型		$Ⅱ_2$型		Ⅲ型	
			个数	%	个数	%	个数	%	个数	%
观城	Es_3	1	1							
濮城—前犁园	Es_1									
	Es_3、$Es_4^{上}$	41	8	19.5	17	37.8	8	19.5	8	19.5
柳屯—海通集	Es_1	3	2		1					
	Es_3、$Es_4^{上}$	28	9	32.1	5	17.9	5	17.9	9	32.1
凹陷北部	Es_1	3	2		1					
	Es_3、$Es_4^{上}$	70	18	25.7	22	31.4	13	18.5	17	24.3

续表

洼陷地区	层位	样品数量	Ⅰ型		$Ⅱ_1$型		$Ⅱ_2$型		Ⅲ型	
			个数	%	个数	%	个数	%	个数	%
葛岗集	Es_1	5	1	20	2	40	2	40		
	Es_3、Es_4上	42			7	16.7	7	16.7	28	66.7
南何家—孟岗集	Es_1									
	Es_3、Es_4上									
凹陷南部	Es_1	5	1	20	2	40	2	40		
	Es_3、Es_4上	42			7	16.7	7	16.7	28	66.7
全凹陷	Es_1	8	3	37.5	3	37.5	2	25		
	Es_3、Es_4上	112	18	17	29	25.8	20	17.9	45	40.2
	$Es_1Es_3Es_4$上	120	21	17.5	32	26.7	22	18.3	45	37.5

第四节　流体性质

一、地层水性质

据苏林(Sulin，1946)分类标准，三叠系地层水型基本为$CaCl_2$型，地层水总矿化度在$2.5\times10^4\sim11.8\times10^4$mg/L之间，密度在1.02~1.11g/cm^{3}之间，pH值为6.0~7.1、呈弱酸性，属中、高矿化度地层水(见表1-4-1)。

表1-4-1　东濮凹陷三叠系水分析成果表

井号	井段/m	pH值	阳离子			阴离子			总矿化度/(mg/L)	水型	密度/(g/cm^3)
			K^++Na^+	Ca^{+2}	Mg^{+2}	Cl^-	SO_4^{-2}	HCO_3^-			
明457	2400.0~2436.9	6.0	40725	1128	124	63281	1967	680	107905	$MgCl_2$	1.105
明471	2560.0~2623.0	6.0	43661	1840	186	69179	2205	493	117563	$CaCl_2$	1.071
明471	2122.5~2147.5	7.1	30656	14415	175	60278	2014	454	107993	$CaCl_2$	1.061
卫75-12	3100.5~3109.6	6.0	34174	2146	310	56382	1225	150	94388	$CaCl_2$	1.071
明470	2547.4~2579.6	/	/	/	/	51748	/	/	86753	$CaCl_2$	/
卫77-4	2858.4~2877.0	/	/	/	/	50790	1593	/	87710	Na_2SO_4	/
卫77-4	2743.1~2771.4	/	/	/	/	22650	498	/	39740	Na_2SO_4	/
卫77-4	2743.1~2771.4	/	/	/	/	77390	399	/	128900	$CaCl_2$	/
卫77-3	3001.6~3019.1	/	9330	348.5	62.2	14910	123	/	25080	$CaCl_2$	1.021

二、原油性质

三叠系原油密度在0.871~0.919g/cm³之间，黏度在34.0~119.7mPa·s之间，含硫量在0~1.14%之间，根据原油分类标准，三叠系原油属于含硫、中—高黏度中质原油(见表1-4-2)。

表1-4-2　东濮凹陷三叠系地面原油性质分析统计表

井号	井段/m	密度/(g/cm³)	黏度/(mPa·s)	凝固点/℃	含硫/%	初馏点/℃
卫75-10	2709.8~2759.3	0.8710	34.60	23	/	/
卫75-3	2770.6~2833.1	0.8863	33.99	/	/	/
明463	1962.0~2025.0	0.8755	74.76	31	/	/
卫77-3	3001.6~3019.1	0.8839	/	/	/	/
明48	2332.2~2342.8	0.8877	119.7	29	1.14	/
明123	2284.0~2327.0	0.8915	104.9	30	0.97	/
卫75-4	2732.0~2795.0	0.9189	85.4	23	/	/

第五节　勘探开发现状

东濮凹陷是一个油气资源十分丰富的凹陷，平面上油气分布具有两个显著特点：一是“北富南贫”。凹陷南部与凹陷北部油气资源量之比为1∶12，已探明的油气储量中95%分布在北部约2000km²的范围内，而南部近3000km²的区域内仅占5%。二是“中央隆起带富油”。主要集中在北部中央隆起带，已探明的油气地质储量的80%分布于此，其中文留、濮城成为超亿吨级大油田。纵向上已在Ed-Es_4发现油气藏，探明储量成为鞍形，Es_3^1、Es_3^2及两端$Es_2^{上}$、Es_1、Ed、Es_3^4、Es_4较少，这主要是受烃源岩的盖层分布控制。油气藏特点是不同层系、不同成因、不同控制因素形成的油气藏叠加连片的复式油气聚集。北部中央隆起带是以多含油气层系、多油气藏类型、灌满程度高为特点的复式油气聚集区；其他地区盖层条件稍差，地层剥蚀，圈闭条件及油源条件不如北部，油气藏高度小，相对分散，油气富集度低，层位较单一，只有局部较富集。构造圈闭间差异较大。在天然气的构成类型上南北不同，北部以下第三系的油成气为主，南部发石炭—二叠系的煤成气为主。根据第三次资源评价的结果，东濮凹陷总资源量为石油12.37×10⁸t，天然气3675.12×10⁸m³。扣除已探明的油气储量(4.8369×10⁸t，425.48×10⁸m³)，还有剩余石油资源量7.5331×10⁸t，剩余天然气资源量2679×10⁸m³(见表1-5-1)。

2007年以来，东濮凹陷三叠系的油气勘探工作不断取得新进展，明462、卫75-10、卫75-3等井相继在三叠系获工业油流，表明三叠系是东濮凹陷又一个含油气层系。卫77-3井在三叠系测井解释油层26层59.7m，投产后自喷，获日产64t高产油流，东濮凹陷三叠系油气勘探工作取得重大突破。随后，中原油田又迅速部署、完钻 15 口三叠系的井，其中测试的 10 口井，有 8 口井在三叠系获工业油流。至此，东濮凹陷三叠系裂缝性油藏已见规模。中原油田三叠系油气藏勘探的突破已被中国石化集团公司定为当年两项重大突破之一。

表 1-5-1　东濮凹陷各区带三次资源量和剩余资源量统计表

地区	探明储量		剩余资源量		总资源量		探明率		勘探程度
	油/10^8t	气/10^8m^3	油/10^8t	气/10^8m^3	油/10^8t	气/10^8m^3	油	气	
西部斜坡带	0.5691		2.21	462	2.77	474	0.205	0	203 口/2500km^2 =0.0812(低)
中央隆起带北部	4.0532	318	4.32	1001	8.38	1887	0.484	0.241	560 口/700km^2 =0.8(成熟区)
中央隆起带南部	0.2065		0.59	621	0.80	641	0.258	0	213 口/1000km^2 =0.213(中)
兰聊带	0.0081	78	0.41	595	0.42	673	0.019	0.116	72 口/1100km^2 =0.0654(低)
合计	4.8369	396	7.53	2679	12.37	3675	0.391	0.1078	1067 口/5300km^2 =0.2013(中)
深层气	0.1822	11	1.40	1993	1.58	2004	0.115	0.005	

2010 年以来，逐渐形成了卫城构造及文明寨构造两个主体区块，落实探明含油面积 5.01km^2，探明石油地质储量 184.19×10^4t、可采储量 73.68×10^4t、提交控制储量 149.66×10^4t；控制含气面积 9.84km^2、天然气地质储量 21.77×10^8m^3。开发上也形成了稳定产能，年净增原油 3.6×10^4t，2010 年 1 月~2013 年 6 月累计产油 12.6×10^4t。

三叠系裂缝性油藏的成功勘探开发为中原油田增储上产提供了支撑，为中国石化东部老区增添了新活力。

第二章

储层测井响应特征及地层划分

测井评价的本质就是一个正反演的过程，正演是反演的前提，没有正演的反演是不可靠的，甚至是荒谬的。因此，明确不同岩性在测井曲线上的响应特征是准确识别致密碎屑岩储层岩性及储层储集空间类型的前提。准确识别不同岩性的测井响应特征，并应用这些特征进行油气资源的勘探与开发，具有重大意义。

第一节　典型岩性测井响应特征

东濮凹陷深埋藏的致密地层岩性主要有砂岩、泥岩、盐岩、灰岩、白云岩、硬石膏、煤以及炭质泥岩这 8 种岩性。作为储层的碳酸盐岩主要分布于古生界奥陶系，而砂岩主要分布于沙河街组、三叠系及二叠系。通过“四性”关系研究，归纳和总结了这 8 种岩性的测井响应模式。

（1）砂岩测井响应模式

东濮凹陷砂岩主要分布于沙河街组、三叠系及二叠系，三叠系及二叠系砂岩不同于下第三系，具有岩性致密、双重介质等特性，其测井响应特征为(见图 2-1-1)：

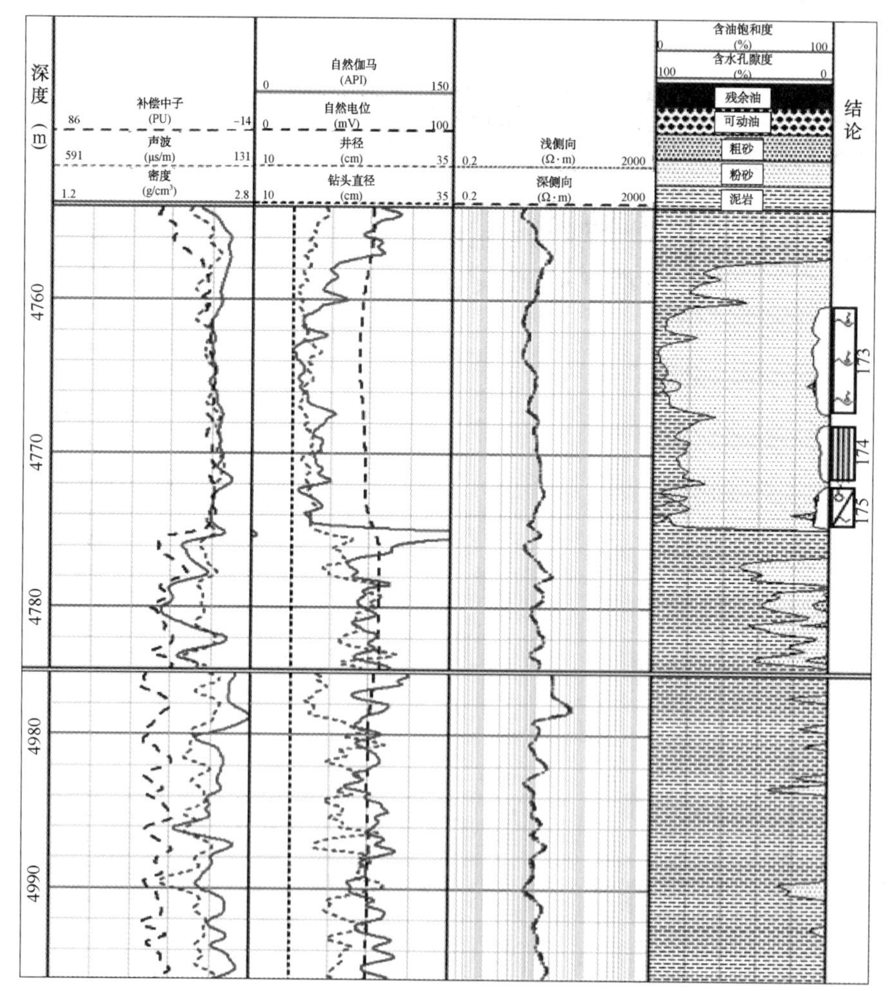

图 2-1-1　砂岩及泥岩的测井响应特征

① 自然伽马低值，自然电位明显异常，井径缩径。

② 三孔隙度测井曲线互容收敛，厚层的声波时差值在 226μs/m 左右。

③ 渗透性(粉)砂岩深浅电阻率有径向差异，因储层所含流体性质的不同，电阻率大小有不同测井响应特征。一般水层电阻率呈凹状、高侵、值低，油气层电阻率形态呈凸状、低侵、值高。

④ 在成像测井图上砂岩呈橘黄色，夹暗色条带，可见层理或裂缝发育。

⑤ 偶极声波变密度图上看：各首波到达时间均较早，波列清晰，纵波、横波、斯通利波衰减小。

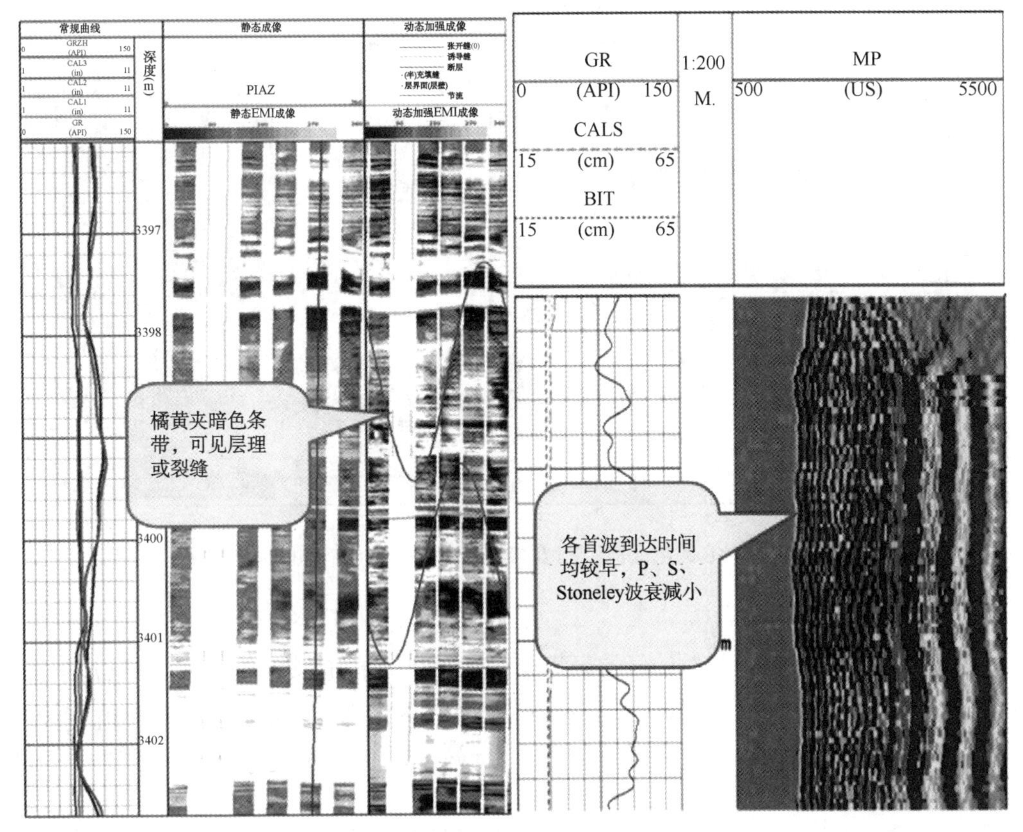

图 2-1-2　砂岩的电成像(左)及多极子阵列声波(右)测井响应

(2) 泥岩测井响应模式

泥岩是已固结成岩的，但层理不明显，或呈块状，局部失去可塑性，遇水不立即膨胀的沉积型岩石，即一种层理或页理不明显的黏土岩。泥岩有如下的测井响应特征(见图 2-1-1)：

① 自然伽马值高，自然电位平直(基线)，井径扩径。

② 在互容刻度下三孔隙度测井曲线呈“发散”或“平行”状。

③ 电阻率值相对较低，不同探测深度的电阻率大多基本重合。

④ 电成像图上表现为暗色团块状，通常有纹层和层理发育(见图 2-1-3)。

⑤ 泥岩在偶极声波变密度图上表现为纵、横、斯通利波的首波到达晚，纵波衰减小，横波和斯通利波衰减大(见图 2-1-3)。

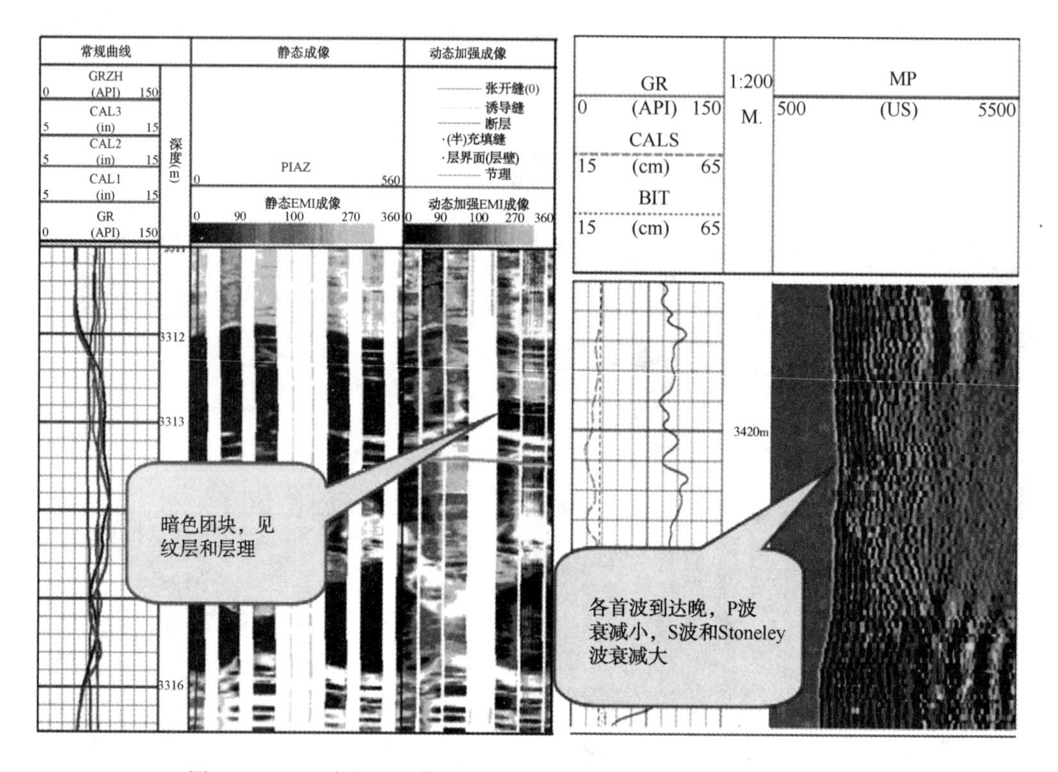

图 2-1-3　泥岩的电成像(左)及多极子阵列声波(右)测井响应特征

(3) 盐岩测井响应模式

盐岩是一种蒸发矿物，其对油气的聚集和保存起到了很好的封盖作用，是优质的盖层；加上盐岩的塑性流动特性，较好的识别盐岩层对保护套管也有重大意义。在东濮深层地层中，盐岩主要分布在沙河街组，盐岩呈现“四低一高一扩一异常”的测井响应特征，其测井响应模式为(见图 2-1-4)：

① 自然伽马低值，自然电位不规则异常，井径扩径严重。

② 声波时差、补偿中子、密度低值。

③ 双感应电阻率异常高值。

④ 偶极声波变密度图上看，各首波到达时间早，纵、横波衰减小，斯通利波衰减较大(见图 2-1-5)。

⑤ 在成像测井图上表现为大面积黄色—亮黄色夹暗色条带或块状(见图 2-1-5)。

(4) 灰岩测井响应模式

东濮深层中，灰岩主要分布于奥陶系，其测井响应模式为(见图 2-1-6)：

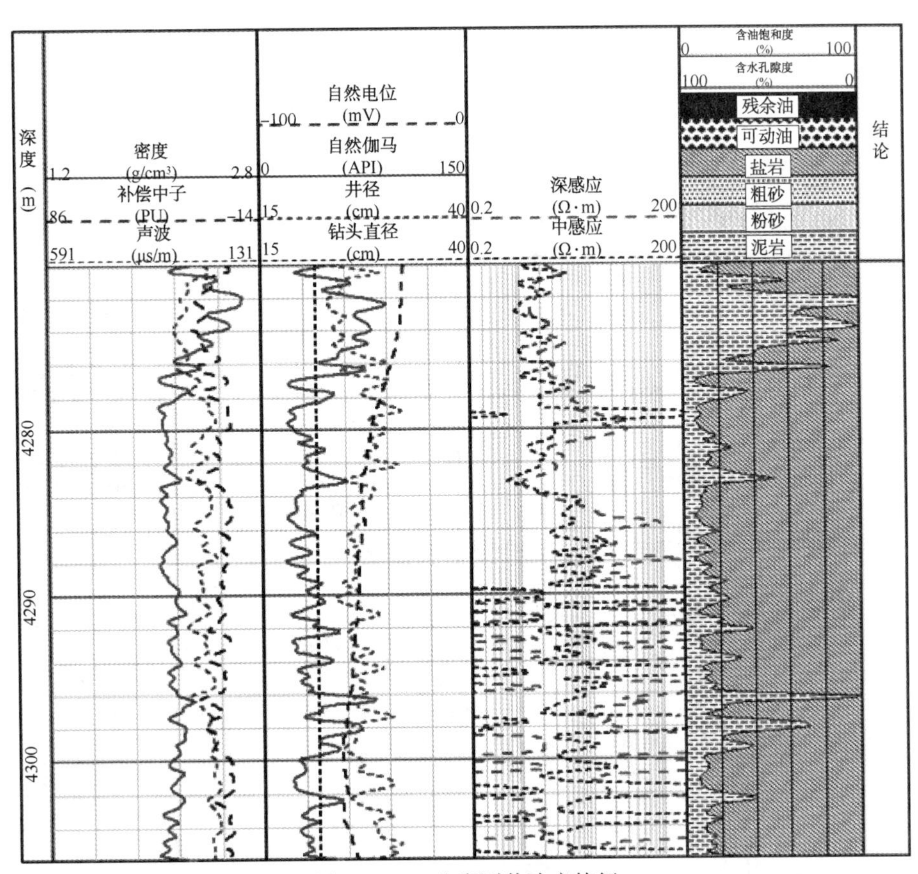

图 2-1-4　盐岩测井响应特征

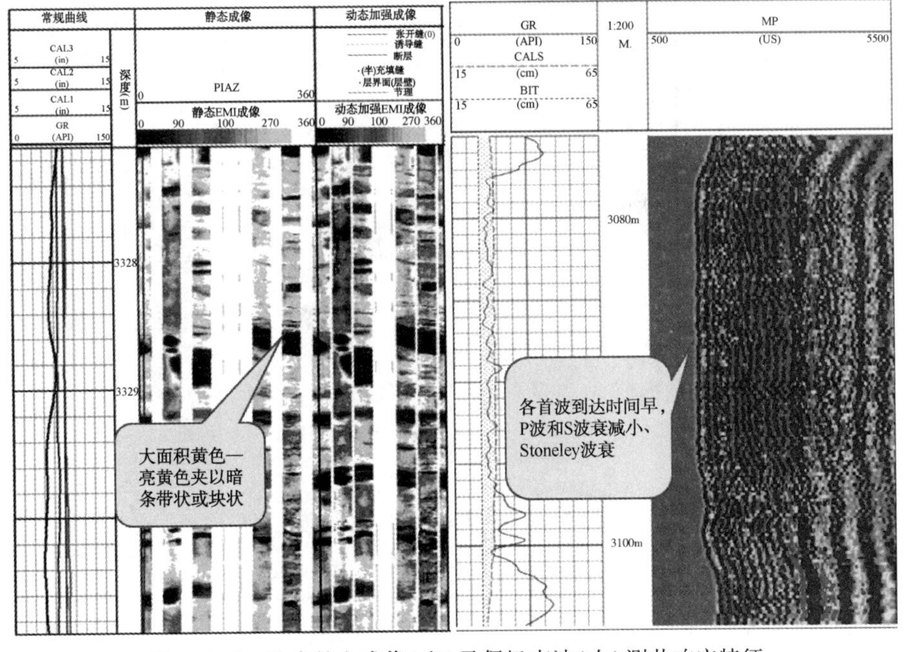

图 2-1-5　盐岩的电成像(左)及偶极声波(右)测井响应特征

① 自然伽马曲线低值，井径缩径。

② 声波时差呈低值、多在 156μs/m 左右，补偿中子接近于零，密度接近其骨架值、约为 2.71g/cm^3。

③ 电阻率曲线呈现明显高值特征。

④ 电成像图为亮黄色到白色、部分层段可见一定的成层性，缝合线构造较为发育。

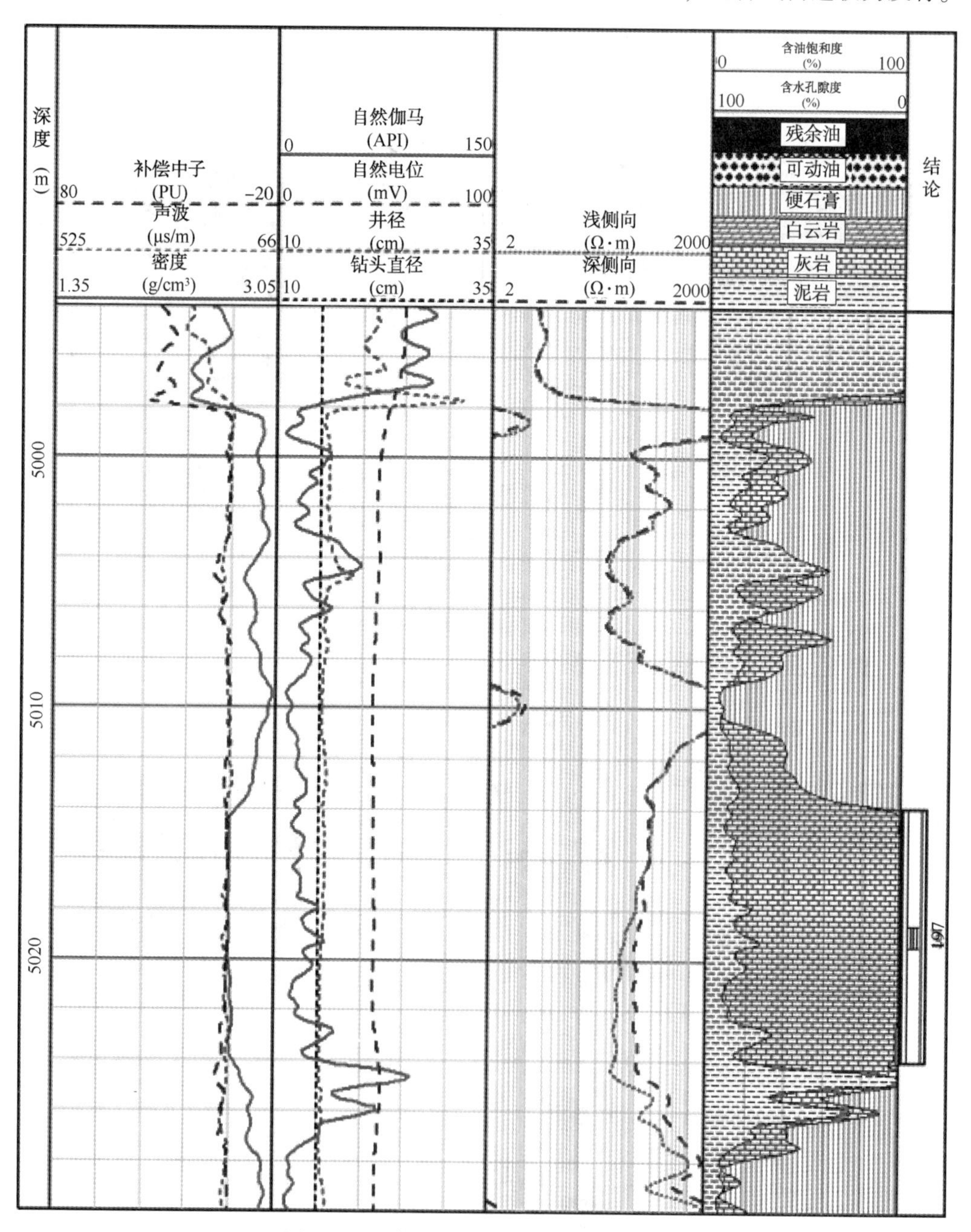

图 2-1-6　灰岩及硬石膏的测井响应特征

（5）硬石膏测井响应模式

东濮深层地层中，硬石膏多分布于奥陶系，其测井响应模式为(见图 2-1-6)：

① 自然伽马曲线低值，井径缩径。

② 声波时差、补偿中子呈低值，密度值较高、接近其骨架值 2.98g/cm^3。

③ 电阻率曲线呈现异常高值特征。

④ 电成像图为亮黄色到白色、块状结构明显。

（6）白云岩测井响应模式

白云岩亦分布于东濮深层奥陶系地层，其测井响应特征为(见图 2-1-7)：

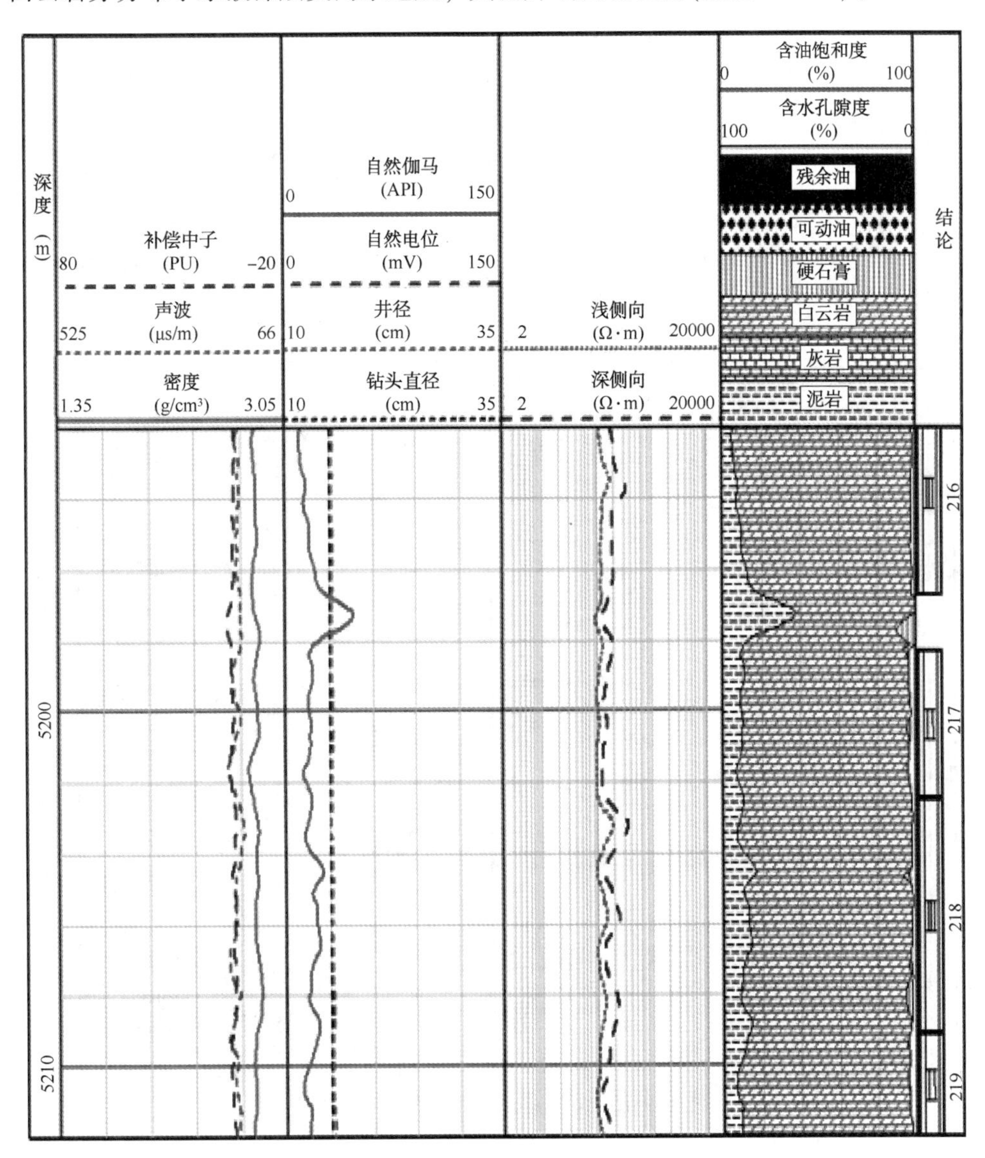

图 2-1-7　白云岩的测井响应特征

① 自然伽马曲线低值(略高于灰岩)，井径缩径。

② 声波时差、补偿中子值较低，密度值多在2.71~2.87g/cm³之间。

③ 电阻率数值呈高值，若溶蚀孔洞发育则大段数值明显降低。

(7) 煤的测井响应模式

东濮深层中，煤系地层主要分布于上古生界石炭—二叠系，煤层具有“三高三低一扩”的测井响应特征，其测井响应模式为(见图2-1-8)：

① 电阻率、声波时差、补偿中子呈高值。

② 自然伽马、密度、光电吸收截面指数低。

③ 井径扩径，自然电位变化不明显。

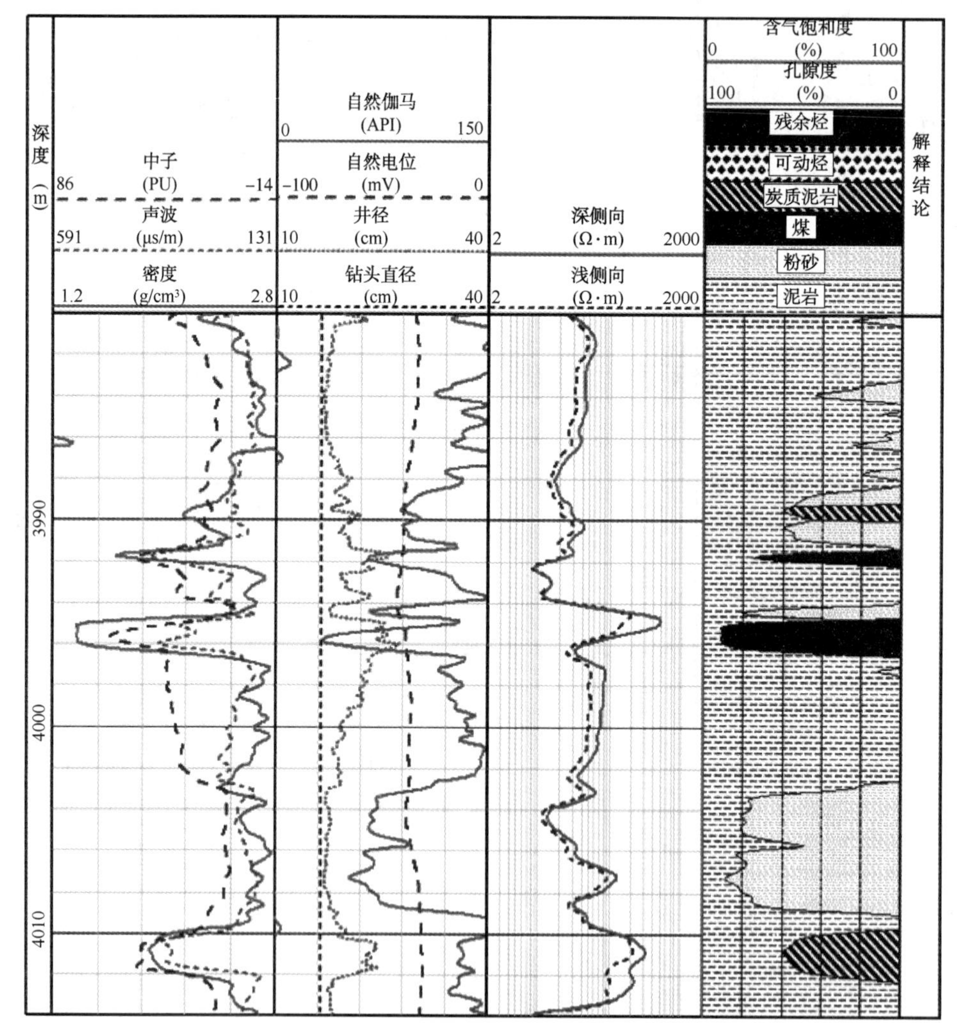

图2-1-8 煤及炭质泥岩的测井响应特征

(8) 炭质泥岩测井响应模式

炭质泥岩是含有大量炭化有机质的泥岩，因此它与煤有相似的三孔隙度测井曲线特征，因其灰分含量较高，炭质泥岩的密度曲线数值比煤的稍高，同时炭质泥岩的自然伽马曲线和电阻率曲线与泥岩有相似的特征，其测井响应特征为(见图 2-1-8)：

① 电阻率低值或中低值、声波时差、补偿中子值较高。

② 自然伽马曲线数值高值。

③ 井径扩径，自然电位变化不明显。

第二节　储层测井响应特征

与常规储层相比，致密碎屑岩储层的孔隙结构复杂、非均质性强，测井响应特征弱化，储层识别的难度较大。以东濮凹陷三叠系裂缝性储层为例，由于裂缝性储层的测井响应机理不同于孔隙型储层的测井响应机理，尤其是两者的导电机理差异较大；再者三叠系储层岩性多为粉砂岩且局部砾石发育，岩性较下第三系致密；电阻率数值多在 3.0~30.0Ω·m，三叠系储层的测井响应特征与新生界下第三系孔隙型储层已明显不同。过去，由于地质认识的局限性(三叠系地层划分、储层类型等当时尚无确定)与测井资料的有限性(仅有常规测井资料)，解释人员基本沿用了下第三系的储层测井响应特征对三叠系储层进行识别与划分，致使一部分油层在一开始就被误判为不产液的干层。

通过对测井响应机理研究，结合试油测试资料及区域地质特征，强化常规测井—电成像—核磁共振测井三者的综合应用，总结了三叠系砂岩裂缝性储层的测井响应特征。与裂缝不发育的储层相比，测井曲线在裂缝发育的储层上有以下测井响应特征(见图 2-2-1 和图 2-2-2)：

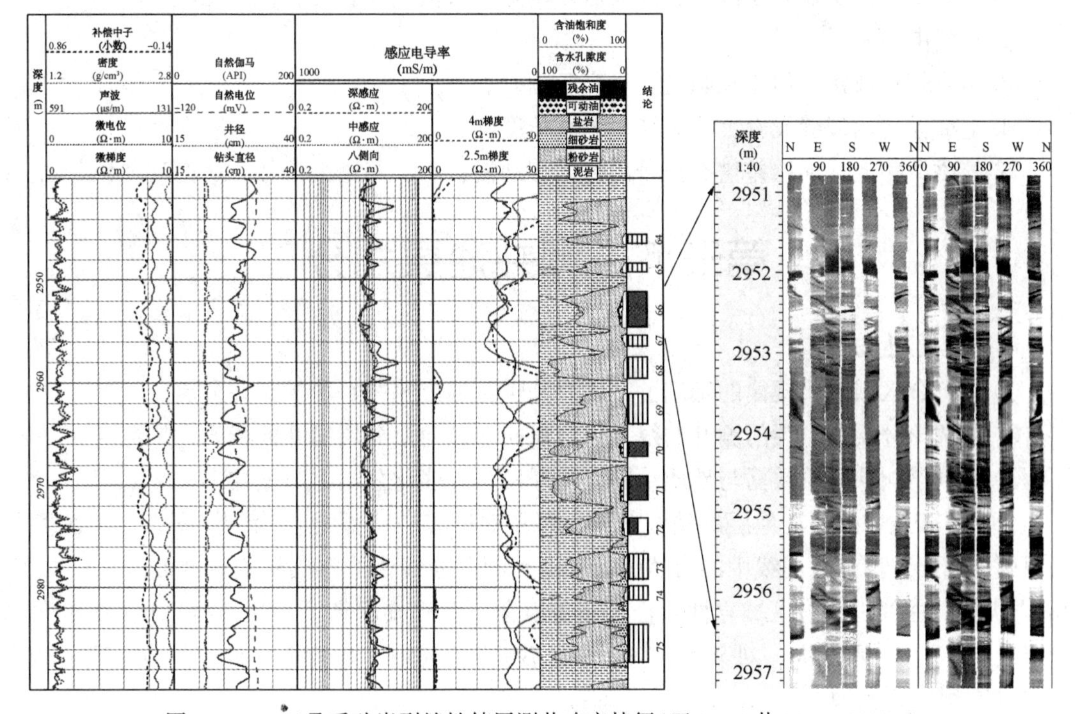

图 2-2-1　三叠系砂岩裂缝性储层测井响应特征(卫 77-3 井 2940~2990m)

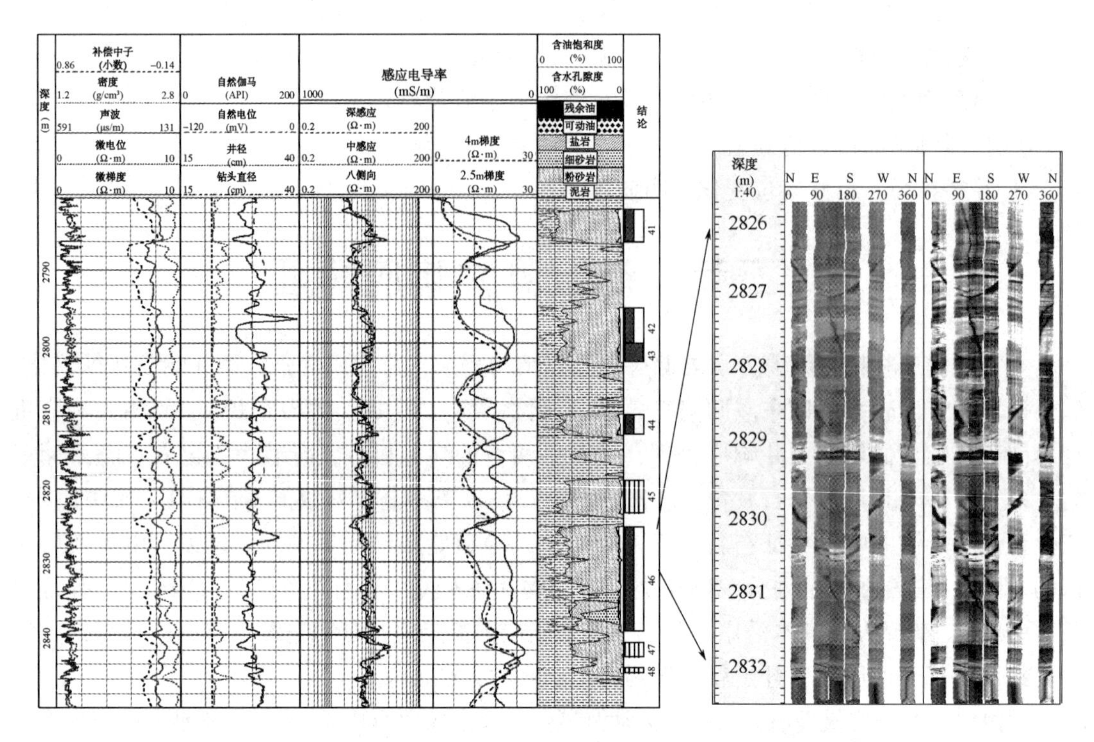

图 2-2-2　三叠系砂岩裂缝性储层测井响应特征(卫 77-3 井 2780~2850m)

① 电阻率数值明显高于围岩，高产储层电阻率数值整体相对较低。

② 自然电位明显负异常。

③ 尽管相对致密，但三孔隙度明显高于围岩。

④ 电成像指示裂缝发育，且裂缝多为高角度缝。

⑤ 核磁共振上，油层差谱有信号、移谱移动慢；水层差谱无信号、移谱移动快。

第三节　测井地层划分

测井地层划分原则：

① 在符合区域地质规律的基础上，做有利于分层位测井解释的测井分层。

② 优选出分层能力强的测井曲线，保证横向、纵向上分层测井曲线的连贯性。

③ 有利于测井分层数据与地质、勘探、开发等专业化公司的数据共享。

为了便于致密碎屑岩地层的精细解释，以东濮凹陷三叠系地层为例，根据以上测井分层原则，选出岩性测井曲线中的自然伽马，电性测井曲线中的深中感应测井曲线、2.5m 及 4m 电极测井曲线，结合区域岩性组合、储盖组合、沉积旋回特征，将三叠系地层划分出 3 个层组(二马营、和尚沟、刘家沟)、8 个油(砂)组，其中二马营 3 个油(砂)组、和尚沟 2 个油(砂)组、刘家沟 3 个油(砂)组。

图 2-3-1 给出了三叠系二马营 1 段地层的测井地层划分实例(左图为卫 77-3、右图为卫 77-4 井)，该段地层内最为明显的特征是有两处高 GR 值；图 2-3-2 给出了三叠系二马营 2 段地层的测井地层划分实例(左图为卫 77-3、右图为卫 77-4 井)，该段地层内最为明显的特征是有两处高 GR 值；图 2-3-3 给出了三叠系二马营 3 段地层的测井地层划分实例(左图为卫 77-3、右图为卫 77-4 井)，该段地层内最为明显的特征是有两处高阻地层。

根据以上测井地层划分原则及划分方法，对 32 口井的三叠系致密碎屑岩地层进行了测井划分(见表 2-3-1)。

表 2-3-1　三叠系测井地层划分表

井名	沙四段	三叠系						
		二马营			和尚沟		刘家沟	
		1	2	3	1	2	1	2
明 457	2331.0	2356.0	2437.0	2460.0	/	/	/	/
明 462	2376.0	2430.0	/	/	/	/	/	/
明 463	1945.0	2028.0	2050.0	/	/	/	/	/
明 470	2263.0	2328.0	2418.0	2520.0	2561.0	2670.0	/	/
明 471	1976.0	2055.0	2150.0	2225.0	/	2510.0	/	2750.0
明 472	2291.0	2369.0	2464.0	2540.0	/	/	/	/
明 473	2329.0	2362.0	2450.0	2461.0	2482.0	2648.0	2877.0	/
明 474	2295.0	2371.0	2460.0	2510.0	2510.0	2540.0	3130.0	3162.0
卫 75-3	2680.0	2710.0	2791.0	2854.0	/	/	/	/
卫 75-4	2719.0	2790.0	/	/	/	/	/	/
卫 75-10	2600.0	2658.0	2740.0	2785.0	/	/	/	/
卫 75-12	2600.0	2679.0	2751.0	-	2994.0	3088.0	3180.0	/
卫 77-3	2780.0	4863.0	2941.0	3020.0	3035.0	/	/	/
卫 77-4	2724.0	2814.0	2878.5	2983.0	3080.0	/	/	/
卫 77-5	2792.0	2873.0	2956.0	3055.0	3146.0	3240.0	/	/
卫 77-6	2830.0	2856.0	2939.0	3053.0	3145.0	3220.0	/	
卫 77-7	2588.0	2593.0	2665.0	2756.0	2901.0	2980.0	/	/
卫 77-8	2686.0	/	/	2721.0	2867.0	2960.0	3107.0	/
卫 382	3013.0	3096.0	3198.0	3229.0	/	/	/	/

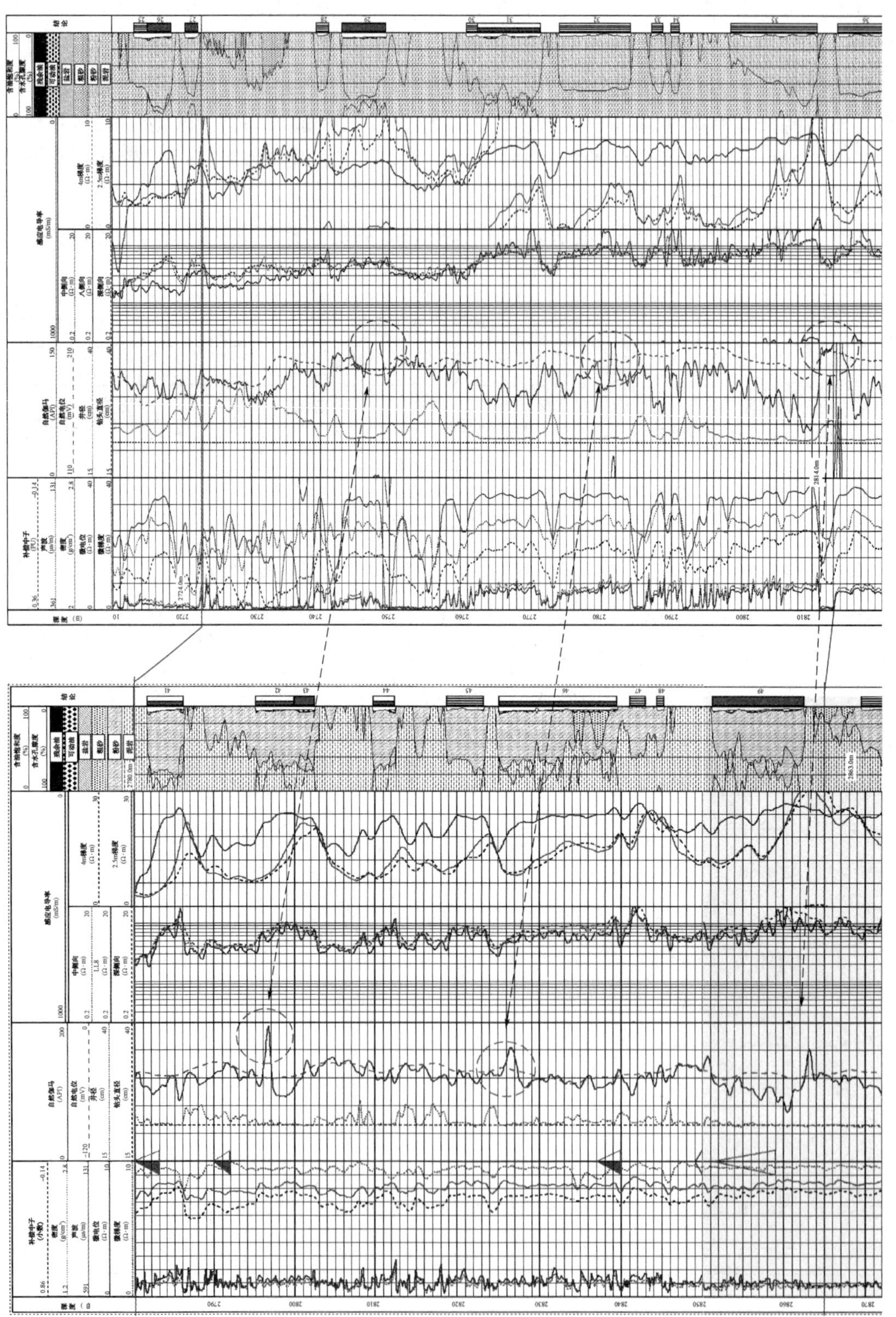

图2-3-1　三叠系二马营1测井地层划分（左图为卫77-3、右图为卫77-4井）

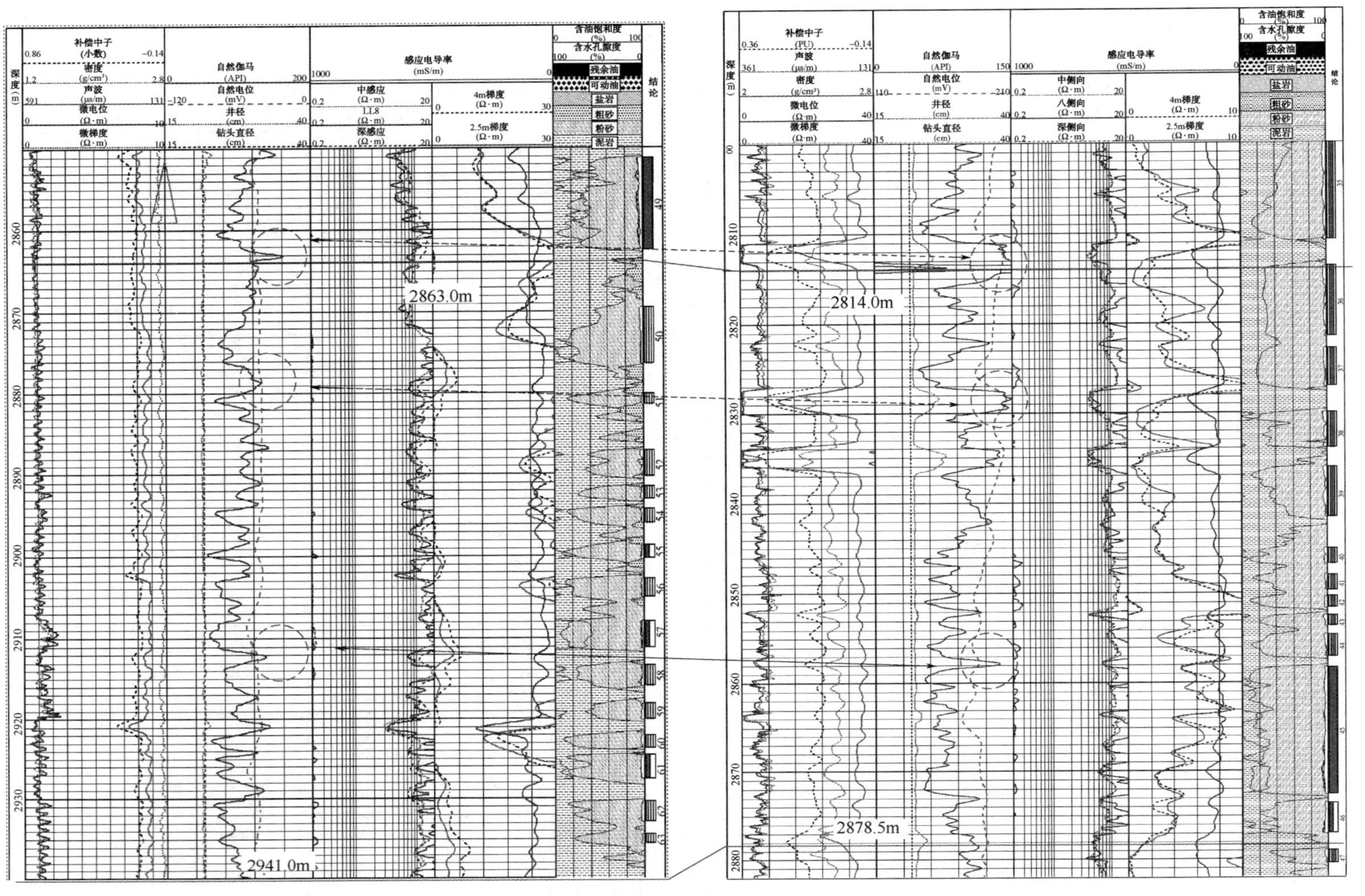

图2-3-2 三叠系二马营2测井地层划分（左图为卫77-3、右图为卫77-4井）

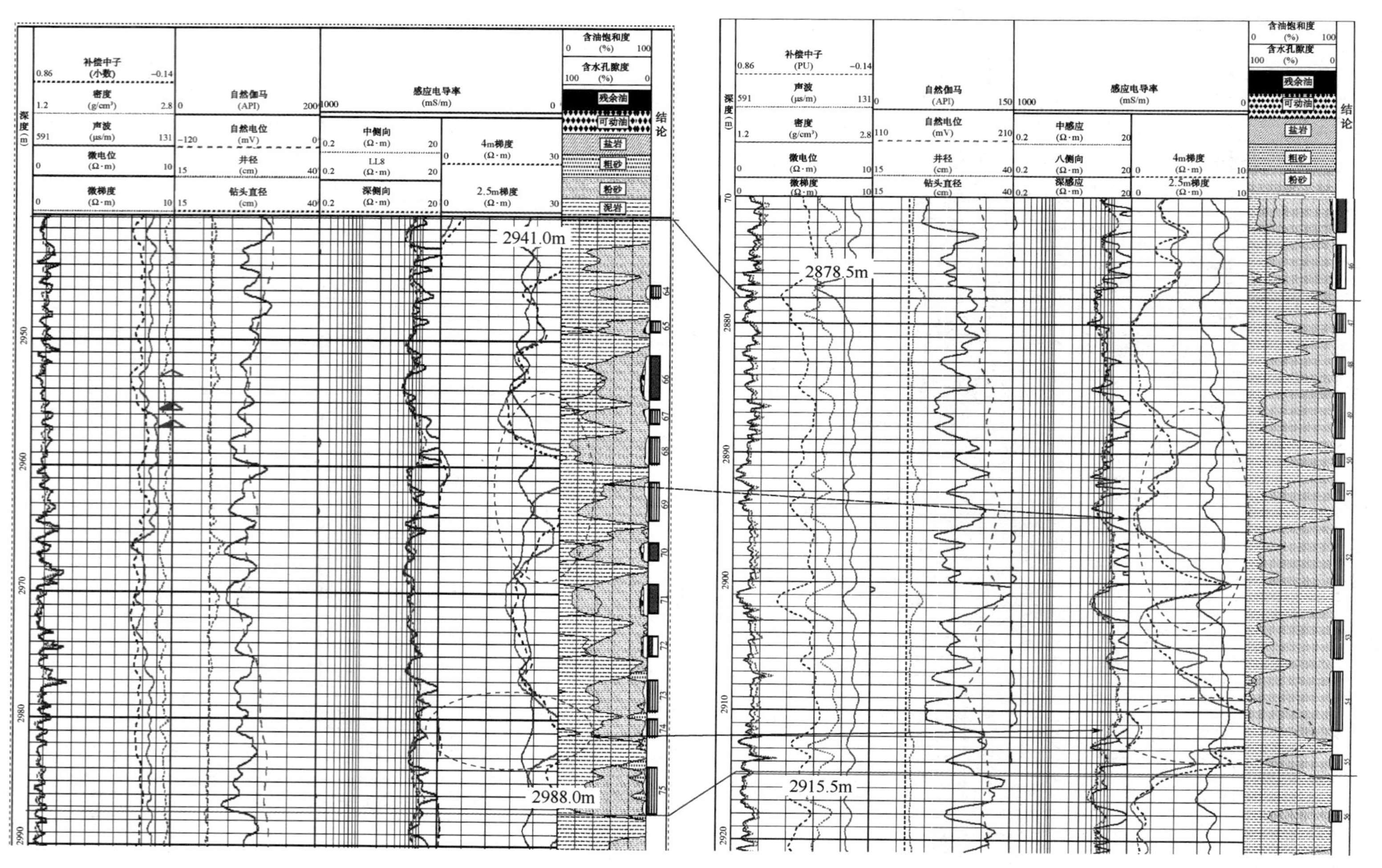

图2-3-3　三叠系二马营3测井地层划分（左图为卫77-3、右图为卫77-4井）

第三章

储层特征及其关系

通过测井资料、取芯资料的综合分析，研究储层的岩性、物性、电性、含油性之间的关系，是测井评价工作的基础。本章主要以复杂储集类型的三叠系为例，对致密碎屑岩储层的岩性、物性、电性、含油性的特征认识及对这些特征间的关系进行研究。

“四性”关系是测时储层岩性、物性、含油气性和电性(指各种测井响应)之间的相互关系。“四性”中岩性是基础，物性是关键，电性是手段，含油性是核心。要进行“四性”关系研究，必要的条件是同一井(层段)内既具有连续完整的岩芯及相应的化验分析数据，又有完整、配套、高质量的测井曲线和单层试油气资料等。分析化验数据包括常规物性(孔隙度、渗透率、饱和度)、粒度分析、铸体薄片、压汞、水分析、相对渗透率、岩电实验等，对成岩后生作用及非均质性很强的储层，还应搜集各种微观分析资料。

该研究主要通过工区 50 口关键井的井间测井对比结果，同时结合岩芯分析数据、岩屑录井等地质资料，综合研究工区三叠系的储层“四性”特征及其空间分布特征。该部分研究的前提是关键井综合数据库(含测井、录井、岩芯、测试资料)的建立(见图 3-0-1 和图 3-0-2)。

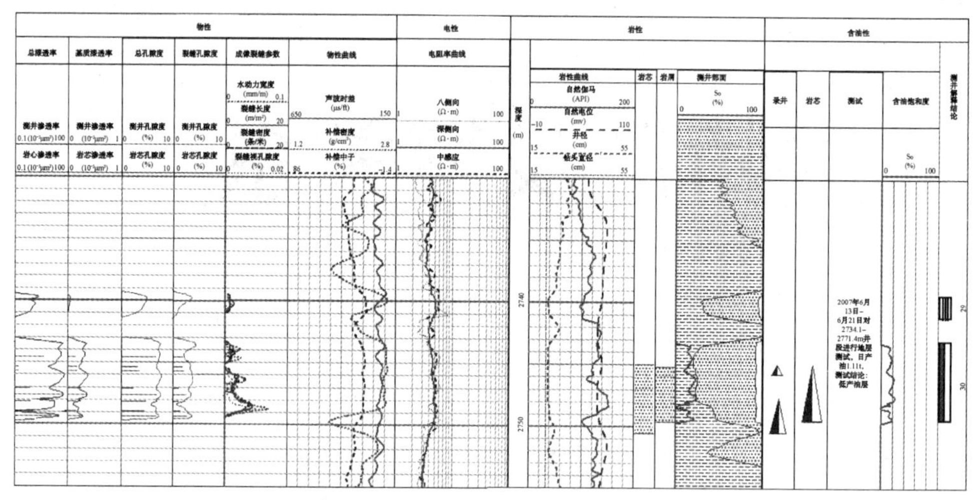

图 3-0-1　卫 77-4 井综合数据库图

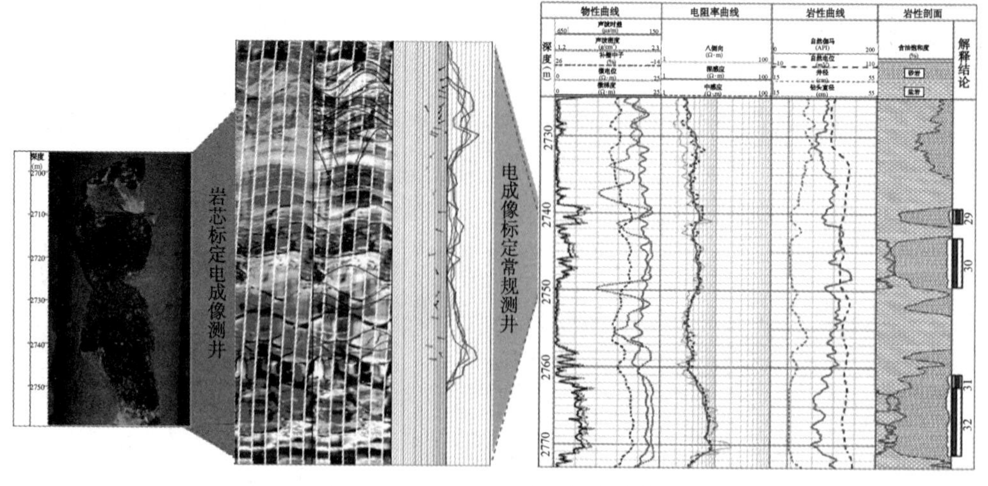

图 3-0-2　卫 77-4 井双标定成果图

第一节　储层“四性”特征

一、储层岩性特征

东濮凹陷三叠系致密碎屑岩储层不同于新生界下第三系储层，三叠系储层具有岩性致密、双重介质(裂缝—孔隙)、碳酸盐岩含量高等特性。

取芯分析和岩屑录井资料显示，三叠系以致密砂泥岩互层为特点。砂岩占26%~59%，平均43%，砂岩发育(卫77-4井砂岩厚216m，泥岩厚130m，砂泥比为1.66；卫77-3井砂岩厚145m，泥岩厚110m，砂泥比为1.32)。砂岩成分以石英为主，长石次之、云母少量。砂岩脆性含量高、刚性强，在构造力的作用下，易产生裂缝。储层岩性是构造裂缝形成的内因，它控制了构造裂缝的密度及发育程度，油藏受裂缝控制，裂缝受砂岩控制。三叠系重矿物含量高(以磁铁矿为主，还有锆石、石榴石、绿泥石等)，局部碳酸盐岩含量也较高，在4.7%~38%之间，从卫77-4井取芯资料，明473和文23-40等井的成像资料看三叠系地层砾石也较发育。与下第三系比，三叠系地层自然伽马值相对较高，但储层的自然伽马相对围岩为低值，个别储层内局部有伽马高值现象。

二、储层物性特征

1. 物性特征

由卫77-3井、卫77-4井等取芯井岩芯分析知：三叠系致密碎屑岩储层总孔隙度在2.14%~13.5%之间，平均为5.4%，三叠系储层孔隙度较小，孔隙度多在2.1%~8.4%之间。卫77-4井全直径物性分析：总孔隙度在3.3%~10.2%，平均5.7%，储层物性差。尽管物性差，但三孔隙度曲线反映的物性明显好于围岩，孔隙度数值也明显高于围岩。

储层自然电位有明显负异常，在同一口井中水层的自然电位负异常幅度最大(见图3-1-1和图3-1-2)。尽管基质的渗透率很小，在(0.1~0.5)$\times10^{-3}\mu m^2$之间，但由于储层中裂缝的存在，大大改善了储层的渗流能力，因此储层总的渗透率可达几个毫达西、甚至几百个毫达西。

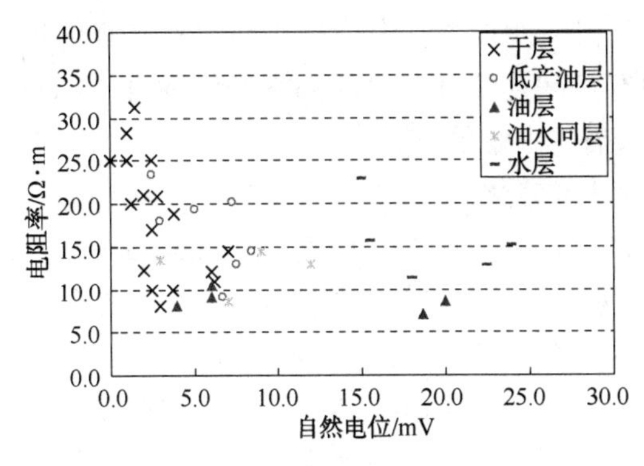

图3-1-1　明471块电阻率—自然电位交会图

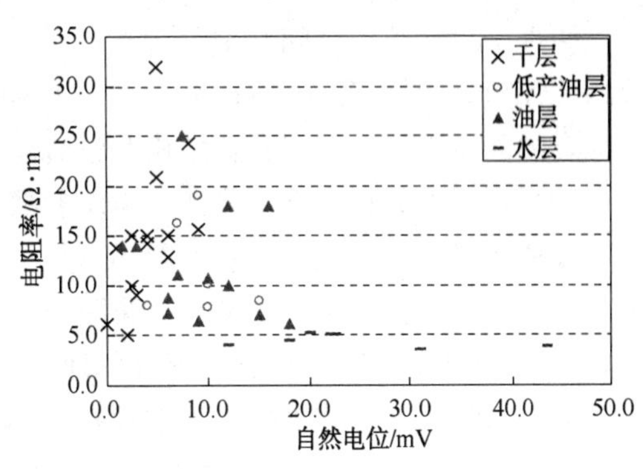

图3-1-2　卫77块电阻率—自然电位交会图

2. 高温高压岩电实验分析

为实现测井—地质间参数转换，对致密碎屑岩储层的孔隙微观结构及渗流特征准确描述，进而指导储层评价和油田开发。先后对卫452、濮深20、文古4井等151块岩芯开展了孔隙度及渗透率测定、高温高压岩—电关系实验，对30块岩芯开展了毛管压力曲线测定、相渗透率测量。

将岩芯经过整形、洗油、洗盐和烘干，依据《岩芯分析方法》(GB/T 29172—2012)制备岩芯；采用氦气法，利用SCMS-E型高温高压岩芯多参数测量系统，对151块岩芯的孔隙度、渗透率进行了测定；依据《岩石电阻率参数实验室测量及计算方法》(SY/T5385—2007)对151块岩芯进行了电阻率测量，地层因素与孔隙度的关系、电阻率指数与含水饱和度的关系，采用最小二乘法对测试数据进行数据拟合，最终确定岩电参数，弄清了岩电参数的变化规律。经岩芯实验，对卫452、濮深20、文古4井油层得出如下认识。

(1) 油藏类型为低孔特低渗储层为主

三口井的储层物性参数虽有一定的差异，但总体上来说以低孔、特低渗储层为主，有少量的中低或低孔、低渗储层。卫452井岩芯的孔隙度为2.2%~10.7%，平均值为6.5%；渗透率为(0.008~6.530)×$10^{-3}\mu m^2$，平均值为0.353×$10^{-3}\mu m^2$(见图3-1-3)。濮深20井岩芯的孔隙度为0.8%~5.6%，平均值为2.7%，渗透率为(0.005~0.264)×$10^{-3}\mu m^2$，平均值为0.025×$10^{-3}\mu m^2$。文古4井岩芯的孔隙度为0.2%~0.7%，平均值为0.4%；渗透率为(0.006~0.409)×$10^{-3}\mu m^2$，平均值为0.060×$10^{-3}\mu m^2$。

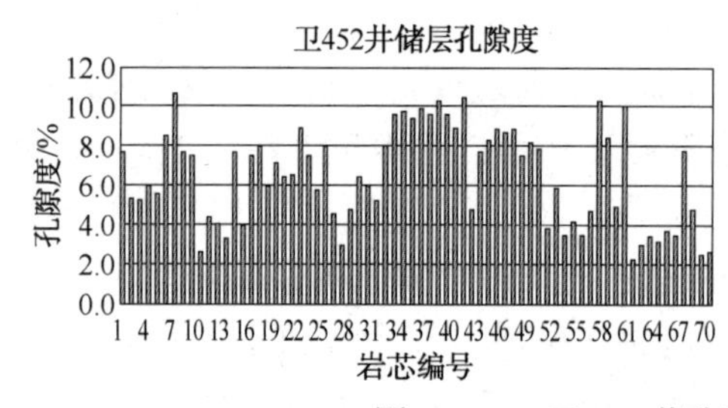

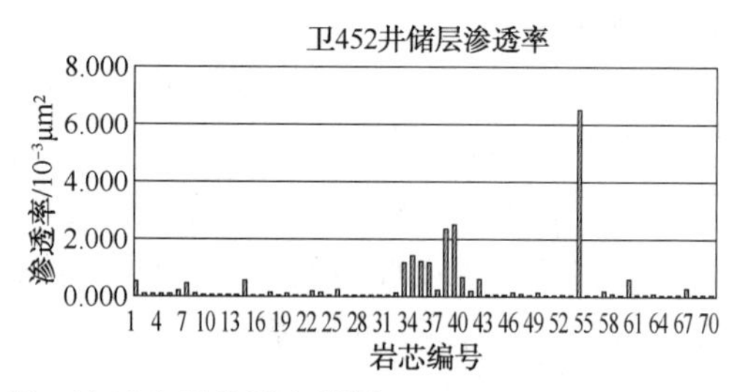

图3-1-3 卫452井孔隙度、渗透率岩芯测定结果

(2) 复杂的渗流关系反映储层孔隙结构复杂

渗透率与孔隙度之间基本上为指数关系，但相关性较差，但渗透率与岩石综合物性参数的关系相对较好(见图3-1-4)。反映地层中有粒间孔隙外，可能有微裂缝发育。同时表明综合物性参数在对储层孔隙结构及渗流能力的描述中效果较好。

(3) 岩电参数将有助于测井—地质参数间的精准转化

模拟地层条件测定岩芯的电阻率，其中卫452井的地层水矿化度为214224mg/L，地层温度为134℃、地层压力40MPa。濮深20井的地层水矿化度为243662mg/L，地层温度为154℃、地层压力45MPa。文古4井的地层水矿化度为240000mg/L，地层温度为118℃、地层压力35MPa。对标称值分别为100Ω、1000Ω、10000Ω的3个标准电阻对该电阻率测量系统进行检测，相对误差在0.1%以内，证明系统工作正常。通过测量与数据拟合得到岩电参数a、m、b、n值(见表3-1-1及图3-1-5)。

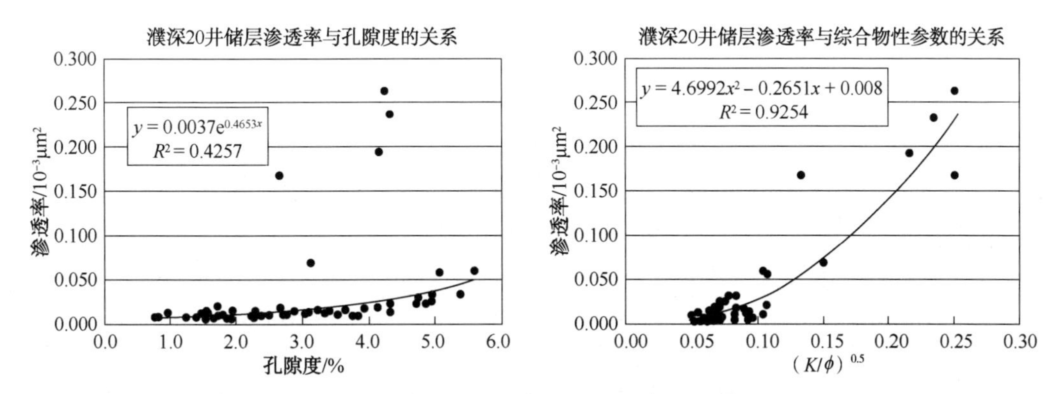

图 3-1-4　濮深 20 井渗透率与综合物性参数关系

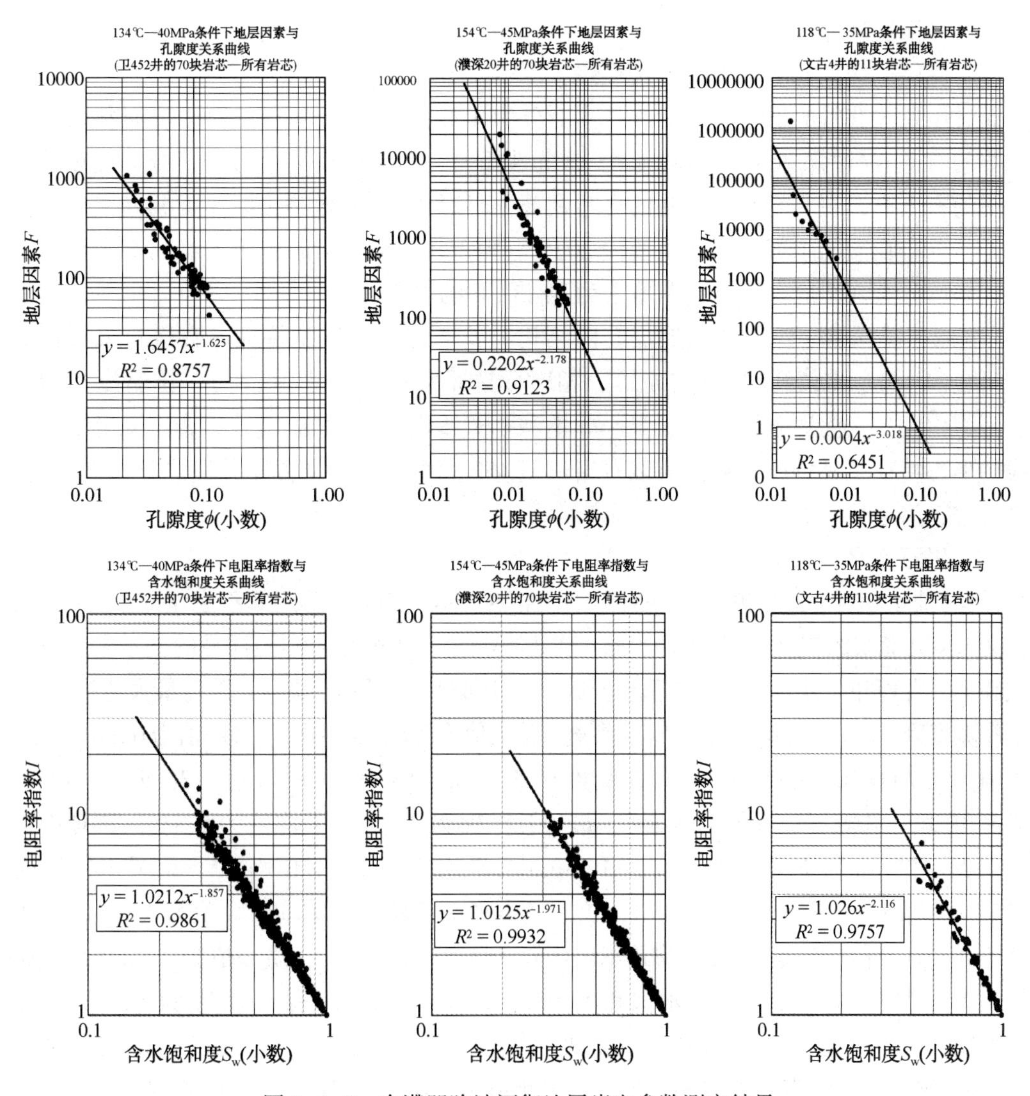

图 3-1-5　东濮凹陷沙河街地层岩电参数测定结果

表 3-1-1　东濮凹陷沙河街地层 a、m、b、n 实验结果

井名	岩芯	a 不强制为 1 时		a 强制为 1 时		b	n
		a	m	a	m		
卫 452	70 块岩芯	1.6457	1.6246	1	1.7975	1.0212	1.8574
濮深 20	70 块岩芯	0.2202	2.1775	1	1.7781	1.0125	1.9709
文古 4	11 块岩芯(所有)	0.0004	3.0185	1	1.6672	1.0260	2.1158
	9 块岩芯(ϕ>2%)	0.7533	1.6341	1	1.5838	1.0246	2.0996

可以看出，由于岩石的岩性、孔隙结构、胶结状况的不同，地层因素与孔隙度的关系、电阻率指数与含水饱和度的关系有一定的差异，利用阿尔奇公式计算储层的含水饱和度时应根据具体情况选择相应的 a、m、b、n 值。

(4) 储层以微细孔喉为主且分选性差

通过压汞法获得的毛管压力曲线基本上分为 4 类(见图 3-1-6)。第 1 类属斜坡类，分布在图的右上方(濮深 20~37 号岩芯)，分选性极差；第 2 类属高平台类，分选性很差，分布在图的右上方，主要是文古 4 井的岩芯及部分濮深 20 井的岩芯；第 3 类属高平台类，分选性差，分布在图的中部，主要是濮深 20 及卫 452 井的部分岩芯；第 4 类属高平台类，分选性较差，分布在图的左下方，基本上为卫 452 井的岩芯。

卫 452、濮深 20、文古 4 井储层孔隙结构主要通过以下压汞特征参数进行分析：最大孔喉半径(R_{max})、中值孔喉半径(R_{50})、相对分选系数(S_p)、歪度(S_k)、排驱压力(P_{cd})、中值压力(P_{c50})、退汞效率(W_e)、最小非饱和孔隙体积百分数(S_{min})。综合压汞毛细管压力曲线的形态特征及其特征参数，可以看出：卫 452、濮深 20、文古 4 井储层具有微细孔喉、分选性差、渗透性差的特点。

(5) 岩石亲水且束缚水饱和度较高

依据《油水相对渗透率测定方法》测试标准(SY5345—2007)采用非稳态法对卫 452、濮深 20、文古 4 井储层的 30 块岩芯进行了相对渗透率测量，通过相渗实验样品的基本参数及束缚水饱和度，发现井与井之间测量数值差异较大。卫 452 井样品 15 块，孔隙度最大值为 12.0%，最小孔隙度为 4.1%，平均值为 8.7%。渗透率最大值为 $3.66\times10^{-3}\mu m^2$，最小值为 $0.17\times10^{-3}\mu m^2$，平均值为 $1.282\times10^{-3}\mu m^2$。束缚水饱和度为 29.99%~56.1%，平均值为 38.57%。濮深 20 井样品 10 块，孔隙度最大值为 4.8%，最小孔隙度为 2.1%，平均值为 3.1%。渗透率最大值为 $7.88\times10^{-3}\mu m^2$，最小值为 $0.032\times10^{-3}\mu m^2$，平均值为 $0.92\times10^{-3}\mu m^2$。束缚水饱和度为 54.75%~70.15%，平均值为 61.95%。文古 4 井样品 5 块，孔隙度最大值为 1.5%，最小孔隙度为 0.7%，平均值为 1.1%。渗透率最大值为 $3.53\times10^{-3}\mu m^2$，最小值为 $0.029\times10^{-3}\mu m^2$，平均值为 $0.916\times10^{-3}\mu m^2$。束缚水饱和度为 61.42%~69.44%，平均值为 64.98%。总体来说，本次相渗实验的 30 块样品中，孔隙度最大值为 12.0%，最小孔隙度为 0.7%，平均值为 5.6%。渗透率最大值为 $7.88\times10^{-3}\mu m^2$，最小值为 $0.029\times10^{-3}\mu m^2$，平均值为 $1.1\times10^{-3}\mu m^2$，

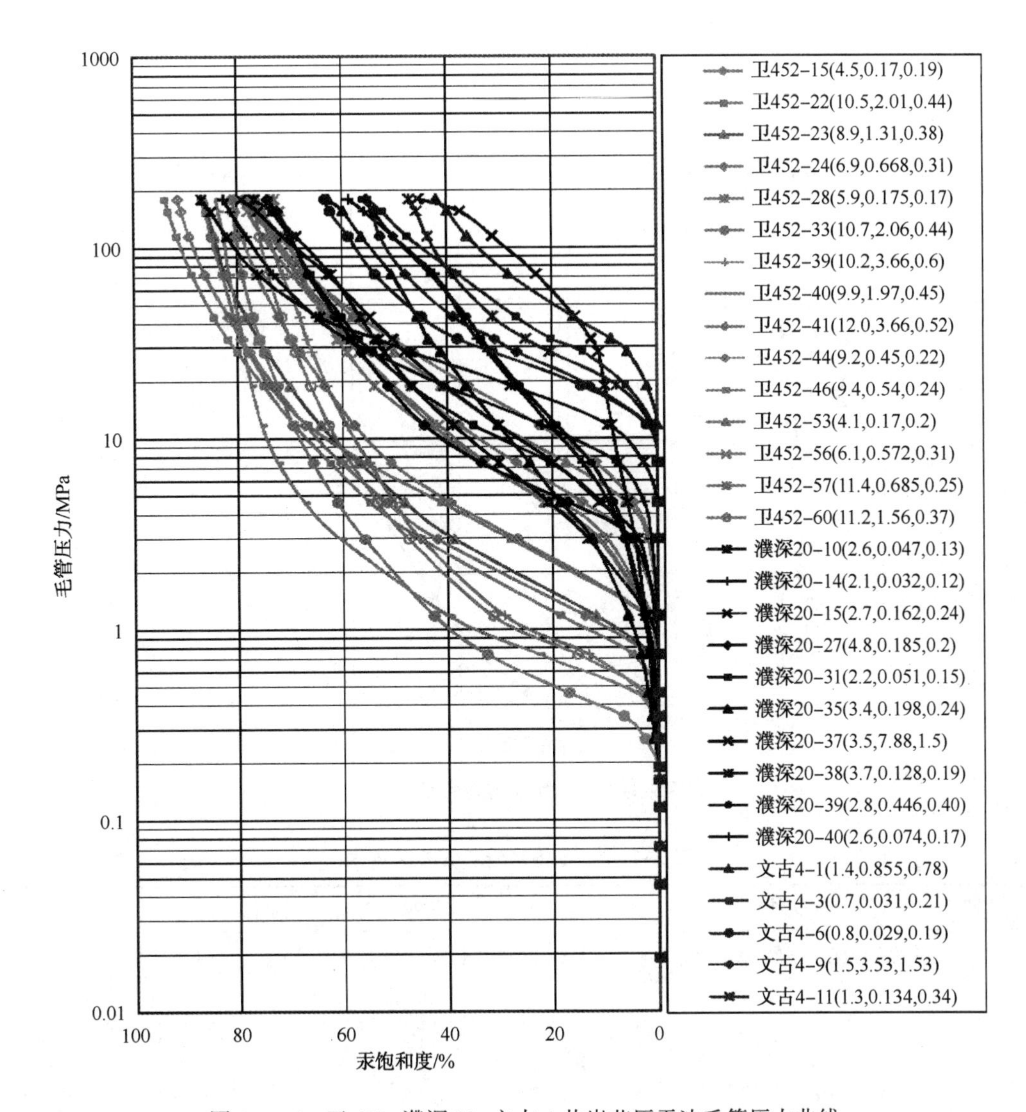

图 3-1-6 卫 452-濮深 20-文古 4 井岩芯压汞法毛管压力曲线

属于低渗透、特低渗透样品。样品束缚水饱和度为 29.99%~70.15%之间。

从图 3-1-7 中相对渗透率曲线来看，所有岩芯的油水相对渗透率交叉饱和度大于 50%，束缚水饱和度大于 20%，最大含水饱和度时水的相对渗透率小于 30%，说明岩石亲水。油的相对渗透率随含水饱和度增加呈指数衰减明显，水的相对渗透率随含水饱和度的增加而增加。

三、储层电性特征

三叠系致密碎屑岩储层视电阻率曲线呈掌状—块状特高阻特征，在裂缝发育的储层上有以下响应特征，三叠系岩芯分析数据表(见表 3-1-2)。

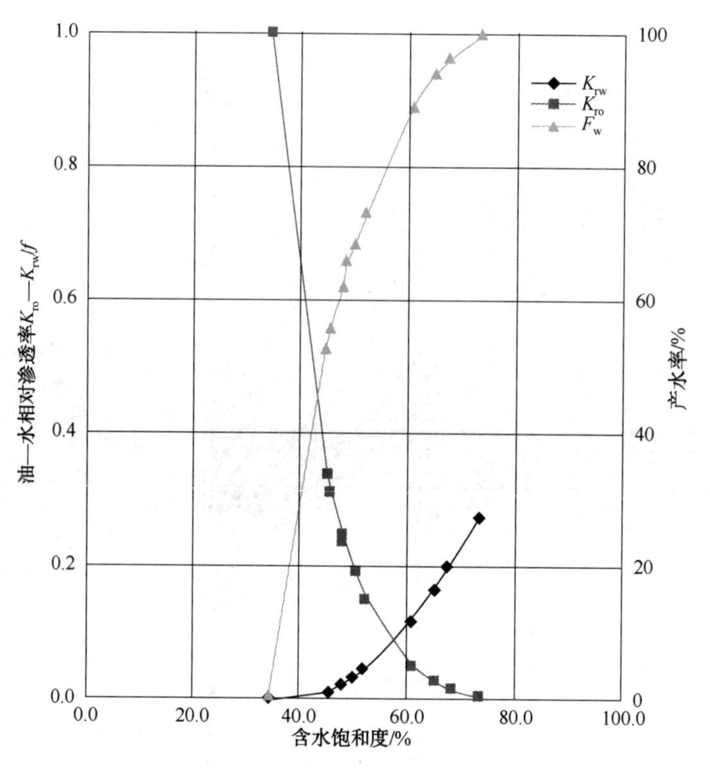

图 3-1-7　相对渗透率曲线图

表 3-1-2　三叠系岩芯分析数据表

卫 77-3 井岩芯分析数据			卫 77-4 井岩芯分析数据					
深度/m	基质孔隙度/%	基质渗透率/$10^{-3}m^2$	深度/m	总孔隙度/%	水平 K_{max}/$10^{-3}m^2$	水平 K_{90}/$10^{-3}m^2$	基质孔隙度/%	基质渗透率/$10^{-3}m^2$
2849.41	1.9	0.419	2745.13	/	/	/	8.8	5.55
2851.85	4.1	0.459	2745.27	6.6	1.77	1.14	3.3	0.174
2852.74	2.5	0.374	2745.85	3.3	0.653	0.630	2.1	0.184
3199.41	2	0.391	2746.19	3.6	1.16	0.736	2.4	0.180
2853.13	1.9	0.39	2747.84	7.0	1656	2.10	4.1	0.260
2853.23	1.9	0.393	2748.67	4.8	1.14	0.836	3.6	0.375
2853.39	2.4	0.356	2749.44	4.5	3.49	1.68	2.9	0.168
2853.49	2.5	0.38	2763.10	11.6	2.70	1.70	7.2	0.186
2854.48	2.7	0.419	2764.90	/	/	/	3.3	0.154
2854.78	3.2	0.358	2767.20	/	/	/	2.0	0.139
2954.75	1	0.296	2769.50	/	/	/	2.2	0.142

续表

卫 77-3 井岩芯分析数据			卫 77-4 井岩芯分析数据					
深度/m	基质孔隙度/%	基质渗透率/$10^{-3}m^2$	深度/m	总孔隙度/%	水平 K_{max}/$10^{-3}m^2$	水平 K_{90}/$10^{-3}m^2$	基质孔隙度/%	基质渗透率/$10^{-3}m^2$
2955.55	2.4	0.323	2863.53	/	/	/	2.2	0.145
2955.91	3.9	0.372	2864.43	2.3	2351	0.764	0.8	0.134
			2866.97	2.7	0.489	0.464	1.1	0.133
			2872.60	5.0	69.4	1.58	1.0	0.134
			2873.00	4.3	49.4	9.24	0.8	0.139
			2878.00	1.5	0.527	0.477	0.4	0.129
			2889.00	/	/	/	1.7	0.168
			2910.00	/	/	/	0.8	0.151
			2948.23	4.2	1.50	0.693	2.5	0.194

① 与下第三系相比，储层相对围岩的电阻率幅度变小，张开缝发育层段，深、中、浅电阻率曲线呈现差异(表现为明显侵入特征)，电成像图像上张开缝表现为连续的褐黑色正弦曲线；无裂缝或闭合缝层段深、中、浅电阻率曲线数值无差异，3 条曲线基本重合，电成像图上表现为无裂缝或高阻缝，高阻缝常表现为晕圈状的亮黄-白色正弦曲线，反映裂缝被高阻矿物充填，属于无效缝；碳酸盐岩含量高时电阻率高值，电成像图像为亮色；部分储层局部砾石发育，砾石在电成像图中为圆状或椭圆状白斑。

② 在岩性、物性相同的条件下，相同层位的油层电阻率数值大于水层的，卫 77 块的水层电阻率值小于等于 5.0Ω·m，油层电阻率值大于 5.0Ω·m；明 471 块油层、水层电阻率数值界限不明显。

③ 微电极曲线具有明显的正幅度差异，该曲线对灰质成分反应灵敏，微电极曲线高值可指示储层含灰质。

④ 在下第三系地层中，砾岩发育时，微电极曲线反应灵敏，为高值特征，感应电阻率值也为高值特征，但三叠系地层含砾岩时呈现的特征不明显(见图 3-1-8)。

四、储层含油性特征

从多井取芯分析知：三叠系致密碎屑岩储层“裂缝含油、基质不含油”(见图 3-1-9)，属新型独特裂缝性油藏。

平面上，三叠系主体区块上含油性整体为东好西差，东部油气富集，并具有“一块一藏一界面”的特点(见图 3-1-10)。纵向上体现在各块具有上油下水的分布特征，电阻率值自上而下降低，在同一层位，岩性、物性基本一致的情况下，含油储层的电阻率值高于水层。

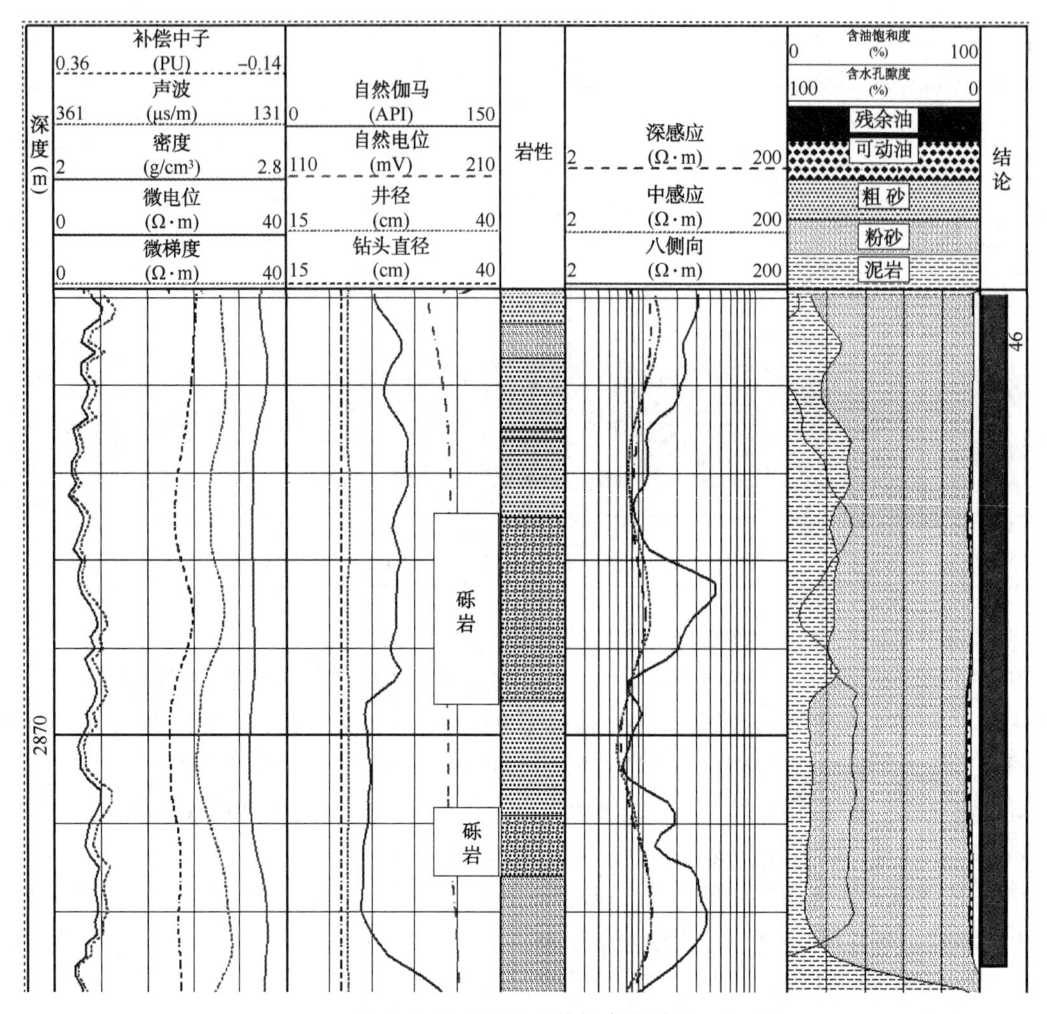

图 3-1-8　卫 77-4 井组合成果图

图 3-1-9　卫 77-4 井第 13 次取芯图

明 471 块三叠系致密碎屑岩地层仅用电阻率值很难判断油水层，储层电阻率增大的原因有物性变差及砾岩、碳酸盐岩含量增大等致密岩性的影响，需要结合构造、断层、地层、裂缝的配置关系及其他方法来综合判断油水层。从试油结果看，三叠系出油层主要在二马营组，卫77地垒以二马营组出油为主，明471块则是二马营组Ⅰ、Ⅱ砂组出油，出油段在顶部100m左右。

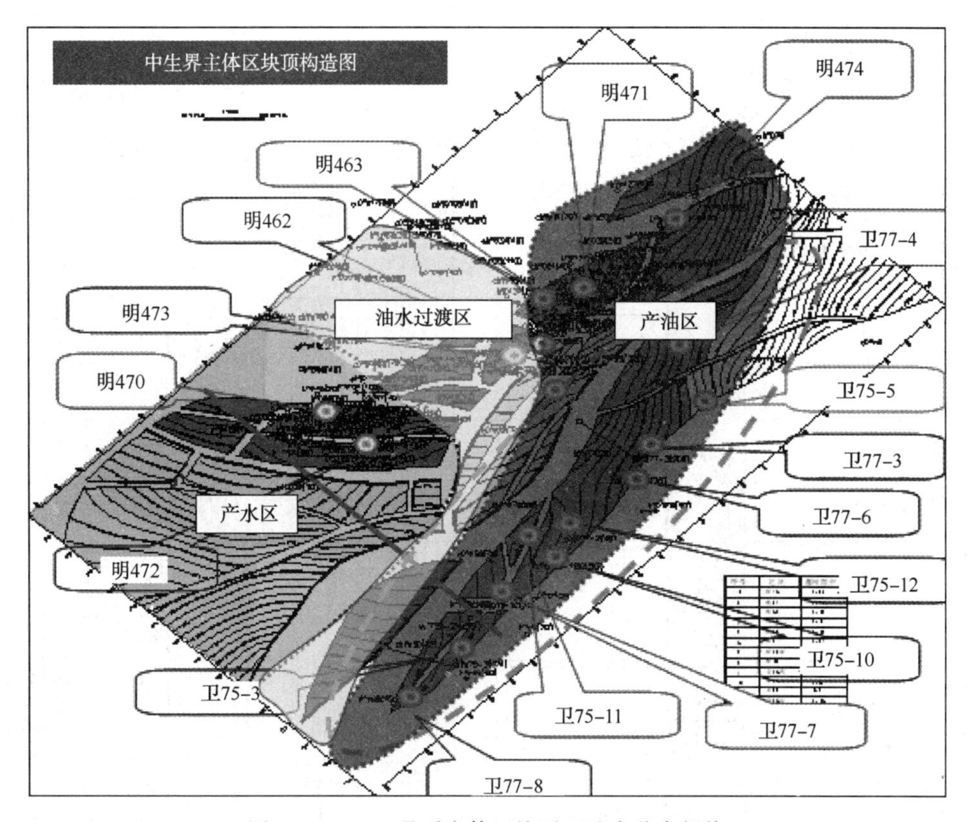

图3-1-10　三叠系主体区块平面油水分布规律

第二节　储层“四性”关系

一、岩性与物性的关系

三叠系碎屑岩岩性致密，局部含灰质重、重矿物含量高，储层中偶尔发育砾岩。因三叠系储层岩性多为致密的细砂岩、粉砂岩，导致储层物性相对较差。

因三叠系碎屑岩储层岩性整体都较致密，砾岩、灰质成分对测井响应的影响表现得不如下第三系明显，如图3-2-1中卫77-4井三叠系测井组合成果图。从图中可见，角砾岩、粉砂岩、灰质粉砂岩的储层物性相差不大。而在下第三系储层中，含砾岩、灰质会导致物性变差，电阻率升高。三叠系储层岩性致密、物性整体差，该特征不明显。

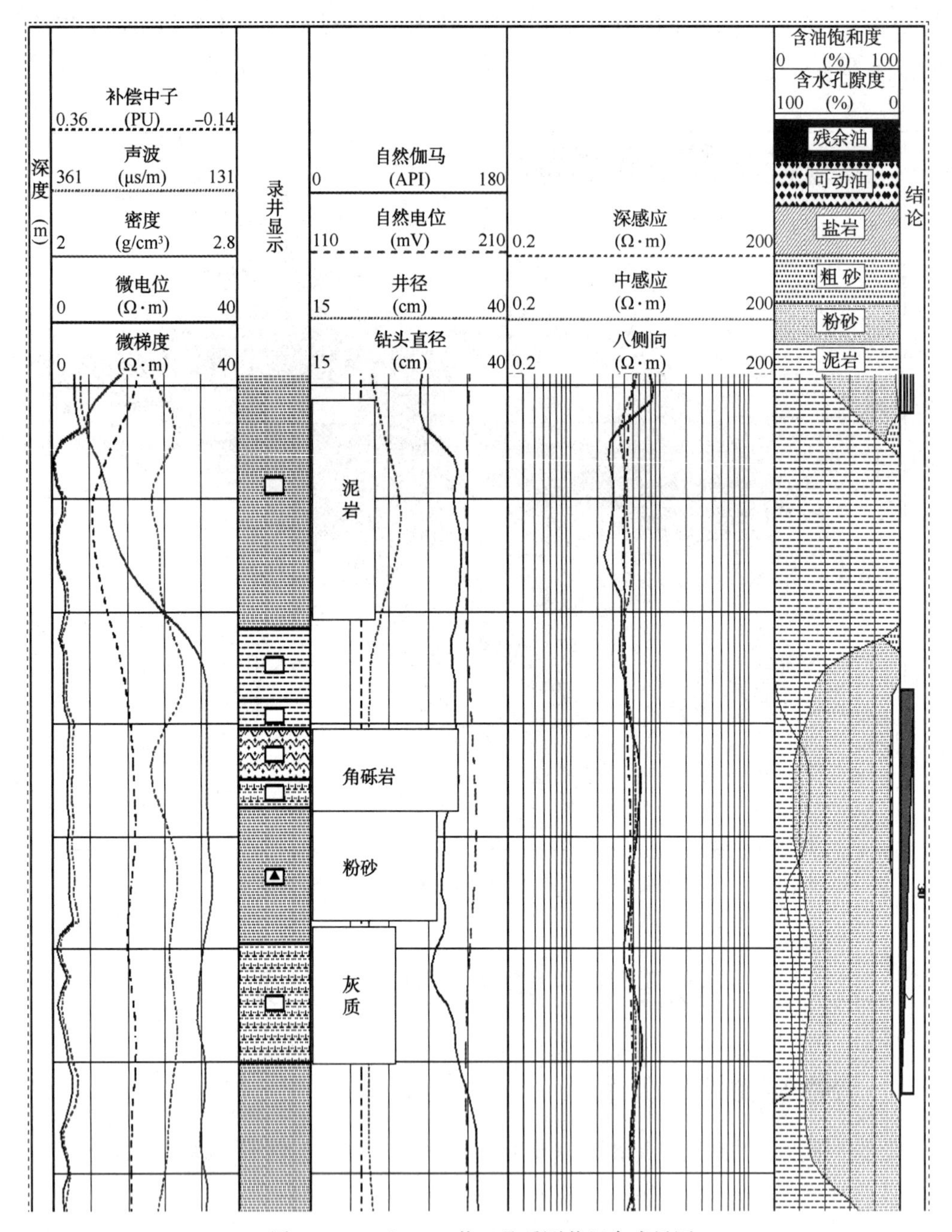

图 3-2-1 卫 77-4 井三叠系测井组合成果图

二、物性与含油性关系

选用卫 77 块 7 口井(两口取芯井)42 个投产层，明 471 块 7 口井 46 个投产层的测井数据进行数据分析，并制作交会图。

从图 3-1-2 和图 3-1-3 电阻率与自然电位幅度差交会图可见，水层的自然电位负异常幅度最大，油层、油水同层次之，干层最小。可结合自然电位负异常幅度和电阻率值综合判断油水层。

从图 3-2-2、图 3-2-3、图 3-2-4 和图 3-2-5 三叠系总孔隙度—电阻率及裂缝孔隙度—电阻率交会图可见，卫 77 块和明 471 块三叠系油层、干层物性界限都较明显。明 471 块油干总孔隙度界限为 5.0%，即油层、低产油层总孔隙度大于等于 5.0%，干层总孔隙度小于 5.0%。明 471 块油干裂缝孔隙度界限为 1.8%，当裂缝孔隙度小于等于 1.8%时，为干层，裂缝孔隙度大于 2.6%的为油层，低产油层与油层的裂缝孔隙度界限值在 2.6%左右。

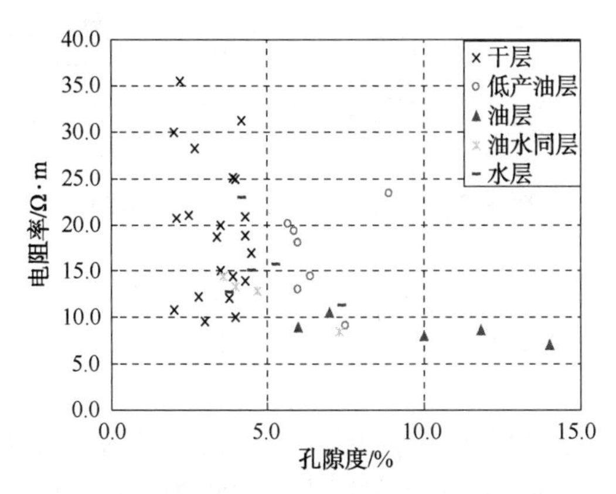

图 3-2-2 明 471 块总孔隙度—电阻率交会图

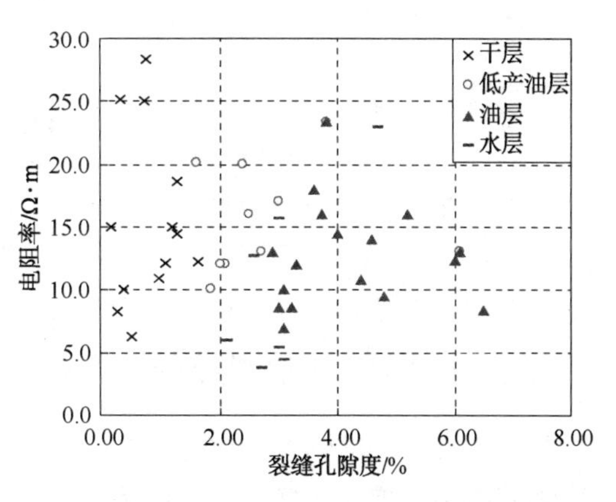

图 3-2-3 明 471 块裂缝孔隙度—电阻率交会图

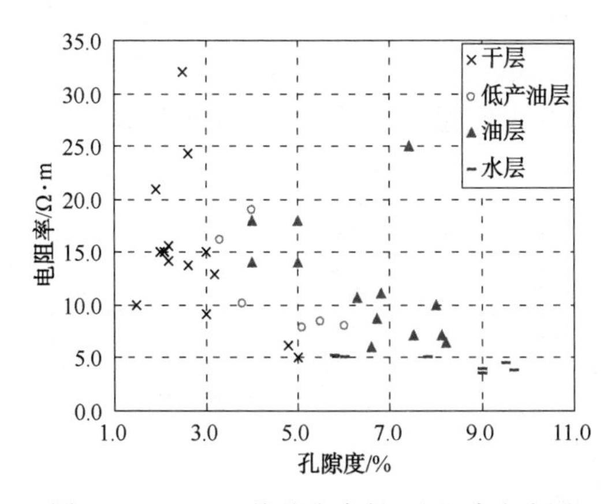

图 3-2-4 卫 77 块总孔隙度—电阻率交会图

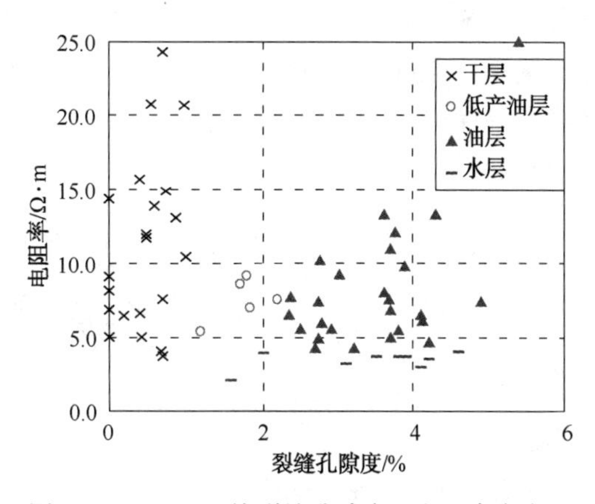

图 3-2-5 卫 77 块裂缝孔隙度—电阻率交会图

卫 77 块储层油干总孔隙度界限为 3.5%，油层、低产油层总孔隙度大于等于 3.5%，干层总孔隙度小于 3.5%。卫 77 块三叠系储层裂缝孔隙度下限为 1.0%，当裂缝孔隙度小于等于 1.0%时，为干层。低产油层与油层的物性界限值为 2.0%，裂缝孔隙度大于 2.0%的为油层，小于 2.0%的为低产油层。三叠系储层为裂缝性储层，判断油、干界限要充分结合裂缝发育程度与裂缝孔隙度大小综合判断。

从图 3-2-6 和图 3-2-7 总孔隙度—含油饱和度交会图可见，含油性与孔隙度关系总体来说比较明确：随着孔隙度的增大，含油饱和度有增大趋势。

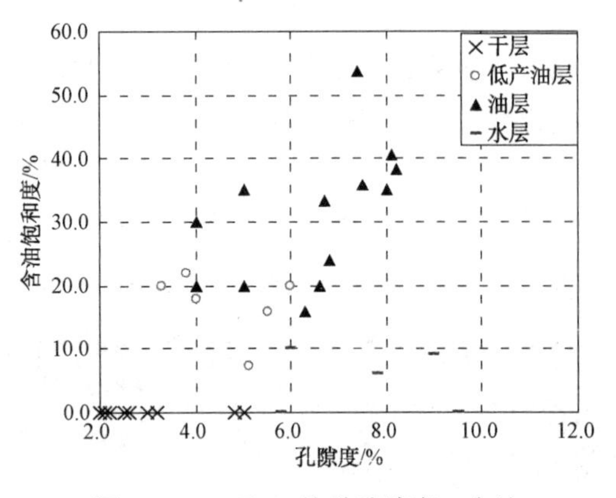

图 3-2-6　卫 77 块总孔隙度—含油饱和度交会图

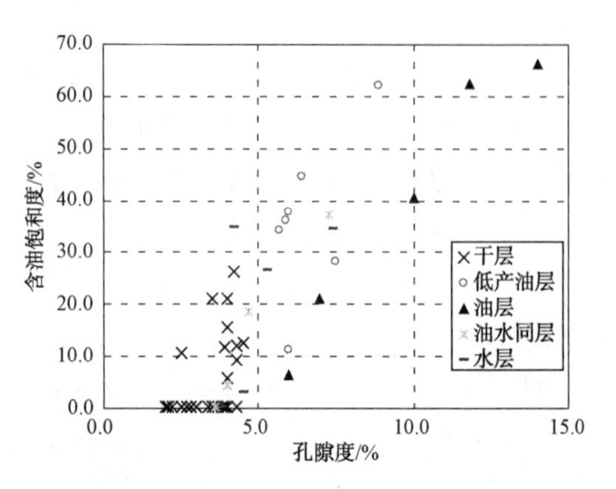

图 3-2-7　明 471 块总孔隙度—含油饱和度交会图

三、电性与含油性关系

从图 3-2-8 和图 3-2-9 电阻率—含油饱和度交会图可见，卫 77 块三叠系储层含油饱和度随着电阻率增大而增大，当电阻率小于 5.3Ω·m、含油饱和度小于 10%为水层；电阻率大于等于 5.3Ω·m，含油饱和度大于 20%为油层。明 471 块储层的电阻率与含油性关系不明显，单从电性上难区分油层、水层，油水判断要充分考虑构造、断层、地层、裂缝的配置关系，通过地层精细对比，结合常规测井、电成像、核磁测井资料进行综合判别，最终确定解释结论。为此研究提出了“利用裂缝与地层的配置关系评价流体性质”“ΔRT—ΔSP 法识别油水层”。

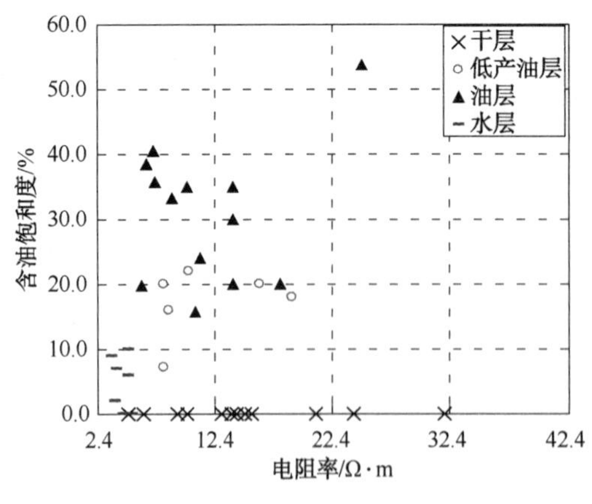

图 3-2-8　卫 77 块三叠系电阻率—含油饱和度交会图

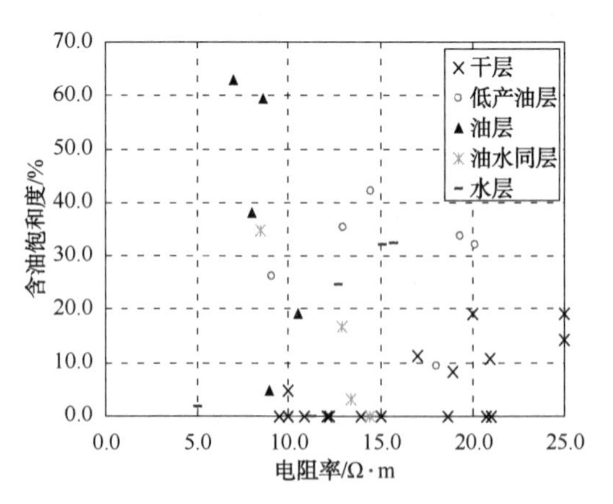

图 3-2-9　明 471 块电阻率—含油饱和度交会图

第四章

储层参数评价模型

第一节 测井解释所需地质参数确定

一、地层水电阻率的确定

在确定含油饱和度的过程中，地层水电阻率 R_w 起着重要作用，它直接关系到能否准确评价储层，尤其在评价裂缝性砂岩储层含油性时，准确得到 R_w 显得尤为重要。目前主要利用水分析资料、阿尔奇公式和自然电位 SP 等方法求取地层水电阻率 R_w(图 4-1-1)。本研究主要利用水分析资料法确定地层水电阻率。

1. 水分析资料法确定 R_w

用本井或邻井同层位、同一开发时期的水分析资料确定 R_w 是目前确定 R_w 的有效方法。具体方法是：将各种离子的矿化度根据各自的等效系数转化为 NaCl 等效总矿化度 P_w，后根据地温、等效总矿化度查图版就可得到 R_w。表 4-1-1 中列出了 5 口井共 7 个地层水取样分析数据，由水分析资料法确定地层水电阻率。

表 4-1-1 地层水分析资料表

井号	井段/m	阳离子			阴离子			总矿化度/(mg/L)	地层水电阻率/Ω·m
		K^++Na^+	Ca^{+2}	Mg^{+2}	Cl^-	SO_4^{-2}	HCO_3^-		
明 457	2400.0~2436.9	40725	1128	124	63281	1967	680	107905	0.0228
明 471	2560.0~2623.0	43661	1840	186	69179	2205	493	117563	0.0204
明 471	2122.5~2147.5	30656	14415	175	60278	2014	454	107993	0.0251
卫 75-12	3100.5~3109.6	34174	2146	310	56382	1225	150	94388	0.0206
明 470	2547.4~2579.6	/	/	/	51748	/	/	86753	0.0257
卫 77-4	2858.4~2877.0	/	/	/	50790	1593	/	87710	0.0233
卫 77-4	2743.1~2771.4	/	/	/	77390	399	/	128900	0.0181

用查图版的方法确定 R_w，对于计算机的资料处理很不方便，因此在程序计算中，首先计算实验室条件下(温度为 24℃)的地层水电阻率 R_{wl}。

$$R_{wl}=0.0123+3647.5P_w^{-0.995} \tag{4-1-1}$$

然后将 R_{wl} 转化为地层条件下(地温条件下)的地层水电阻率 R_w。

$$R_w=R_{wl}\left(\frac{T_l+21.5}{T_f+21.5}\right) \tag{4-1-2}$$

式中，T_l、T_f 分别为实验室温度和地层温度，单位为℃；$T_l=24$℃，T_f 由温度测井得到或由地温梯度得到。

$$T_f=T_s+H\cdot g_D \tag{4-1-3}$$

式中，T_s 为地表温度，℃；g_D 为地温梯度，℃/100m；H 为地层深度，m。

根据工区的温度测井曲线确定地温梯度基本为 3.0℃/100m。

2. 阿尔奇公式法确定 R_w

可选择一纯水层(S_w=100%)，利用纯水层砂岩的阿尔奇公式反求地层水电阻率 R_w。

$$R_w = \frac{R_o \phi^m}{a} \tag{4-1-4}$$

式中，m、a 为岩电参数(具体取值方法见 6-3-2 章节)；ϕ 为孔隙度，%，由测井计算获得；R_o 为水层电阻率，Ω·m，由测井测得的水层真电阻率确定。利用该方法确定的工区三叠系地层水电阻率详见表 4-1-2。

表 4-1-2　测井法和水分析资料法确定的地层水电阻率

井号	总矿化度/(mg/L)	地层水电阻率/Ω·m	
		水分析资料法	阿尔奇公式法
明 457	107905	0.0228	0.0216
明 471	117563	0.0204	0.0210
明 471	107993	0.0251	0.0235
卫 75-12	94388	0.0206	0.0201
明 470	86753	0.0257	0.0241
卫 77-4	87710	0.0233	0.0213
卫 77-4	128900	0.0181	0.0176

3. 井间自然电位 SP 法确定 R_w

设邻井储层原始地层水电阻率为 R_w(由水样分析资料或地区经验确定)，泥浆滤液电阻率为 R_{mf1}，测井测得自然电位为 SP_1，则有：

$$SP_1 = k\lg \frac{R_{mf1}}{R_w} \tag{4-1-5}$$

其中，泥浆滤液电阻率 R_{mf1} 可通过下式计算：

$$R_{mf1} = c\frac{(R_m)^{1.07} \cdot 291}{g_D \cdot D + 291} \tag{4-1-6}$$

式中，k 为自然电位系数；c 为常数；g_D 为地温梯度，℃/m；D 为地层埋藏深度，m；R_m 为泥浆电阻率，Ω·m。

如邻井同层位的岩性与本井基本相同，设其地层水电阻率为 R_{w2}，测井测得的自然电位为 SP_2，相应的泥浆滤液电阻率 R_{mf2}，则有：

$$SP_2 = k\lg \frac{R_{mf2}}{R_{w2}} \tag{4-1-7}$$

式(4-1-5)、(4-1-7)相减并整理，可得本井地层水电阻率：

$$R_{w2} = R_w \cdot \frac{R_{mf2}}{R_{mf1}} \cdot 10^{\frac{(SP_1 - SP_2)}{K}} \tag{4-1-8}$$

4. 单井自然电位 SP 法确定 R_w

自然电位曲线是常规测井系列中唯一能够较好反映 R_w 变化的测井信息。对 SP 曲线进行井眼、侵入、层厚以及过滤电位影响校正以后，可以利用校正后的 *SSP* 计算 R_w：

$$SSP = -K\lg \frac{R_{mf}}{R_{wz}} \tag{4-1-9}$$

式中，*SSP* 为静自然电位，mV；R_{mf}为泥浆滤液电阻率，Ω · m；*K* 为自然电位系数，mV。

当 SP 为负值时，得：$\lg \frac{R_{mf}}{R_w} = \frac{SSP}{K}$

整理该式得：

$$R_w = R_{mf} 10^{-\frac{SSP}{K}} \tag{4-1-10}$$

式中，*SSP* 为静自然电位，mV；R_{mf}为泥浆滤液电阻率，Ω · m；*K* 为自然电位系数，mV。

用式(4-1-10)确定 R_w 时，应首先确定 R_{mf}、*K*。根据式(4-1-6)可确定泥浆滤液电阻率 R_{mf}。

温度为 18℃的纯砂岩与泥岩剖面的地层中，*K*=69. 6mV，随着温度的升高，*K* 与温度 *T* 有如下关系：

$$K = 69.6 \times \frac{273 + T}{291} \tag{4-1-11}$$

通过对以上几种方法确定地层水电阻率的结果(见表 4-1-2)对比发现：测井方法确定的地层水电阻率值整体比利用水分析资料法确定的地层水电阻率值要低，其原因是所取液样从地层状态转到地面状态，压力和温度的降低导致部分盐分析出，致使液样矿化度降低，液样电阻率值增大，最终导致水分析资料法确定的地层水电阻率值比地层水真实电阻率值略微偏大。

二、岩电参数确定

用阿尔奇等含油饱和度模型求取饱和度时，不但用到地层水电阻率，还要用到一组岩电参数 *a*、*b*、*m*、*n*，这些参数有着明显的区域特征，随区域地质特征的不同而不同，合理地选择这些参数对于准确地计算含油饱和度至关重要。

实验室测量法是最古老、最基本、也是最可靠的方法。图 4-1-1 为西部某油田三叠系岩电实验分析，其中左图为 *F*—*ϕ* 实验关系图，从中可以确定 *a*=0. 9548、*m*=1. 7671；右图

为 $I—S_w$实验关系图，从中可以确定 $b=0.9554$、$n=2.0016$。

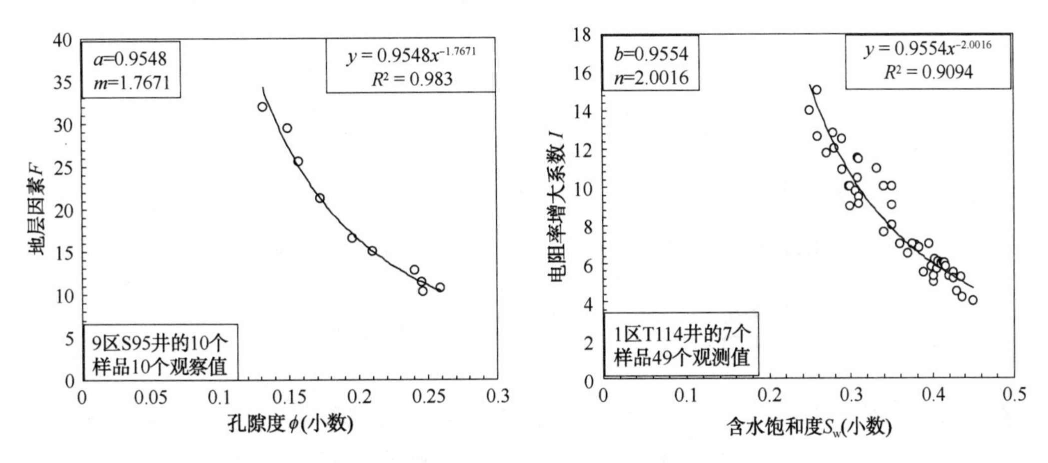

图 4-1-1　西部某油田三叠系岩电实验分析(左为 $F—\phi$ 关系图、右为 $I—S_w$关系图)

无搜集到相应岩电实验分析数据时，我们可以利用“测井资料确定岩电参数”的方法。根据纯水层测井资料确定 a 和 m，根据油层测井资料确定 b 和 n。由于两者的方法、步骤基本类同，这里仅对利用纯水层测井资料确定 a 和 m 的方法具体阐述：

① 作 $\ln\left(\frac{R_o}{R_w}\right)-\ln\phi$ 交会图。其中 R_o 取水层的电阻率值、R_w 为地层水电阻率，孔隙度为测井解释孔隙度；

② 由纯水层阿尔奇公式 $F=\frac{R_o}{R_w}=\frac{a}{\phi^m}$的演变形式 $\ln\left(\frac{R_o}{R_w}\right)=-m\ln\phi+\lg a$ 知：直线的斜率为 m，$\phi=100\%$的纵坐标为 a。

图 4-1-2 是根据测井资料按照该方法确定卫 77-8 井的岩电参数 a、m。首先选定卫 77-8 井的纯水层(3043.5～3046.5m)，然后分别求出其深侧向电阻率与地层水电阻率比值(LLD/R_w)、孔隙度(ϕ)的自然对数值，最后做两者的交会图。该方法所确定的岩电参数 $a=1.298$、$m=2.242$。

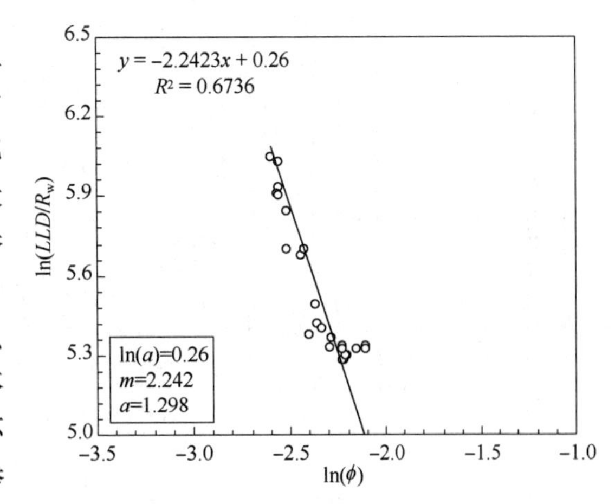

图 4-1-2　根据测井资料确定卫 77-8 井岩电参数 a、m

根据油层测井资料确定 b 和 n 的方法、步骤与根据纯水层测井资料确定 a 和 m 基本类同，但由于目前尚无法得到地层密闭取芯的含油饱和度数据，利用该方法计算 b、n 参数的精度受到质疑，本研究主要采用了经验值的方法确定岩电参数 b、n。国内外大量实验资料表明 b 很接近于 1，而 n 有如下关系：

$$n=1.347-0.519\lg(R_w) \quad (4-1-12)$$

平均误差为 15.7%

$$n=0.904-0.515\lg(R_w)+\lg K \quad (4-1-13)$$

平均误差为 9.7%

式中，K 为渗透率，$10^{-3}\mu m^2$；R_w 为 24℃时的地层水电阻率，Ω · m。

利用式(4-1-13)可准确地计算出 n，利用式(4-1-12)可粗略地估算区块岩电参数 n。对于 R_w 为 0.02Ω · m 的地区，利用式(4-1-13)可粗略地估算 n 值为 2.229。

第二节　岩性参数评价

泥质含量评价模型：以三叠系为例，由于三叠系致密碎屑岩地层压力系数较小，钻井过程中井漏频发，致使自然电位曲线局部失真，因此该曲线不能很好指示地层岩性变化。自然伽马是地层放射性的反映，它主要与沉积环境有关，取芯资料表明：三叠系致密碎屑岩储层以粉砂岩为主且砂/泥值较大，三叠系砂体比较发育，自然伽马测井曲线与地层岩性的变化相关性良好(见图 4-2-1)，因此三叠系一般采用自然伽马计算泥质含量。

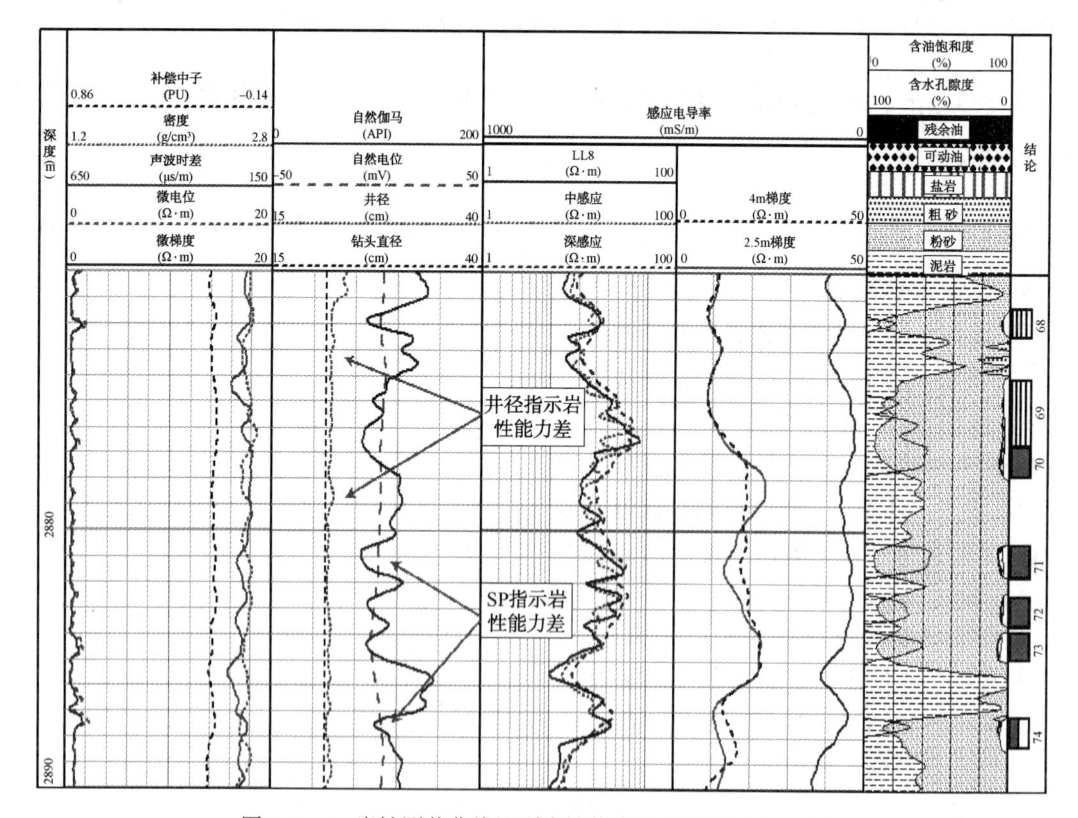

图 4-2-1　岩性测井曲线识别岩性能力对比图(卫 75-7 井)

具体计算方法如下：

$$SH=\frac{GR-GR_{\min}}{GR_{\max}-GR_{\min}} \tag{4-2-1}$$

$$V_{sh}=\frac{2^{GCUR \cdot SH}-1}{2^{GCUR}-1} \tag{4-2-2}$$

式中，GR、GR_{min}、GR_{max}分别为目的层、纯砂岩地层、纯泥岩层的自然伽马值，API；V_{sh}为地层泥质含量,%；$GCUR$ 为经验系数，通常第三系地层取 3.7，三叠系地层取 2。

第三节　物性参数评价

一、孔隙度评价模型

在裂缝性致密砂岩储层中，地层孔隙度 ϕ 由粒间孔隙 ϕ_b(也称基质孔隙)与次生孔隙 ϕ_f(也称裂缝孔隙)两种孔隙体系组成，取芯资料表明：三叠系地层中油赋存于裂缝中，基质孔隙不含油，因此，对于利用测井方法评价三叠系砂岩裂缝性储层来说，求准裂缝孔隙度显得尤为重要。

1. 孔隙度模型的选取

(1) 地层孔隙度 ϕ 的计算

中子、密度测井反映地层的总孔隙度，利用中子—密度交会可求取地层的总孔隙度 ϕ；如果密度(中子)测井曲线失真，则利用中子(密度)测井曲线求取的孔隙度作为地层孔隙度 ϕ。

中子—密度交会法计算岩石总孔隙度的具体方法可简单描述为利用三个方程确定三个未知数，三个方程分别为中子测井响应方程[式(4-3-1)]、密度测井响应方程[式(4-3-2)]、岩石物理体积模型方程[式(4-3-3)]，三个未知数为 V_{ma1}、V_{ma2}、ϕ。

$$\Phi=V_{ma1}\Phi_{ma1}+V_{ma2}\Phi_{ma2}+V_{sh}\Phi_{sh}+\phi\Phi_{f} \tag{4-3-1}$$

$$\rho=V_{ma1}\rho_{ma1}+V_{ma2}\rho_{ma2}+V_{sh}\rho_{sh}+\phi\rho_{f} \tag{4-3-2}$$

$$V_{ma1}+V_{ma2}+V_{sh}+\phi=1 \tag{4-3-3}$$

式中，V_{ma1}为细砂含量，%；V_{ma2}为粉砂含量，%；V_{sh}为泥质含量，%；ϕ 为地层总孔隙度；Φ 为中子测井值，%；ρ 为密度测井值，g/cm³；Φ_{ma1}、Φ_{ma2}、Φ_{sh}、Φ_{f}分别为细砂、粉砂、泥岩、流体中子值,%；ρ_{ma1}、ρ_{ma2}、ρ_{sh}、ρ_{f}分别为细砂、粉砂、泥岩、流体密度值，g/cm³。

该方法的关键性问题在于确定骨架及流体参数值(见表 4-3-1)的中子值采用的是致密砂岩(孔隙度小于 10%)的理论值，而岩石骨架的密度是岩芯常规物性分析得到的颗粒密度，即岩石密度/(1-总孔隙度)。

表 4-3-1　三叠系骨架参数及孔隙流体参数确定表

三孔隙度曲线	岩石骨架		流体
	细砂	粉砂	
声波时差	55.5μs/ft		189μs/ft
密度	2.67g/cm³	2.70g/cm³	1.0g/cm³
中子	0.5%	-2.5%	100%

(2) 基质孔隙度 ϕ_b的计算

声波纵波时差(慢度)主要是反映基质孔隙和水平裂缝，而三叠系发育的裂缝均为高角度缝，因而由声波时差计算的孔隙度并经泥质校正后可作为基质孔隙度 ϕ_b：

$$\frac{1}{\Delta t}=\frac{(1-\phi_b)^2}{\Delta t_{ma}}+\frac{\phi_b}{\Delta t_f} \tag{4-3-4}$$

(3) 裂缝孔隙度 ϕ_f的计算

地层总孔隙度 ϕ 减去基质孔隙度便为裂缝孔隙度，因此裂缝孔隙度可利用式(4-3-5)求取：

$$\phi_f=\phi-\phi_b \tag{4-3-5}$$

此外，也可利用双侧向测井曲线来计算裂缝孔隙度。对于侧向测井来说，电流束主要沿裂缝通过，其电阻率的变化，对裂缝特别敏感，因而可用双侧向测井来计算裂缝孔隙度。

深浅侧向的测井响应方程为式(4-3-6)、式(4-3-7)：

$$\frac{1}{R_s}=\frac{{\phi_b}^{mb}{S_{wb}}^{nb}}{R_w}+\frac{{\phi_f}^{mf}{S_{xof}}^{nf}}{R_{mf}} \tag{4-3-6}$$

$$\frac{1}{R_d}=\frac{{\phi_b}^{mb}{S_{wb}}^{nb}}{R_w}+\frac{{\phi_f}^{mf}{S_{wf}}^{nf}}{R_w} \tag{4-3-7}$$

泥浆侵入裂缝后，井壁附近裂缝中的油气被驱走，此时冲洗带含水饱和度 $S_{xof}\to1$，则式(4-3-6)变为：

$$\frac{1}{R_s}=\frac{{\phi_b}^{mb}{S_{wb}}^{nb}}{R_w}+\frac{{\phi_f}^{mf}}{R_{mf}} \tag{4-3-8}$$

泥浆侵入裂缝后，原状地层的裂缝中依然充满油，泥浆滤液含水饱和度 $S_{wf}\to0$，而深侧向可探测到原状地层，式(4-3-7)变为：

$$\frac{1}{R_d}=\frac{{\phi_b}^{mb}{S_{wb}}^{nb}}{R_w} \tag{4-3-9}$$

式(4-3-8)减去式(4-3-9)并整理后可得到裂缝孔隙度：

$$\phi_f=\sqrt[mf]{R_{mf}\left(\frac{1}{R_s}-\frac{1}{R_d}\right)} \tag{4-3-10}$$

式(4-3-6)~式(4-3-10)中：R_s、R_d、R_w、R_{mf}分别为浅侧向电阻率、深侧向电阻率、地层水电阻率、泥浆滤液电阻率，Ω·m；ϕ_b、ϕ_f分别为基质孔隙度、裂缝孔隙度，%；S_{wb}为基质含水饱和度,%。

由于三叠系仅部分井有双侧向电阻率测井，更为困难的是：三叠系岩石易破碎，利用岩芯实验很难准确确定裂缝岩性参数 *mf*，因此，该研究未利用双侧向电阻率曲线求取裂缝孔隙度[式(4-3-10)]，而是利用地层总孔隙度减去基质孔隙度得到裂缝孔隙度的方法[式(4-3-5)]求取裂缝孔隙度。

2. 孔隙度模型的精度分析

(1) 定性检验

由于电成像对裂缝发育程度的评价是最为可靠的测井方法，而裂缝孔隙度与裂缝发育程度紧密相关，因此利用电成像可定性检查所建模型的可靠性。

经对 15 口井的对比发现：所求裂缝孔隙度与电成像指示的裂缝发育程度呈明显正相关，即裂缝愈发育，裂缝孔隙度愈大。图 4-3-1 给出了卫 75-12 井裂缝孔隙度与 EMI 电成像裂缝发育程度对比图。

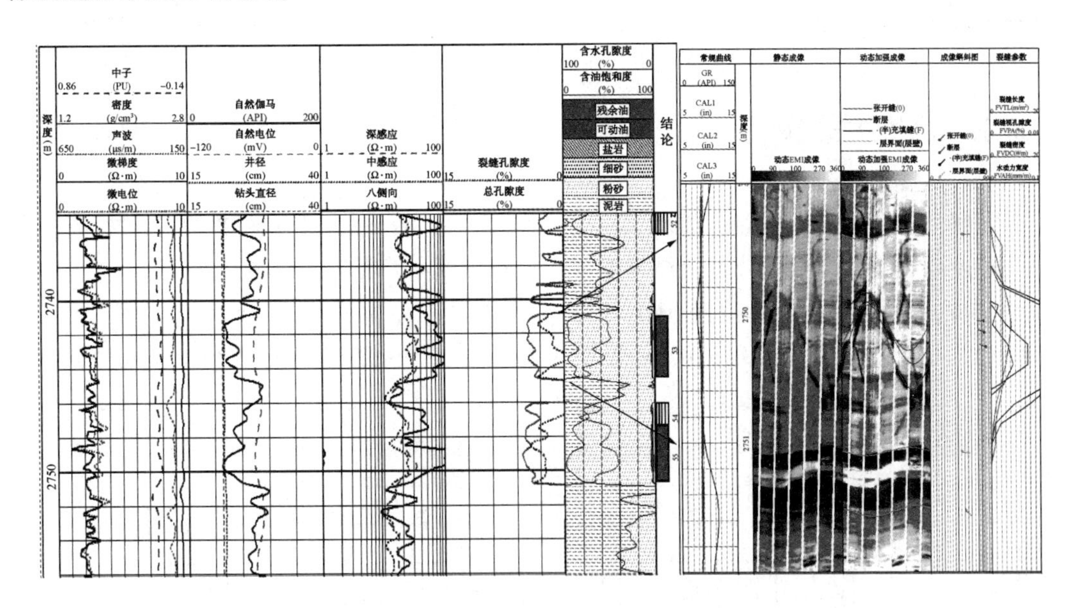

图 4-3-1　裂缝孔隙度与 EMI 电成像裂缝发育程度对比图(卫 75-12 井)

(2) 定量检验

由于裂缝孔隙度不易确定，而基质孔隙度实验相对容易准确确定，因此可用岩芯分析基质孔隙度作为参照物，将测井确定的基质孔隙度与之进行误差分析，进而从分析结果看确定模型的可靠程度。图 4-3-2 为卫 77-4 井测井孔隙度与岩芯分析孔隙度对比图(2740~2750m)，岩芯分析基质孔隙度为 3.07%，测井基质孔隙度平均为 3.32%，相对误差为 8.14%(小于 10%)，说明所选孔隙度模型可行。

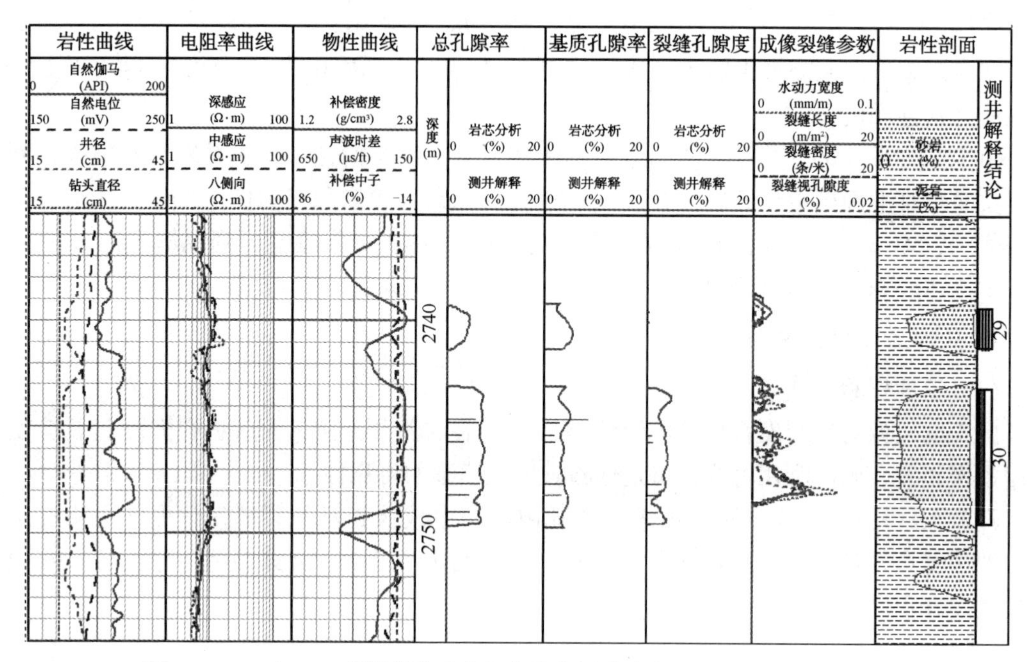

图 4-3-2　卫 77-4 井测井孔隙度与岩芯分析孔隙度对比图(2740~2750m)

3. 孔隙度的分布规律

(1) 孔隙度大小分布区间

为了解基质孔隙度、裂缝孔隙度大小分布范围，对源于 15 口井的 2737 个数据点进行了总孔隙度与裂缝孔隙度的统计。结果发现：总孔隙度主峰在 3.7%~6.1%，累计频率 50%处为 5.13%，平均值为 4.97%(见图 4-3-3)；裂缝孔隙度主峰在 2.30%~3.62%，累计频率 50%处为 3.03%，平均值为 3.07%(见图 4-3-4)；基质孔隙度累计频率 50%处为 2.1%。

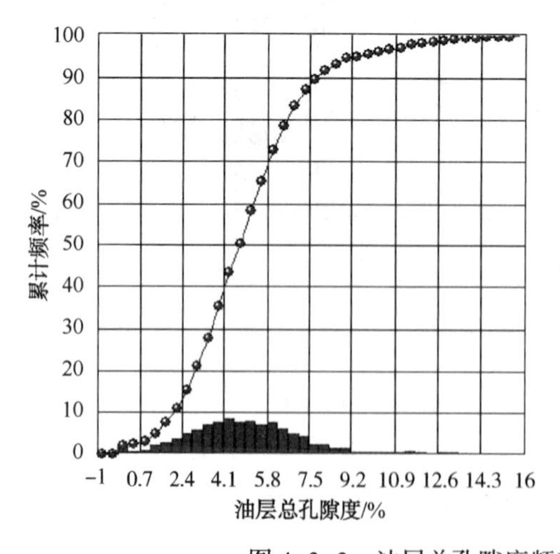

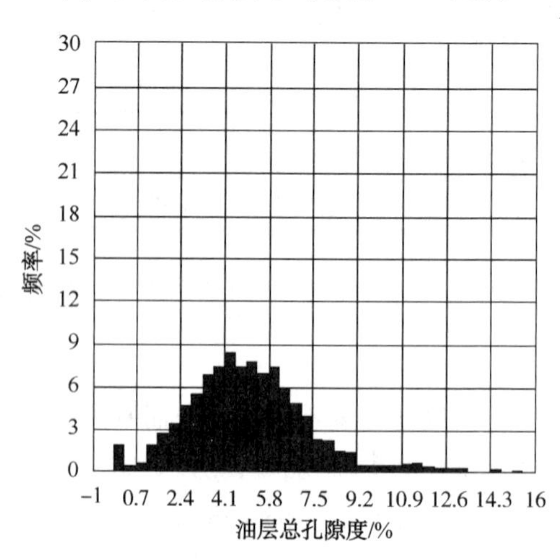

图 4-3-3　油层总孔隙度频率累计图(左)与直方图(右)

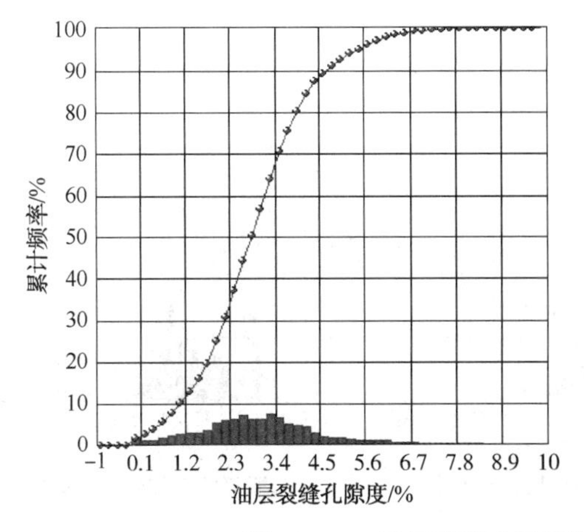

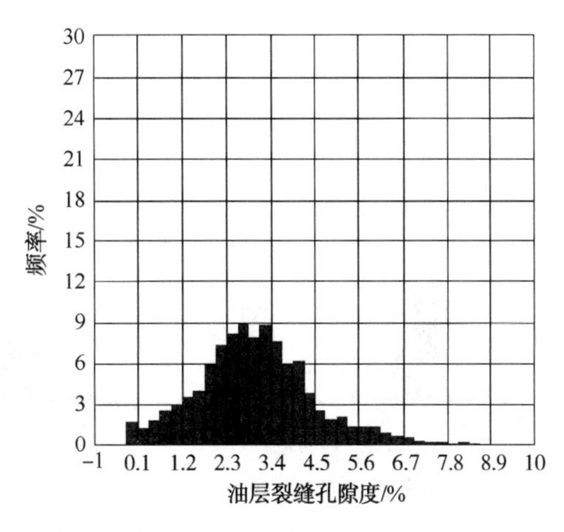

图 4-3-4　油层裂缝孔隙度频率累计图(左)与直方图(右)

(2) 孔隙度分布规律

通过做 15 口关键井油层的裂缝孔隙度累计频率图及其直方图(见表 4-3-2、图 4-3-5、图 4-3-6)发现：①明 471 块自北东向南西裂缝孔隙度有减小趋势。②卫 77 块油层裂缝孔隙度基本在 2.8%~3.2%。

表 4-3-2　15 口井累积频率 50%处裂缝孔隙度数值对比表

序号	井名	累积频率 50%处裂缝孔隙度数值	序号	井名	累积频率 50%处裂缝孔隙度数值
1	明 474	3.08	9	卫 77-3	2.93
2	明 471	3.05	10	卫 75-4	3.13
3	明 463	3.06	11	卫 75-12	2.88
4	明 473	3.02	12	卫 77-7	2.92
5	明 462	3.08	13	卫 75-3	3.16
6	明 470	2.16	14	卫 77-8	2.90
7	明 472	2.42	15	卫 75-11	2.23
8	卫 77-4	2.46			

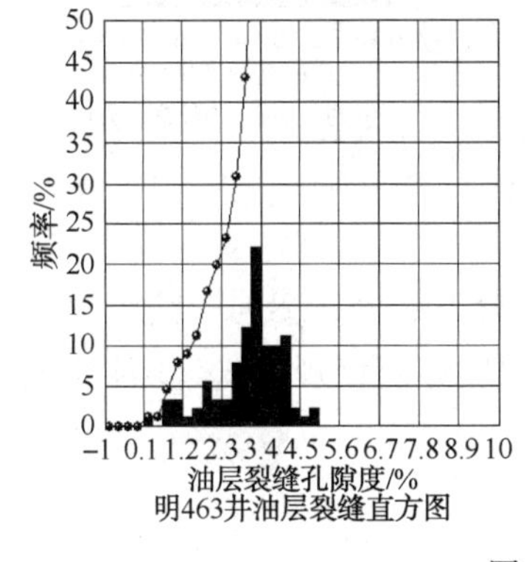

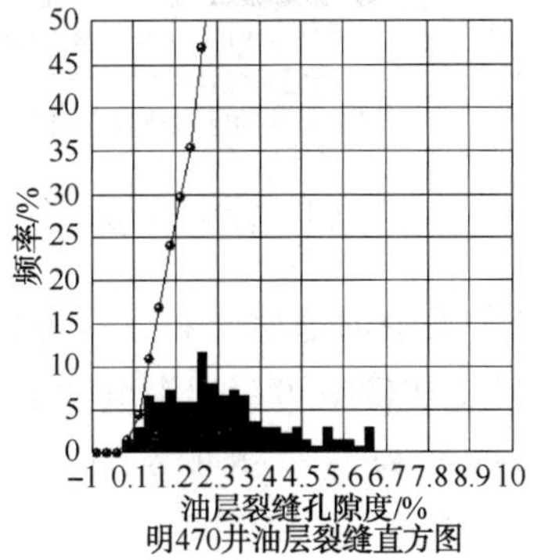

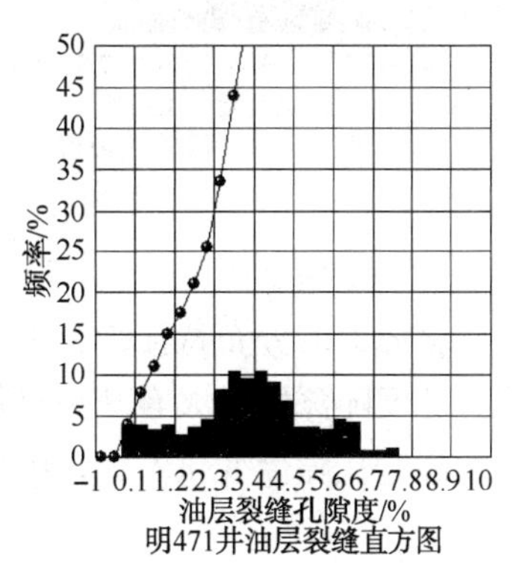

图 4-3-5　各井油层裂缝孔隙度直方图

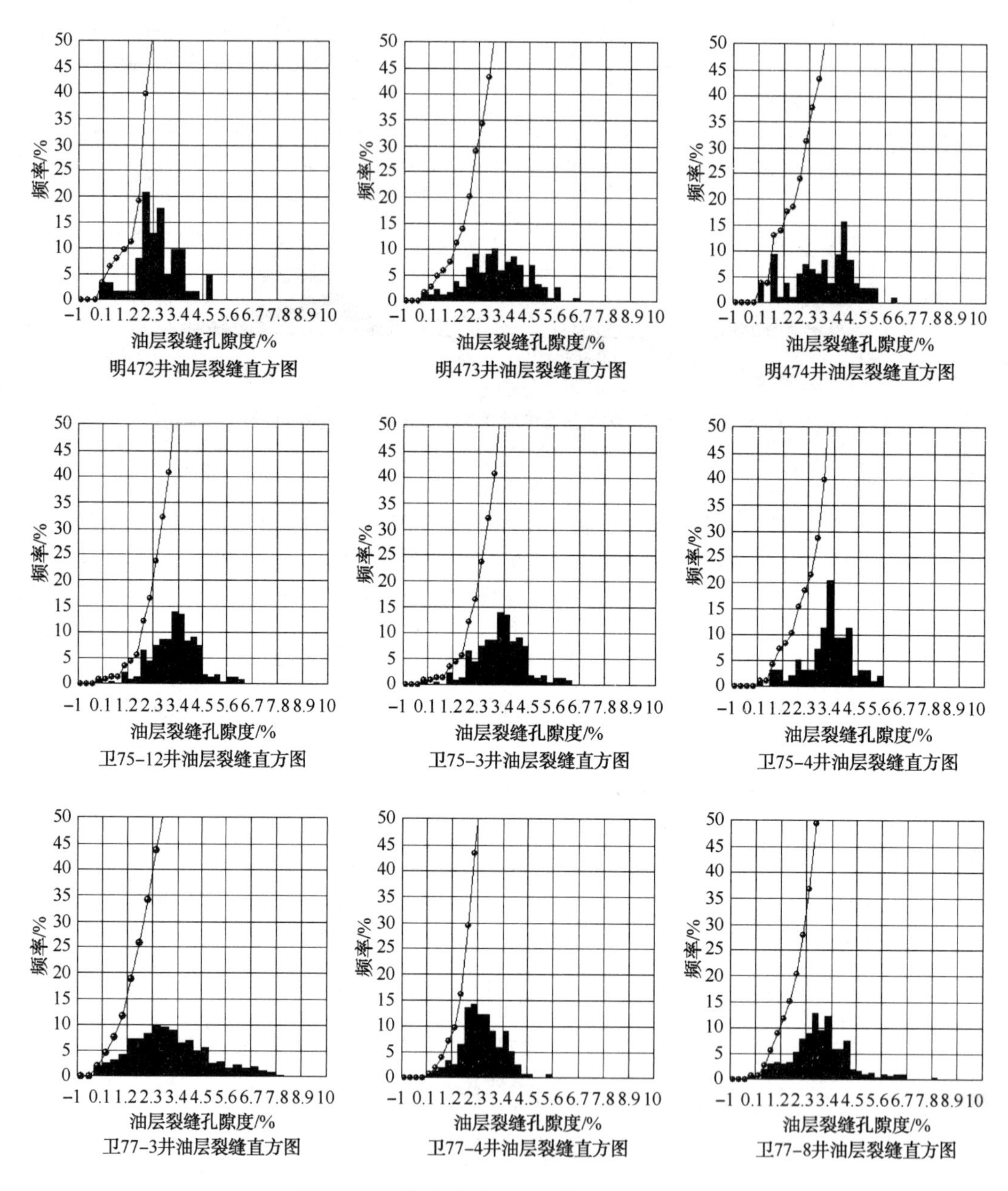

图 4-3-5 各井油层裂缝孔隙度直方图(续)

纵向上的分布特征为：①三叠系中上部地层裂缝孔隙度较下部大。②同一油组内，裂缝孔隙度随深度增大有减小趋势(电成像也可看出裂缝发育程度亦有该规律)。③各油组油层的裂缝孔隙度变化不大。图 4-3-7 为卫 77-8 的实例。

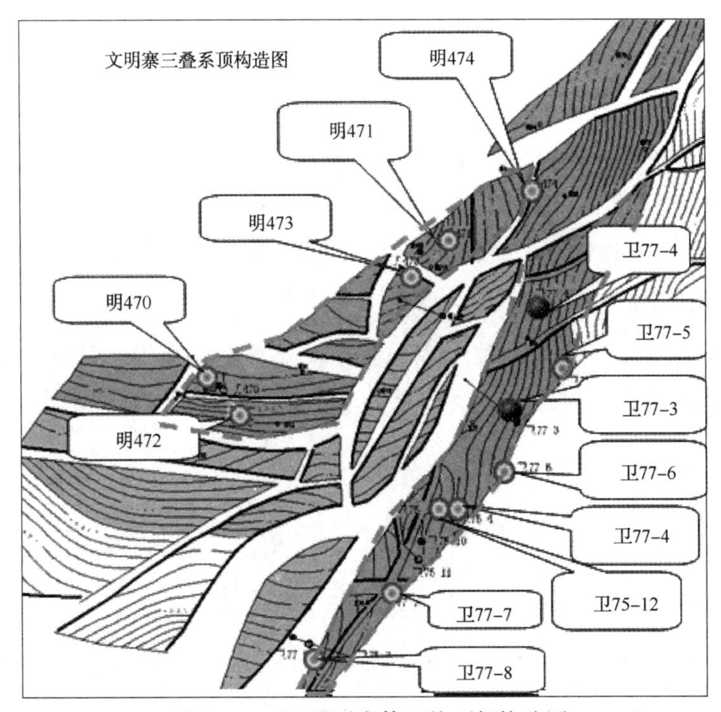

图 4-3-6 三叠系主体区块顶部构造图

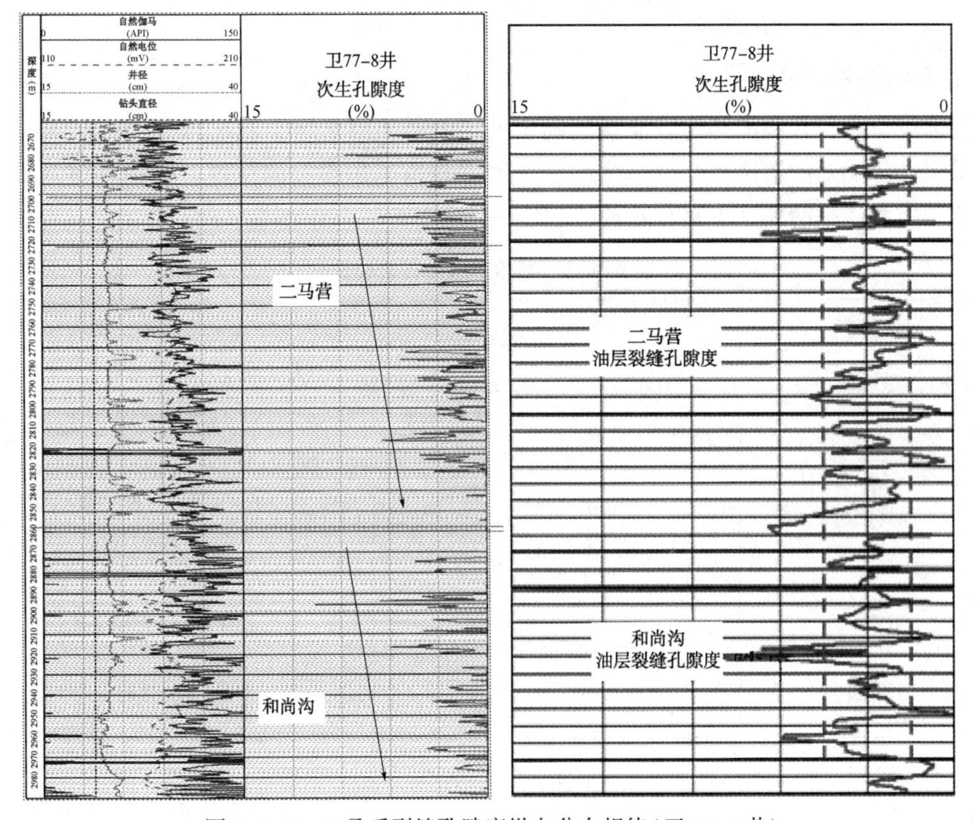

图 4-3-7 三叠系裂缝孔隙度纵向分布规律(卫 77-8 井)

二、渗透率评价模型

由于储集空间包括粒间孔隙和次生孔隙两部分。因此，岩石渗透率(K)应包括基质渗透率(K_b)和裂缝渗透率(K_f)两部分，即有：

$$K=K_f+K_b \tag{4-3-11}$$

式中，K、K_f、K_b—岩石渗透率、裂缝渗透率、基质孔隙渗透率，$10^{-3}\mu m^2$。

1. 裂缝渗透率

岩石裂缝渗透率K_f等于裂缝孔隙度ϕ_f与固有渗透率K_{if}的乘积，而固有渗透率只与裂缝宽度有关，利用双侧向测井可以确定裂缝宽度ε，从而可确定固有渗透率K_{if}，进而可计算裂缝渗透率K_f。

$$\varepsilon=2500\times R_m\times\left(\frac{1}{R_{lls}}-\frac{1}{R_{lld}}\right) \tag{4-3-12}$$

$$K_{if}=0.8333\times\varepsilon^2 \tag{4-3-13}$$

$$K_f=\phi_f\cdot K_{if} \tag{4-3-14}$$

式中，K_f为裂缝渗透率，$10^{-3}\mu m^2$；R_{lld}为深侧向电阻率，$\Omega\cdot m$；R_{lls}为浅深侧向电阻率，$\Omega\cdot m$；R_m为泥浆滤液电阻率，$\Omega\cdot m$。

2. 基质块渗透率

目前没有一种常规测井响应能直接确定储层的基质渗透率，基质渗透率一般采用间接方法求取，影响基质渗透率评价精度的主要因素是所采用参数的精度，国内用常规测井方法评价基质渗透率的模型主要有6种(见表4-3-3)。

表4-3-3　基质渗透率评价模型

模型名称	模型表达式	备注
孔隙度—粒度中值型	$\lg K=D_1+D_2\lg M_d+D_3\lg\phi$	D_1、D_2、D_3经验系数，一般取 $D_2=1.7$，$D_3=7.1$
孔隙度—束缚水饱和度型	$\lg K=a_0+\frac{a_1}{\lg(\phi/A)}+7.1\lg\phi-\frac{1.1}{\lg(\phi/A)}\lg S_{wi}$	a_0、a_1、A为与压实、地层特性有关的经验系数
电阻率型	$K=c\cdot R_t^d$	c、d分别为经验系数
声感型	$K=a\cdot R_t^b\left(\frac{\Delta t-\Delta t_{ma}}{100}\right)^c$	a、b、c为地区经验系数
回归统计型	$K=f(\phi、V_{sh}、S_{wi}、M_d)$	
孔隙度型	$K=c_1e^{c_2\phi}$	c_1、c_2为与岩性相关的地区经验系数

研究中发现基质渗透率与基质孔隙度呈明显的正相关性(见图 4-3-8 和图 4-3-9)，于是选用表 4-3-3 中的孔隙度模型来确定基质渗透率。

$$K_b = c_1 e^{c_2 \phi} \quad (4-3-15)$$

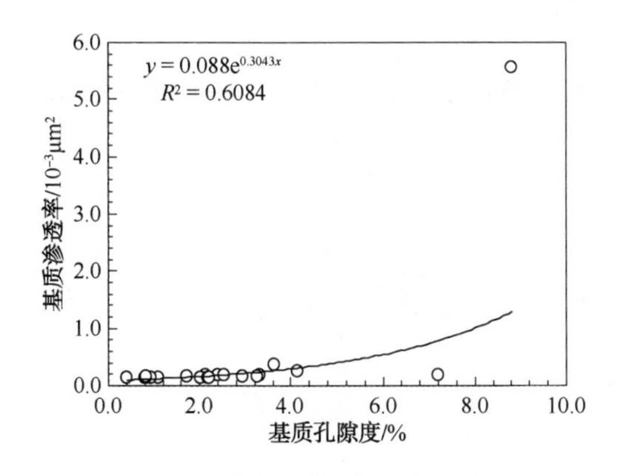

图 4-3-8　基质孔隙度与渗透率的关系

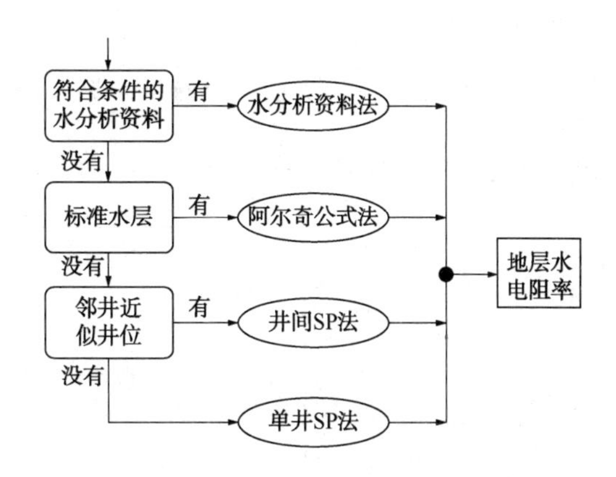

图 4-3-9　确定地层水电阻率流程图

第四节　饱和度评价模型

致密碎屑岩储层准确求取含油饱和度十分关键，裂缝性致密储层含油饱和度(含油性)的评价更是测井界公认的世界性难题，长期以来，测井领域的专家致力于储层含油性评价的研究，逐渐形成了阿尔奇公式、西门度方程、尼日利亚方程、W—S 模型、双水模型等饱和度模型，而对于双重介质储层的含油饱和度模型的选取，通常先判断储集空间类型，然后根据储集空间类型选用合理的饱和度模型。而无论是哪种饱和度模型，均是建立在岩石物理体积模型基础之上，然后根据特殊地质需要做相关改进。其中的阿尔奇公式是最原始、最经典的饱和度模型，很多饱和度模型为该模型的改进形式，如为消除泥质、导电矿物影响而发展起来的西门度方程、尼日利亚方程、W—S 模型、双水模型，以及为解决双重介质问题而建立的具有针对性的饱和度模型等，这些模型均源于岩石物理体积模型而建立的阿尔奇公式。因此本次研究中，饱和度模型的选取主要是通过对“阿尔奇公式饱和度模型”与“基于阿尔奇公式建立的双重介质饱和度模型”的比较，从中优选出最佳的饱和度模型。同时针对气层，探索建立含气饱和度评价模型。

一、阿尔奇公式饱和度模型

阿尔奇公式求取地层总的含油饱和度方程为：

$$S_o = 1 - \sqrt[n]{\frac{abR_w}{R_t \phi^m}} \quad (4-4-1)$$

式中，S_o为含油饱和度，%；R_t、R_w为地层电阻率、地层水电阻率，Ω·m；m、n为地层胶结指数、饱和度指数；ϕ为地层孔隙度，%。其中a、b、m、n根据岩电实验测定，R_w根据地层水分析的总矿化度转换得到。

通过做卫城构造各类储层的孔隙度—电阻率关系图(见图4-4-1)发现：孔隙度—电阻率关系整体呈双曲线$R_t=k\cdot\phi^{-m}$(k、$m>0$)关系，这与式(4-4-1)的变形方程$R_t=\left[\frac{abR_w}{(1-S_o)^n}\right]\cdot\phi^{-m}$极为类似，且有油水渐变趋势，这表明阿尔奇公式在确定砂岩裂缝性储层的含油饱和度方面是可行的。

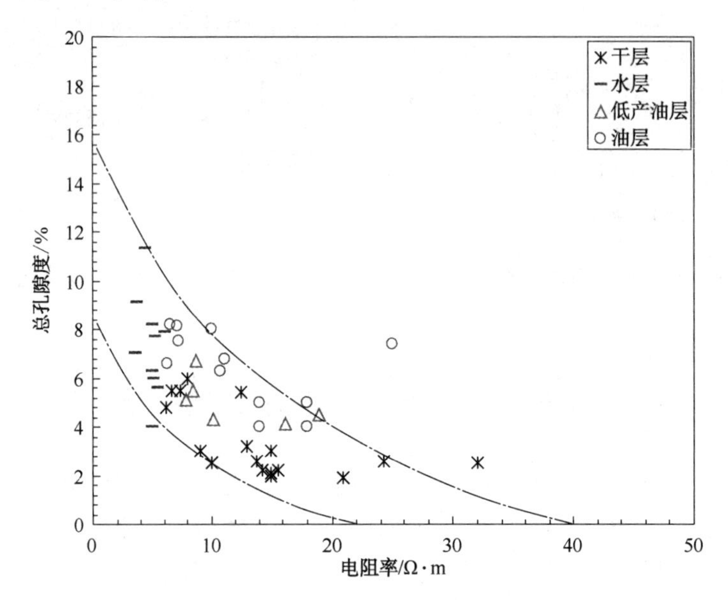

图4-4-1　卫城构造各类储层的孔隙度—电阻率关系图

二、双重介质饱和度模型

由于东濮凹陷三叠系储层储集空间类型为裂缝—孔隙型，且裂缝多为高角度缝，该模型沿用了赵良孝等人建立的“裂缝+孔隙”双重介质饱和度模型：

$$\frac{1}{R_d}=\frac{\phi_b^{m_b}S_{wb}^{n_b}}{R_w}+\frac{\phi_{fr}^{m_f}S_{wfr}^{n_{fr}}}{R_m}K_1 \tag{4-4-2}$$

$$\frac{1}{R_s}=\frac{\phi_b^{m_b}S_{xb}^{n_b}}{R_{mix}}+\frac{\phi_{fr}^{m_f}S_{xofr}^{n_{fr}}}{R_m}K_2 \tag{4-4-3}$$

$$\frac{1}{R_{mix}}=\frac{S_{xb}-S_{wb}}{R_{m_f}S_{xb}}+\frac{S_{wb}}{R_wS_x} \tag{4-4-4}$$

$$S_{xb}=S_{wb}^{1/a} \tag{4-4-5}$$

式中，R_d、R_s分别为深、浅侧向测井值，Ω · m；ϕ_b、ϕ_{fr}分别为基块和裂缝孔隙度，%；S_{wb}、S_{wfr}分别为基块和裂缝含水饱和度，%；a 为经验指数(一般取 2.0 左右)，小数；K_1、K_2为电流畸变系数，小数。取值如下：

A) $K_1=1.25$， $K_2=1$， 水平裂缝 $S_{xofr}=1$，$S_{wfr}=1$

B) $K_1=1$， $K_2=1.7\sim2.0$， 单组垂直裂缝 $S_{xofr}=1$，$S_{wfr}=1$

C) $K_1=1$， $K_2=1.1\sim1.3$， 多组垂直裂缝 $S_{xofr}=1$，$S_{wfr}=1$

D) $K_1=1$， $K_2=1$， 网状裂缝 $S_{xofr}=1$，$S_{wfr}=0$

E) $K_1=1$， $K_2=2$， 网状裂缝 $S_{xofr}=1$，$S_{wfr}=0-1$

注：C、D、E 三种情况下为截割式侵入，$S_{xb}=S_{wb}$、$R_{mix}=R_w$，上述方程得到简化。

以上式中，m_f 为裂缝孔隙度指数(m_f 取 1~1.5，常取 $m_f=1.3$)；m_b 为基块孔隙度指数(岩芯分析岩电测量，或经验取值，ϕ_b 较差时 $m_b=2$，ϕ_b 中等时 $m_b=2.2$，ϕ_b 较大时 m_b 取 2.5~3.0)；n_b 为基块饱和度指数(取 $n_b=m_b$)；n_{fr}为裂缝饱和度指数(取 $n_{fr}=m_f$)。

把上述四式合并，同时令 $S_{xofr}=1$，得到$f(S_{xb})=0$一元非整数次方程，用对分法求解可得 S_{xb}，进而求解 S_{wb}、S_{wfr}，带入下式可计算地层总的含油饱和度：

$$S_o=1-S_{wt}=1-\frac{\phi_b S_{wb}+\phi_{fr}S_{wfr}}{\phi_b+\phi_{fr}} \tag{4-4-6}$$

利用“双重介质饱和度模型”求取含油饱和度时，需要确定裂缝、基质的岩电参数(n_b、m_b、n_{fr}、m_f)，在无测得岩电参数的情况下，仅靠岩电参数经验值很难保证所求饱和度的正确性，因此研究认为：裂缝性地层在无法测得裂缝与基质岩电参数的情况下，饱和度模型可仍沿用阿尔奇公式。将阿尔奇公式应用于裂缝—孔隙型地层的原因在于裂缝、基质等孔隙结构对饱和度的影响均可归结于岩石总的岩电参数中，也就是说此时的阿尔奇公式已经不是单一介质的饱和度模型，而是修正后的双孔介质的饱和度模型，而改进之处就在于对岩电参数的修正。

探索含气饱和度定量评价方法。户部寨地区三叠系地层主要发育天然气藏，天然气藏由于受侵入影响较大，侵入给含气饱和度的计算带来了相当的困难。当电阻率仍像指示油层那样表现为高阻时，可直接采用阿尔奇公式计算含气饱和度。对于侵入较浅的气层，可利用测井响应方程式(4-4-7)、式(4-4-8)直接计算中子含气饱和度S_{gN}、密度含气饱和度S_{gD}，然后取两者的算术平均值作为含气饱和度S_g。

$$S_{gN}=\frac{\phi-\phi_N}{\phi\cdot\dfrac{H_w-H_g}{H_w-H_{ma}}} \tag{4-4-7}$$

$$S_{gD}=\frac{\phi-\phi_D}{\phi\cdot\dfrac{\rho_w-\rho_g}{\rho_w-\rho_{ma}}} \tag{4-4-8}$$

$$S_g = \frac{S_{gD} + S_{gN}}{2} \tag{4-4-9}$$

式中，H_g、H_w、H_{ma}分别为气体的含氢指数和地层水、岩石骨架的含氢指数，小数；ρ_g、ρ_w、ρ_{ma}分别为气体的体积密度和水、骨架的密度，g/cm^3；ϕ_N、ϕ_D分别为中子、密度测井孔隙度,%；S_g、S_{gN}、S_{gD}分别为含气饱和度、中子含气饱和度、密度含气饱和度，%；ϕ为地层真孔隙度(由中子—密度交会求得)，%。

第五章

储层识别方法及油气水判别标准

第一节　油气层识别新方法

致密碎屑岩储层钻时油气显示弱(钻时无显示或弱显示)或测井响应弱(低孔、低渗、低阻、低差异)，通常具有弱信号油气层特征，具有电阻率不高、孔隙度不大的非典型油气层测井响应特征。一是录井油气显示弱或无，气测无异常显示，且在无油气显示的层位测井资料油气层响应特征不明显，这会导致解释结论偏低或油气层漏失。二是对于渗透性差的储层，由于埋藏深，储层的孔隙度较小(10%左右)，骨架信号远远大于流体，因物性差引起的电阻率增大，会在一定程度上掩盖电阻率测井曲线对油气的指示，这无疑加剧了弱信号油气层的测井识别难度。三是低阻油气层、正常油气层、高阻水层同时存在，致使油气、水界限不清，加之渗透性好的油气层通常会受泥浆侵入的影响，电阻率测井曲线呈现出“凹平状”“低中值”的非油气层特征，弱化了电阻率对油气的指示。四是岩性曲线与围岩相比数值变化较小(自然伽马中高值)，三孔隙度曲线显示与围岩数值接近，这样的低差异油气层往往易漏解释。以上特点的油气层，传统的电阻率—孔隙度等常规方法识别受到制约。

依靠测井资料做解释，但不拘泥于测井资料，将识别油气层的手段从电性扩展到核磁特性，从单纯测井资料扩展到石油地质并结合地震资料，先后提出了利用层内孔隙度—电阻率—岩性匹配关系、油气成藏模式约束下的油气层测井识别法、核磁共振锐化处理识别法、等时地层精细对比法及利用测井响应模式快速识别等 5 种方法识别油气层。

一、利用层内孔隙度—电阻率—岩性匹配关系识别油气层

通过对渤海湾、塔里木、松辽、四川、鄂尔多斯、银额等国内 6 个主要含油气盆地研究发现，大多数储层均存在或强或弱的非均质性，具体表现在层内孔隙度、电性及岩性的非均质变化，在测井曲线上常表现为层内孔隙度测井曲线、电阻率测井曲线、岩性测井曲线的纵向非均质变化。

一般来说，电阻率数值大小受制于储层的流体性质、导电路径或称之为孔道曲折度，并随地层孔隙度及地层岩性的变化而变化，构建岩石物理体积模型(见图 5-1-1)，并得到地层电阻率的理论推导公式：

$$\frac{R}{R_w}=\frac{1}{\phi}\left(\frac{L_w}{L}\right)^2 \quad (5-1-1)$$

$$\frac{R_t}{R_w}=\frac{1}{\phi \cdot S_w}\left(\frac{L_w}{L}\right)^2 \quad (5-1-2)$$

式中，L_w/L 为孔隙孔道的弯曲程度，即孔道曲折度，小数；R 为 100%饱含地层水的岩石电阻率，Ω·m；R_t为岩石电阻率，Ω·m；R_w为地层水电阻率，Ω·m；ϕ 为地层孔隙度,%。

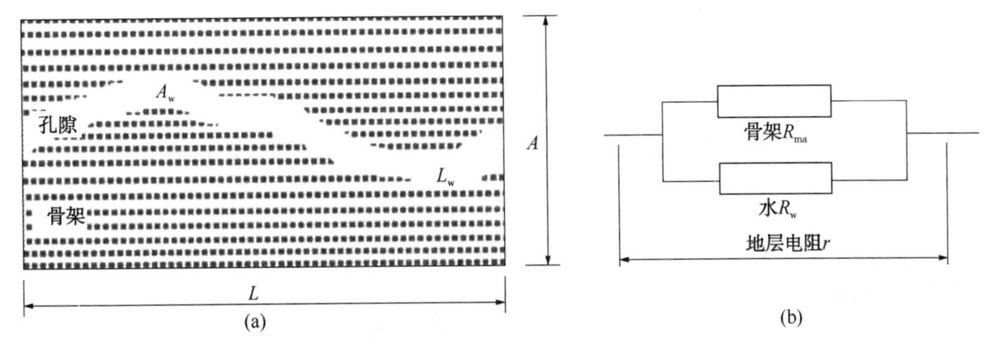

图 5-1-1　泥质砂岩导电路径示意图及等效电阻率

于是得出：①储层电阻率数值大小随流体电阻率的增大而增大，即随地层水电阻率的增大而增大。②电阻率数值大小随孔隙度的减小而增大。③储层电阻率数值大小随孔道曲折度的增大而增大。地层水电阻率及孔隙度都可以用测井资料定量表征，而曲折度的影响因素较多，是指包括不导电的油气与骨架的分布状态，即地层水的流经通道，它反映地层导电的难易程度。对于在一个泥质砂岩储层内来说，由于沉积环境及油气水的运移基本相同，地层水、泥质水(微孔隙水及黏土表面吸附的水)的性质基本不变，因此，储层内地层水及泥质水电阻率数值基本不变。

对于一个泥质砂岩水层来说，当物性不变，随着泥质的增大，无疑增大了孔道曲折度，从而使得水层电阻率随泥质含量的增大而增大。对于一个泥质砂岩油气层内，当物性不变，随着泥质的增大，增大的孔道曲折度引起电阻率增大，但同时泥质含量的增大使得含水饱和度增大进而使得电阻率数值减小，油气层电阻率数值随泥质含量最终怎么变化，将取决于孔道曲折度与含水饱和度对其的影响程度，从东濮凹陷油气层的测井响应特征来看，油气层电阻率数值随泥质含量的增大而减小。于是得出油气层层内孔隙度—电阻率—岩性测井响应特征：①水层电阻率数值随泥质含量增大而增大。②油气层电阻率数值随泥质含量增大而减小或不变。③储层电阻率数值随孔隙度的减小而增大。

利用油气水层以上 3 个电阻率数值随孔隙度与泥质含量的变化规律，能较好地识别弱信号油气层。在仅有常规测井资料的情形下，利用层内电阻率—孔隙度—岩性的匹配关系研究结果，在实际生产中形成了易于推广应用的“四看电阻率”的油气层测井识别法，一经在中原油田优秀人才地质班上授课推广，便得到勘探技术专家的青睐。

“四看电阻率”即一看电阻率大小，一般来说，油气层电阻率数值大、水层电阻率数值小；二看电阻率形态，一般来说，油气层电阻率呈凸状、水层电阻率呈凹状；三看电阻率侵入特征，一般来说，油气层电阻率呈低侵、水层电阻率呈高侵、非渗透层电阻率几乎无侵入；关键是四看电阻率—岩性—物性测井曲线的匹配关系。

当储层内孔隙度减小或近似不变，随着泥质含量增加，电阻率减小或不变，则为油气层。如图 5-1-2，中文古 2 井的 46 号储层(3824.9~3834.3m)，电阻率曲线形态呈“凹”型，由于测井认识的局限性，测井一次解释为水层。但通过层内孔隙度—电阻率—

岩性匹配关系识别，发现46号储层内孔隙度近似不变，在3830.3m附近自然伽马测井曲线反映泥质含量最大，随泥质含量增大，电阻率测井曲线呈现平直状，并未随泥质含量增大而增大，为油气层测井响应特征，故综合解释为油气层。44号、46号层压裂后日产气1.1×10^4m^3、油5.78t，利用层内孔隙度—电阻率—岩性匹配关系识别的油气层结论与试油结果相符。

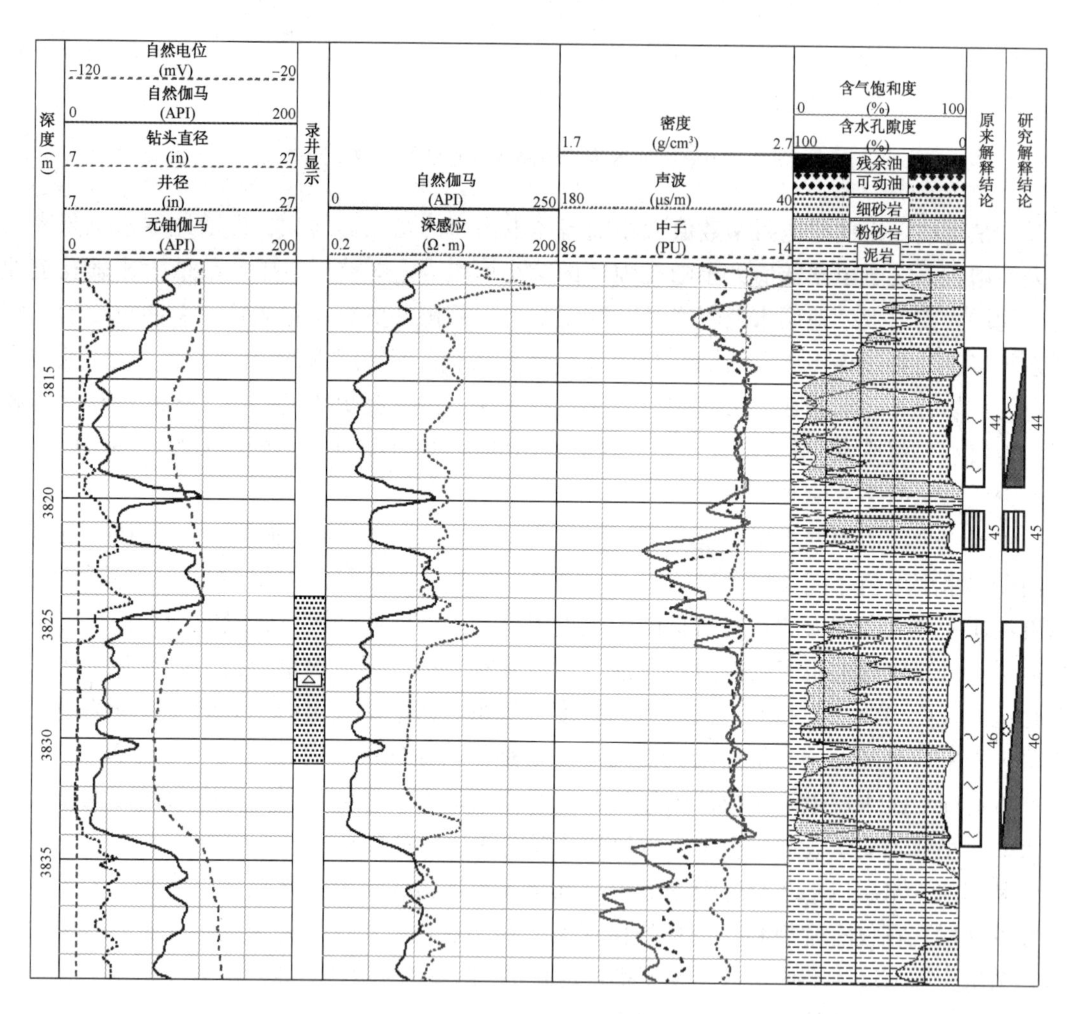

图5-1-2 层内孔隙度—电阻率—岩性匹配关系识别的油气层(文古2井)

当储层内孔隙度增大或近似不变，随着泥质含量增大，电阻率增大，则为水层。如图5-1-3文古3井的62号储层(3877.0~3890.3m)，层内3878.0~3881.0m自上而下，三孔隙度测井曲线反映孔隙度近似不变、自然伽马测井曲线反映泥质含量在3879.0m处增大，相应电阻率有增大趋势，为水层特征，故综合解释为水层。62号层后经压裂抽汲，日产水22.3m^3，试油结论为水层，利用层内孔隙度—电阻率—岩性匹配关系识别的油气层结论与试油结果相符。

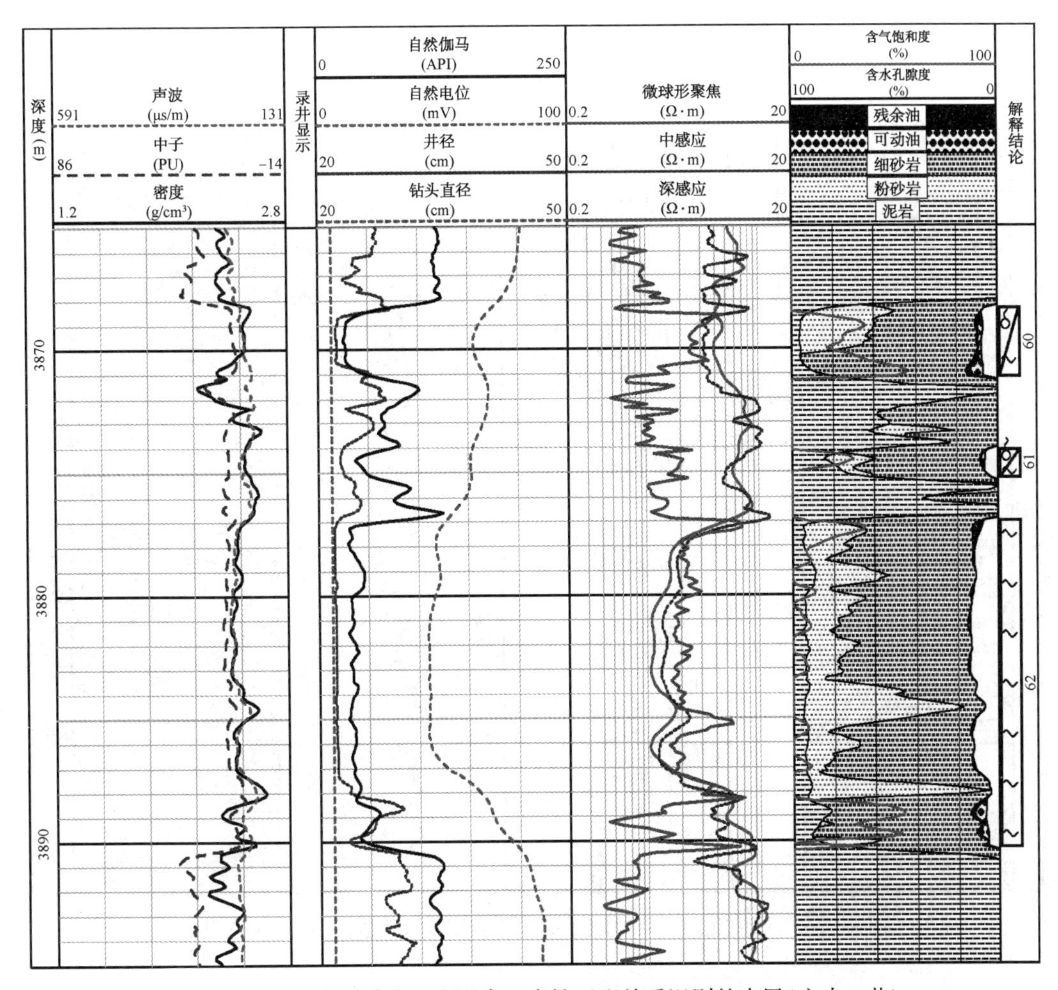

图 5-1-3　层内孔隙度—电阻率—岩性匹配关系识别的水层(文古 3 井)

何 3 井的 96 号储层(3680.5~3862.6m)：层内电阻率数值大；曲线形态呈“凸”型；电阻率呈低侵特征；在 3682.0m 附近，层内孔隙度近似不变，但泥质含量变化明显，自然伽马测井曲线反映 3682.0m 处泥质含量最重，相应电阻率明显“下掉”为层内最低值，为油气层测井响应特征，故综合解释为气层(见图 5-1-4)。

例如赵 5 井 81 号储层(3344.9~3349.2m)，层内 3345.0~3348.5m 自下而上，三孔隙度测井曲线反映孔隙度近似不变、自然伽马测井曲线反映泥质含量逐渐增大，相应电阻率自下而上逐渐增大，为水层特征，虽然录井有油迹显示、气测异常总碳由 0.3%升到 2.2%，由于水层测井响应特征明显，故综合解释为含油水层(见图 5-1-5)。再如该井的 87 号层(3363.5~3367.3m)，层内 3365.0~3366.0m 自上而下，三孔隙度测井曲线反映孔隙度近似不变、自然伽马测井曲线反映泥质含量逐渐增大，相应电阻率自下而上逐渐增大，为水层特征，虽然录井有油迹显示、气测异常总碳由 0.3%上升到 2.7%，由于水层测井响应特征明显，故综合解释为水层(见图 5-1-5)。

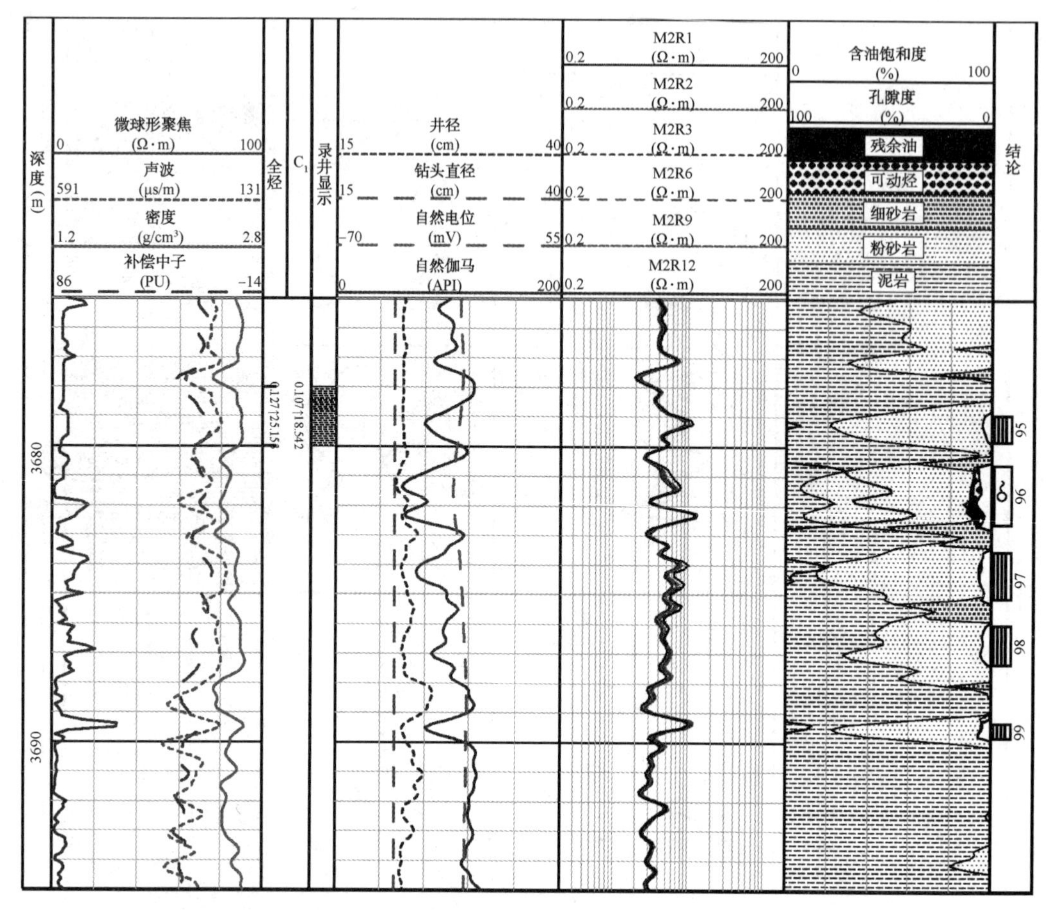

图 5-1-4　层内孔隙度—电阻率—岩性匹配关系识别的气层(何 3 井)

二、油气成藏模式约束下的油气层测井识别法

将石油地质评价油气的理论纳入油气层测井识别中，通过对油气源、输导体系、油气运移等分析，形成基于油气成藏模式约束的油气层测井识别方法，有效提高弱信号油气层测井识别正确率的同时，创新了油气层测井识别方法。如通过对文明寨三叠系油气藏的“双断双向供烃成藏模式”认识，提出了利用裂缝与地层的配置关系识别油气层，再如通过对方里集“后生淋积高铀储层模式”的认识，形成了铀—电阻率—孔隙度三维交会法识别油气层。

1. 利用裂缝倾向与地层倾向交会识别油气层

工区内三叠系油气成藏为双断双向供烃成藏模式，油藏为“新生古储”型，生油岩为侧向接触的沙三、沙四段烃源岩；储层为三叠系古潜山，油赋于裂缝、基质不含油，裂缝既是储集空间又是渗流通道；盖层为上覆泥岩致密层；圈闭为地垒型的文明寨构造，其处于中央隆起带向北抬升的最高部位，构造被北东走向/东南倾向的明 5 主断裂和北东东走向/北西倾向的卫 7 主断裂切割；油气运移是沿断裂、不整合面运移至三叠系地层，再由三叠

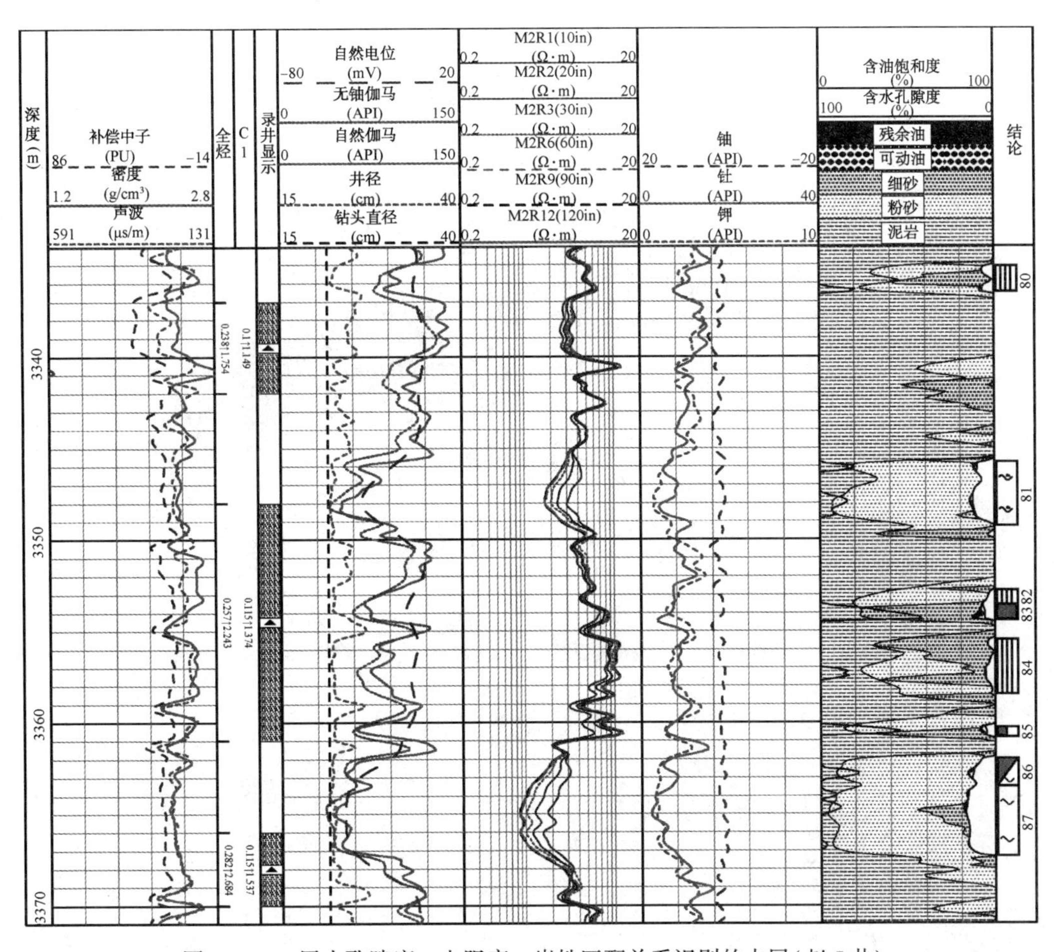

图 5-1-5　层内孔隙度—电阻率—岩性匹配关系识别的水层(赵 5 井)

系中发育的裂缝及层理系统运移到构造高部位，在构造高部位的缝洞中聚集保存成藏。

油气在裂缝形成时间与油气运移时间配置理想的情况下，只有裂缝产状在空间上与地层产状、断层及烃源岩配置恰当，油气才能经断层、剥蚀面、层理、裂缝等运移通道运移至裂缝，形成油气藏(见图 5-1-6)。对于三叠系古潜山油气藏来说，层理及断层产状变化不大、烃源岩为侧向接触的下第三系，在这种情况下，只要裂缝产状与地层产状配置关系良好(两者倾向一致)，就能为油气的运移提供良好的输导体系，此时的裂缝系统便易形成油气藏。反之，裂缝产状在空间上与地层产状配置关系差(两者倾向向背)，此时的裂缝系统不易形成油气藏。

基于以上，通过比较储层中发育的裂缝产状与地层产状的关系，可识别储层流体性质，发育与地层产状一致的裂缝为油层；无发育与地层产状不一致的裂缝(尽管储层内裂缝发育)为非油层。对 21 口电成像测井资料的统计结果也证实了这一结果是正确的。东濮凹陷三叠系裂缝多为高角度缝(60°～90°)，按裂缝倾向不同可分为两组：第Ⅰ组裂缝的倾向区间为 115°～210°的，第Ⅱ组裂缝的倾向区间为 260°～360°(见图 5-1-7)。

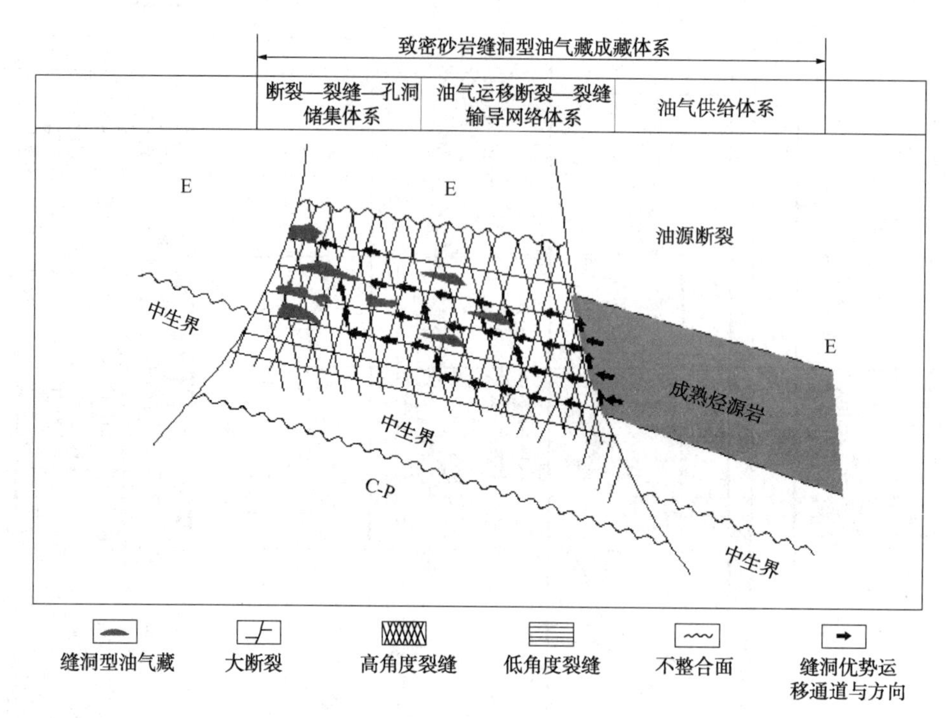

图 5-1-6　文明寨三叠系油气成藏模式图

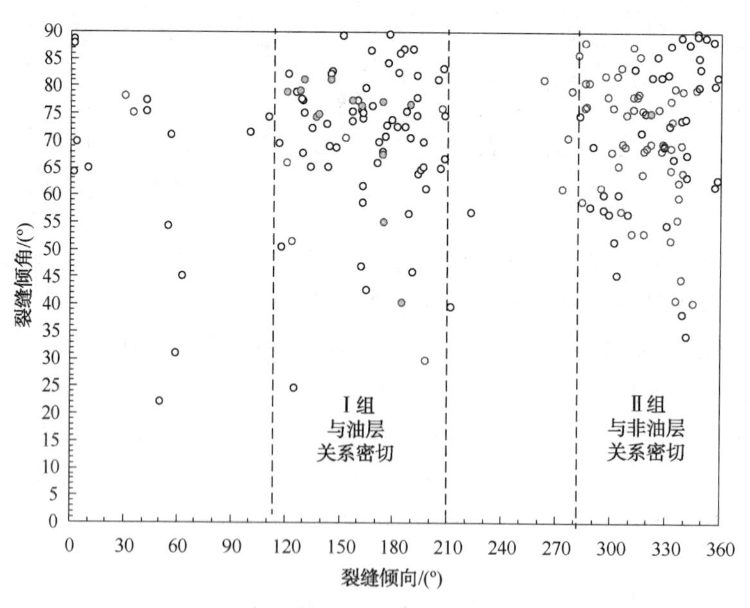

图 5-1-7　裂缝产状—裂缝型油藏关系图

从空间配置关系来说，第Ⅰ组裂缝与地层倾向 140°接近，配置关系好，易形成油气藏；第Ⅱ组裂缝与地层与地层倾向 140°相背，配置关系差，不易形成油气藏。该方法通过电成像测井资料将微观的储层流体性质与宏观的油气成藏模式建立了有效关联，实现了利用电成像测井资料评价储层流体性质。

图 5-1-8 中红色实心、空心数据点分别为卫 77-7 井 2712~2747m 的裂缝产状及地层产状，从中可清楚看出：地层发育第Ⅰ组裂缝，其倾向与地层倾向的一致性较好，裂缝与地层间的配置关系较好，易形成油层，故测井综合解释为油层；该段地层经压裂日产油 12.6t，试油结果为油层，测井解释结论与试油结果相符。图中蓝色实心、空心数据点分别为明 472 井 2372.5~2396.8m 的裂缝产状及地层产状，从中可清楚看出：地层发育第Ⅱ组裂缝，其倾向与地层倾向不一致，裂缝与地层间的配置关系差，不易形成油层，又由于孔隙度较大，故测井综合解释为水层；该段地层经压裂日产水 41m^3，试油结果为水层，测井解释结论与试油结果相符。

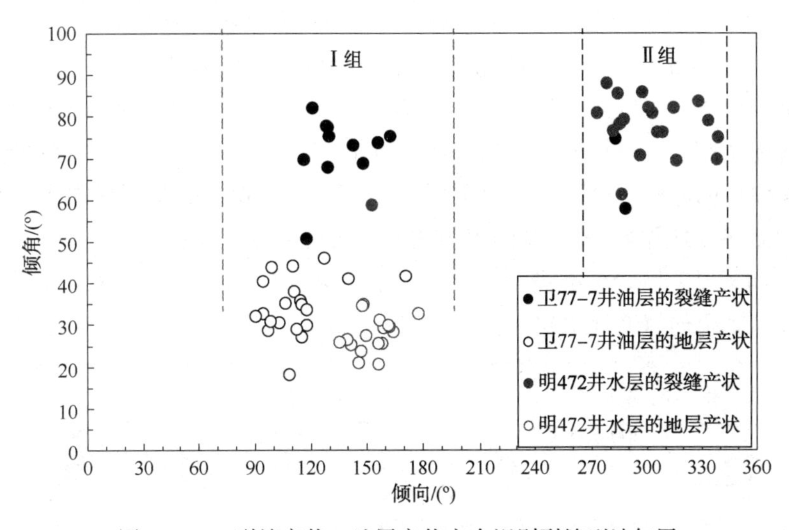

图 5-1-8　裂缝产状—地层产状交会识别裂缝型油气层

2. 利用铀—电阻率—孔隙度三维交会识别油气层

含氧地表水或地下水从较高水位(盆地边缘)向较低水位(盆地中心)运动，渗流经过抬升的基岩，氧化、溶解其中的原生四价铀，逐渐生成稳定的六价铀(铀酰络合物)，六价铀沿渗透层、破碎带汇集，尤其在裂缝发育带、粒间溶液或矿物结晶水存在的氧化还原界面，沉淀富集形成含铀砂岩，即“后生淋积成铀矿模式”。这种“后生淋积成铀矿模式”在全球都有存在，如 1880 年在美国科罗拉多高原发现的尤拉凡铀矿，20 世纪 50 年代在苏联中亚地区发现的乌奇库杜克砂岩型铀矿，我国伊犁盆地南缘和鄂尔多斯盆地东北缘发现的可地浸砂岩型铀矿均属于该类成矿模式。

后生淋积高铀储层多数赋存于产油气盆地，铀矿与油气藏相伴存在，利用“铀油相伴”的关系，在铀富集区带的有利构造部位加强油气勘探有重要的现实意义。在后生淋积成铀矿模式与油气成藏模式的双重约束下(见图 5-1-9)，得出铀值与孔隙度及含水饱和度均正相关，据此提出利用铀—电阻率—孔隙度交会法来识别油气层，有效地规避“电阻率—孔隙度”等传统油气层测井方法的不足。

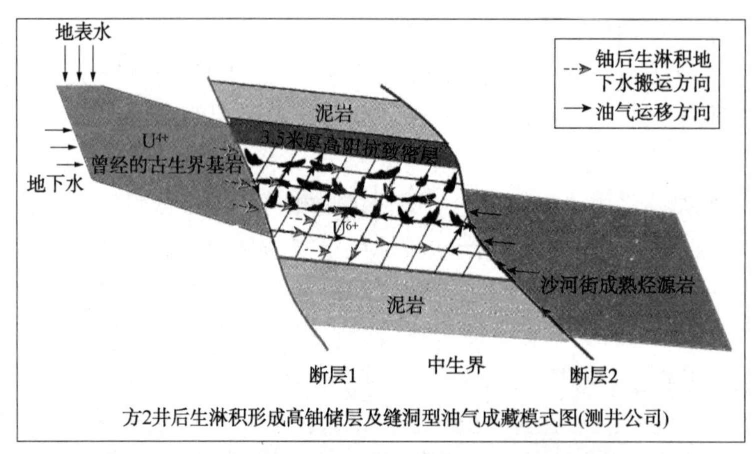

图 5-1-9　后生淋积成铀矿模式及缝洞型油气成藏模式图

方 2 井是位于研究工区西部洼陷带方里集的一口评价井，钻探目的主要是评价方里集沙三含油气情况及储层展布特征。根据该地区方 1、濮深 8 井的试油投产资料建立测井解释标准为：含油储层的深感应电阻率数值不低于 3.5Ω·m、储干孔隙度界限为 8.5%。方 2 井在 3954.3～3965.6m 地层深感应电阻率在 1.2～12Ω·m，多在 1.3～3.0Ω·m 之间(见图 5-1-10)，如按以上解释标准进行测井评价，该储层在 3954.3～3956.8m 可解释出 2.5m 的油水同层外，其余均解释为水层。

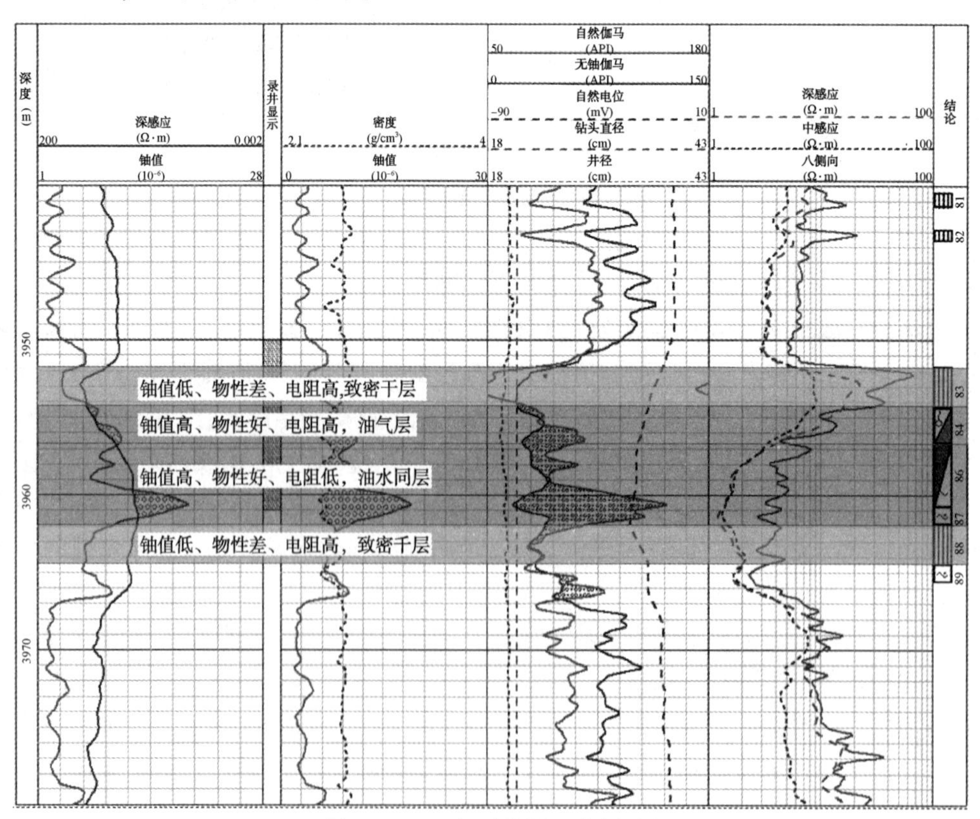

图 5-1-10　方 2 测井识别油气层

通过分析发现：3951.7~3965.6m 并非沙三段地层，而是新古地层间的断裂破碎带，其下地层较其上地层呈现出断裂破碎带特征，即电阻率数值明显增大，三孔隙度测井曲线指示地层明显致密，多极子阵列声波指示最大主应力方向由其上的近东西向变为其下的北西—南东向。更为重要的是，该段地层铀异常高值，并且铀值与孔隙度大小呈正比关系，即孔隙度越大、铀值越高(见图 5-1-10)，符合后生淋积高铀储层模式的铀的迁移规律。

于是在“后生淋积高铀储层模式”的约束下，加入铀测井曲线的约束，突破“电阻率—孔隙度”油气层常规识别标准的束缚(图 5-1-11)，形成了“铀—电阻率—孔隙度”交会法识别油气层。利用铀—电阻率—孔隙度三维交会法(见图 5-1-12~图 5-1-14)对方 2 井进行评价，具体描述如下：

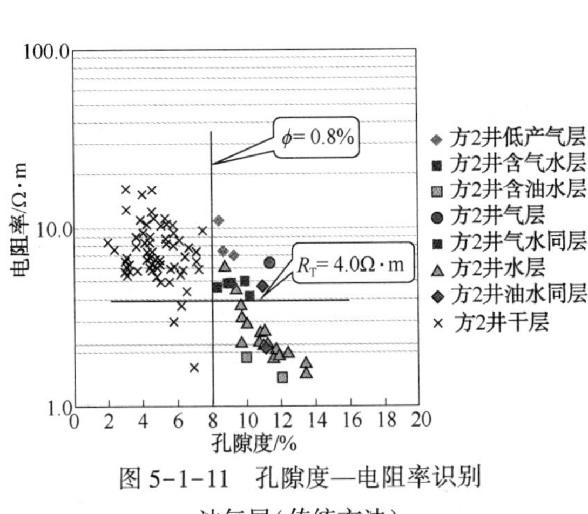

图 5-1-11 孔隙度—电阻率识别油气层(传统方法)

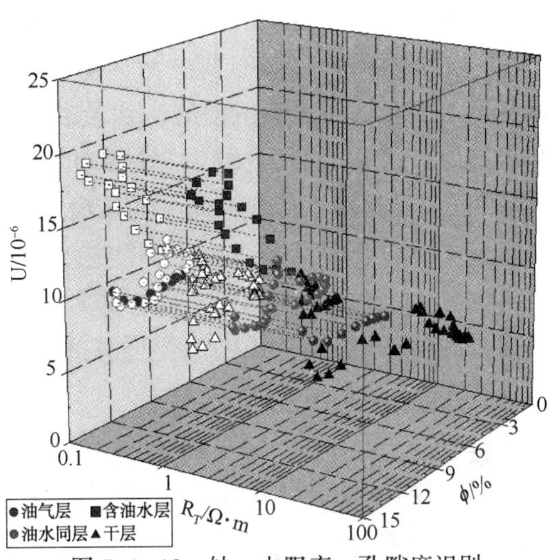

图 5-1-12 铀—电阻率—孔隙度识别油气层(左投)

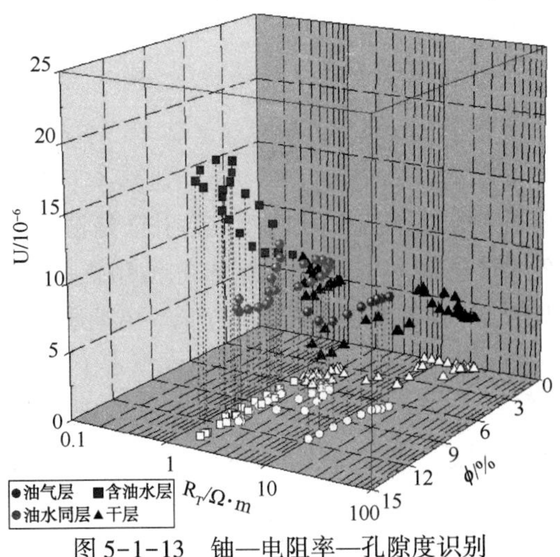

图 5-1-13 铀—电阻率—孔隙度识别油气层(下投)

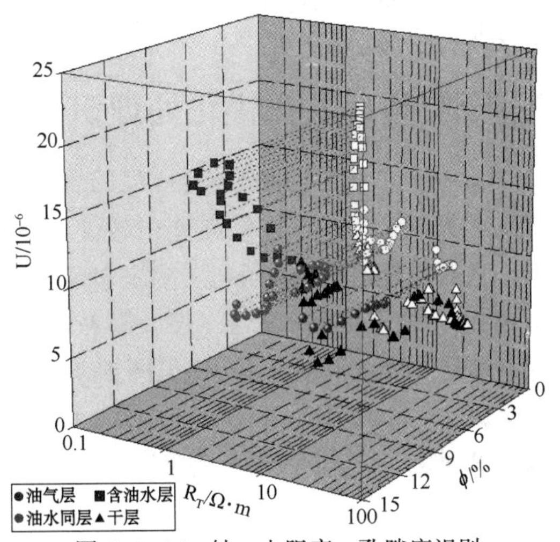

图 5-1-14 铀—电阻率—孔隙度识别油气层(后投)

3951.8~3954.3m，厚2.5m。该段地层的铀低（小于7.5×10^{-6}）、孔隙度小（几乎没有孔隙度），反映它在"后生淋积成铀矿模式"中不是铀的迁移通道，而是作为铀迁移及油气运移的顶板，视为油气藏的盖层，故解释为干层。

3954.3~3956.8m，厚2.5m。该段地层的铀较高（8×10^{-6}~11×10^{-6}）、孔隙度大（10%~13%），反映它在"后生淋积成铀矿模式"中是铀的迁移通道，由于其上致密顶板的存在，油气容易在此聚集。由于油气运移的驱使，加之"铀以水为载体"的继续向下迁移，致使铀在裂缝面及粒间束缚水中有部分沉淀富集，其余铀由于水的重力分异沿着渗透层向下迁移，于是形成了油气层的铀值较高，而不是最高的特征。根据铀—电阻率—孔隙度三维交会解释为油气层。

3956.8~3961.9m，厚5.1m。该段地层的铀值最高（8×10^{-6}~19×10^{-6}）、孔隙度大（10%~12.5%），反映该层在"后生淋积成铀矿模式"中是铀的迁移通道，且两层底部是铀的主要沉淀富集区，致使铀值达到最高。由于油气运移的驱使，使得油气在储层的上部聚集；同时，由于"以水为载体"铀的向下迁移，并在底部沉淀富集，致使铀值呈现"上低下高"特征，反映出水的含量向下逐渐增大。铀—电阻率—孔隙度三维交会法均指示为水层特征明显，故综合解释为油水同层为主。

3961.9~3964.3m，厚5.0m。该段地层的孔隙度小于6.0%，反映该层在"后生淋积成铀矿模式"中不能作为铀的主要迁移通道，而是作为铀迁移底板（只有少部分铀迁移通过、沉淀富集），故解释为干层。

经对方2井83~89号层试油，喜获高产工业油气流，最高日产液量达222.7m^3，其中气$1.6\times10^4m^3/d$、油99.1m^3/d、水123.6m^3/d，试油结果为油气水同层，测井综合解释结论与试油结果吻合。

在后生淋积成铀矿模式及油气层成藏双重约束下，根据测井响应特点，提出利用铀—电阻率—孔隙度交会法来识别油气层，可有效地规避"电阻率—孔隙度"等传统油气层测井方法来的不足。

三、核磁共振锐化处理识别法

在通过将求取可动流体孔隙度的T_2cutoff向远端设定，总存在一个临界，在其之后水的T_2几乎无幅度，而油的T_2幅度仍较大，此时算出的"仿可动流体孔隙度"几乎全是油的指示，从而使油信号得以突出。对三口已测试/投产的核磁测井资料进行标准T_2波组提取（其中锡26井油层1层、水层1层，锡31井水层1层、锡36井水偏干层1层），得出油层、水层、干层标准T_2谱特征如下（见图5-1-15）：

① 油层：T_2多呈双峰分布，第1峰在1ms附近、第2波峰多在100ms附近、幅度低缓。

② 水层：T_2呈单峰或双峰分布，第1峰在1ms附近、第2波峰多在30ms附近、幅度最大。

③ 干层（低产水层）：T_2多呈单峰或双峰分布，第1峰在1ms附近、第2波峰多在30ms附近，相对油层而言，第1波幅度大、第2波幅度小。

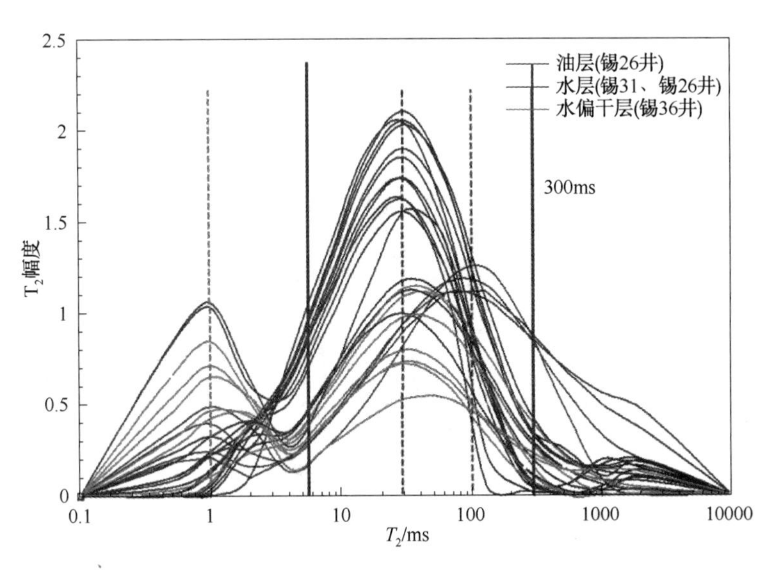

图 5-1-15　核磁 T_2 谱经锐化处理，油信号得以突出

值得注意的是，在总结(统计)储层的核磁特征时，用到的核磁测井资料应在相近模式下(并不要求相同)，即相同的长(短)极化时间、回波间隔及回波数。表 5-1-1 给出了 3 口井的测量模式及相应的参数，表中可以看出：X31、X36 测量模式相同、模式参数相同，X26 井与 X31、X36 的测量模式不同，但其模式参数与它们相同，因此 3 口井资料具有可比性。

表 5-1-1　缝洞型地层核磁共振测量模式

井号	测量模式	测量模式参数	影响 T_2 的参数	井眼环境
X26	D9TWE3	$T_{WL}=12.988s$、$T_{EL}=3.6ms$、$NE_L=125$ $T_{WS}=1.0s$、$T_{ES}=0.9ms$、$NE_S=500$	$T_{WL}=12.988s$、$T_{WS}=1.0s$ $T_{ES}=0.9ms$、$NE_S=500$	$BS=21.59cm$ 微扩径
X31	D9TW	$T_{WL}=12.988s$、$T_{WS}=1.0s$、 $T_E=0.9ms$、$NE=500$	$T_{WL}=12.988s$、$T_{WS}=1.0s$ $T_E=0.9ms$、$NE=500$	$BS=21.59cm$ 微扩径
	D9TE312	$T_W=12.006s$、$T_{ES}=0.9ms$、$NE_S=500$、 $T_{EL}=3.6ms$、$NE_L=125$		
X36	D9TW	$T_{WL}=12.988s$、$T_{WS}=1.0s$、$T_E=0.9ms$、 $NE=500$	$T_{WL}=12.988s$、$T_{WS}=1.0s$ $T_E=0.9ms$、$NE=500$	$BS=21.59cm$ 微扩径
	D9TE312	$T_W=12.006s$、$T_{ES}=0.9ms$、$NE_S=500$、 $T_{EL}=3.6ms$、$NE_L=125$		

为突出油的信号，弱化水的信号，设定油的有效 T_2 截止值为 300ms，对 300ms 之后的波进行面积积分，水层几乎没有面积、而油层有相当的面积。

研究中提出了一种突出油信号的锐化处理方法，并选定了锐化处理所需要的油信号 T_2

截止值为300ms。锐化处理 T_2谱后，利用核磁共振更易划分油、水、干层。图5-1-16~图5-1-17给出了锐化处理前后利用核磁总孔隙度—可动流体孔隙度交会法识别油、水层的对比实际例子，图中数据来自X26的油层、X31的水层、X36的水偏干层。锐化处理前(见图5-1-16)，很难将油层从水层中分辨出来；锐化处理后(见图5-1-17，油层与水层的可动流体孔隙度界限非常清楚地指示为1.4%，即大于1.4%时为油层、小(等)于1.4%时为水(干)层。

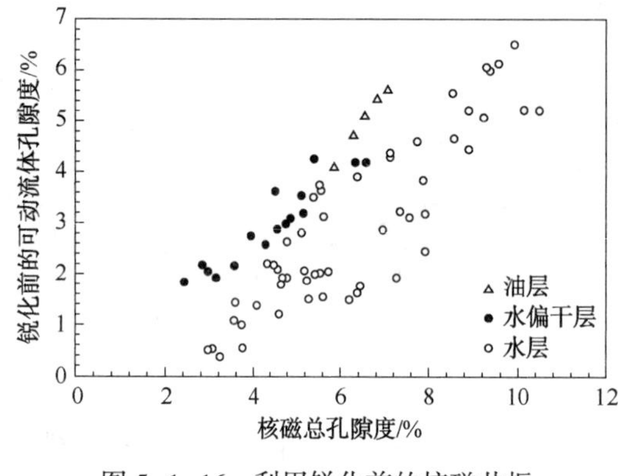

图5-1-16　利用锐化前的核磁共振资料识别油水层

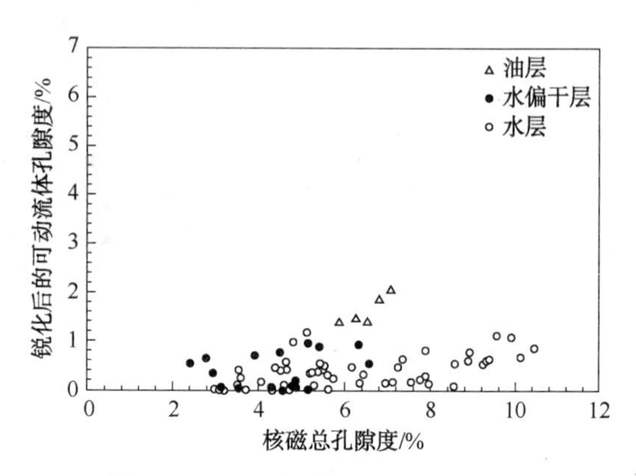

图5-1-17　利用锐化后的核磁共振资料识别油水层

四、利用等时地层精细对比识别油气层

地层对比应是等时地层对比，而不是简单的“泥岩对泥岩、砂岩对砂岩、盐岩对盐岩”岩性对比，因为各种岩石在时空分布上具有消长、尖灭、迁移的规律，如东濮凹陷的盐岩在时空分布上具有盐—砂消长、消长带不断迁移规律(见图5-1-18)，因此说，地层对比应是在等时高分辨率层序地层格架下的地层对比。

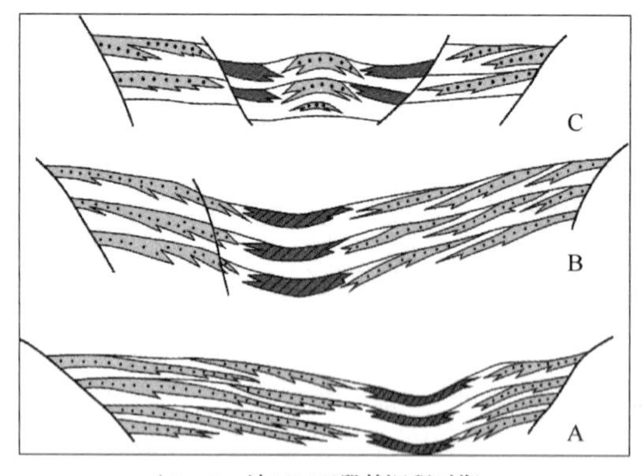

(A、B—沙三$^{3-4}$亚段某沉积时期；C—沙三$^{1-2}$亚段某沉积时期)

图5-1-18　盐岩与砂岩互为消长及指状交叉关系图

等时地层精细对比是在以准层序组(Ⅳ级层序)为单元的层序地层格架下的测井地层精细对比。建立Ⅳ级层序地层的具体做法是：首先以测井和地震资料相结合进行准层序(组)的追踪：利用测井资料合成地震记录，在过井地震剖面中标定层序界面；然后从取芯井入手，建立单井划分的标准剖面，研究岩性与电性的对应关系，确定对比原则，分析测井曲线划分准层序组及准层序；最后在地震剖面约束下，进行准层序的两两对比。对沙三段地层建立了11个Ⅲ级层序，

从下向上依次为SQ1、SQ2、SQ3、SQ4、SQ5、SQ6、SQ7、SQ8、SQ9、SQ10、SQ11）和33个准层序组（见图5-1-19）。

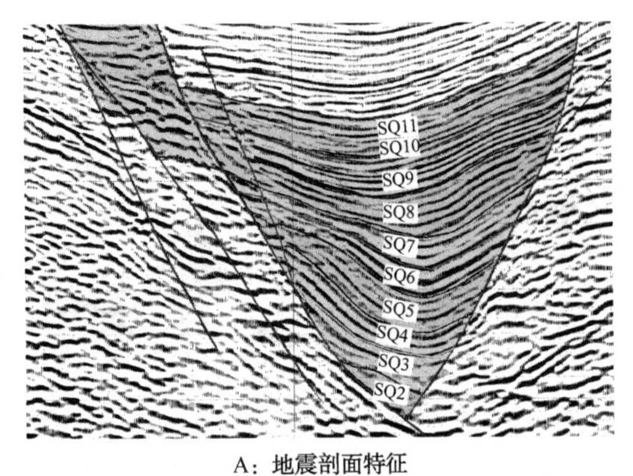

A：地震剖面特征

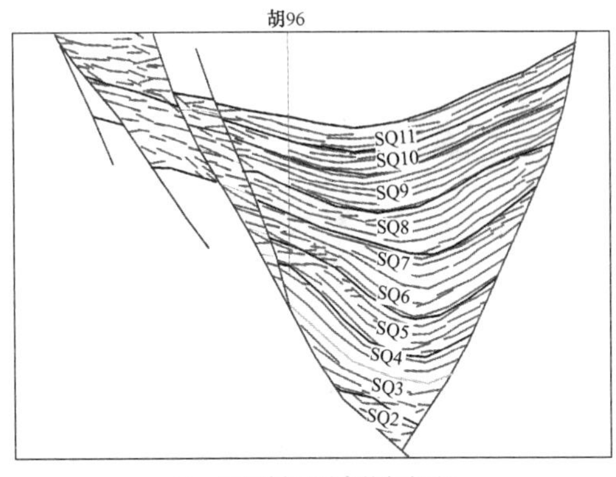

B：地震剖面层序格架解释

图5-1-19　东濮凹陷沙三段Ⅲ级层序地层格架

在Ⅳ级层序地层格架下，据测井曲线进行其中的砂组对比。首先是选用敏感测井曲线作为对比曲线，选用投产井或资料丰富井作为目标井；然后利用对比曲线，将要评价的井与目标井进行小层或单砂体级的精细对比；最后根据井间岩性、三孔隙度、电性测井曲线的变化，给出油气、水层判别结论。该法在老井复查及滚动评价中应用效果好，同时通过与测井资料丰富井的对比，可以弥补对比井测井资料单一的不足。

卫77块的卫75-7井仅测有常规测井资料，其测井解释的68-72号层录井仅见荧光显示。之前完钻的卫75-12井测井资料丰富，利用测得的电成像测井资料在卫75-12井的69号层识别出两条裂缝。利用地层对比敏感测井曲线—自然伽马及电阻率测井曲线，通过地层精细对比发现，卫75-7井的71-72号层与卫75-12井的69号层为同一砂体。由于两井很近，根据三叠系裂缝的发育特征与规律，推断卫75-7井的68-72号层应有裂缝发育，最终测井解释为油层（见图5-1-20）。后对卫75-7井的68-72号层射孔，日产油20t、无水。

五、测井响应模式快速识别法

致密碎屑岩在测井资料上的含油气信号通常较弱，主要包括钻时油气显示弱（录井无显示或弱显示）、岩性致密（低孔、低渗）、低阻、低差异（与围岩相比，油气层在测井曲线上的表征不明显）。表现为钻井泥浆密度大，致使泥浆侵入严重，弱化测井曲线对油气层的指示，电阻率曲线呈现“数值低、凹平状”；致密砂岩油气层物性差，骨架测井信号远大于流体信号，导致储层流体性质判别困难。通过储层特性关系研究，归纳和总结了3种弱信号油气层测井响应模式。

1. 低孔、低渗油气层测井响应模式

东濮凹陷低孔、低渗油气层通常物性较差，骨架测井信号远大于流体信号，该类油气层测井响应特征为（见图5-1-21）：

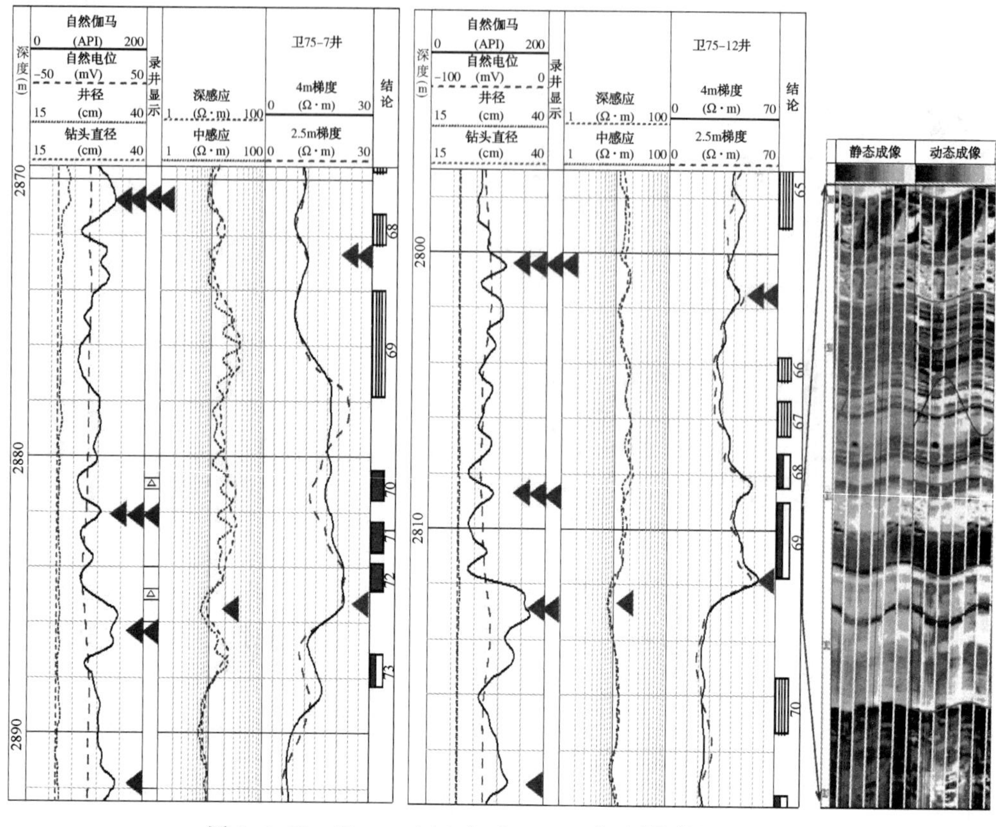

图 5-1-20　卫 75-7(左)和卫 75-12(右)测井精细对比图

① 自然伽马较低值(多在 60~90API 之间)，多呈锯齿状，自然电位弱负异常，井径缩径。

② 孔隙度测井曲线有互容收敛趋势，孔隙度在 6%以下，孔隙度曲线测井值接近岩石骨架值，密度在 2.65g/cm^{3}左右，声波时差为 190~200μs/m 左右。

③ 电阻率曲线受物性控制明显，油层电阻率低侵特征不明显。

④ 电成像上图像色彩较亮，仅有垂直裂缝时很难获得高产。

2. 低阻油气层测井响应模式

钻井过程中，由于井控的需要，常常配置较高密度的钻井泥浆。如东濮凹陷，在渗透性好，尤其是裂缝发育的储层，钻时泥浆密度大，致使泥浆侵入严重，导致油气层低阻现象；再如塔里木盆地，由于不同沉积环境下，中生界地层压实作用各异，盆地南北地层水矿化度变化大，加之岩电参数 a、b、m、n 不同，致使区域内“水层高阻、油气层低阻”现象普遍存在。

该类油气层测井响应特征为(见图 5-1-22)：

① 自然伽马低值，自然电位明显异常，井径缩径。

② 三孔隙度测井曲线互容收敛，孔隙度在 10%以上。

③ 电阻率曲线平直或呈凹状，油气层电阻率低侵特征不明显。

④ 核磁共振测井资料有靠前、幅度较大的标准谱。

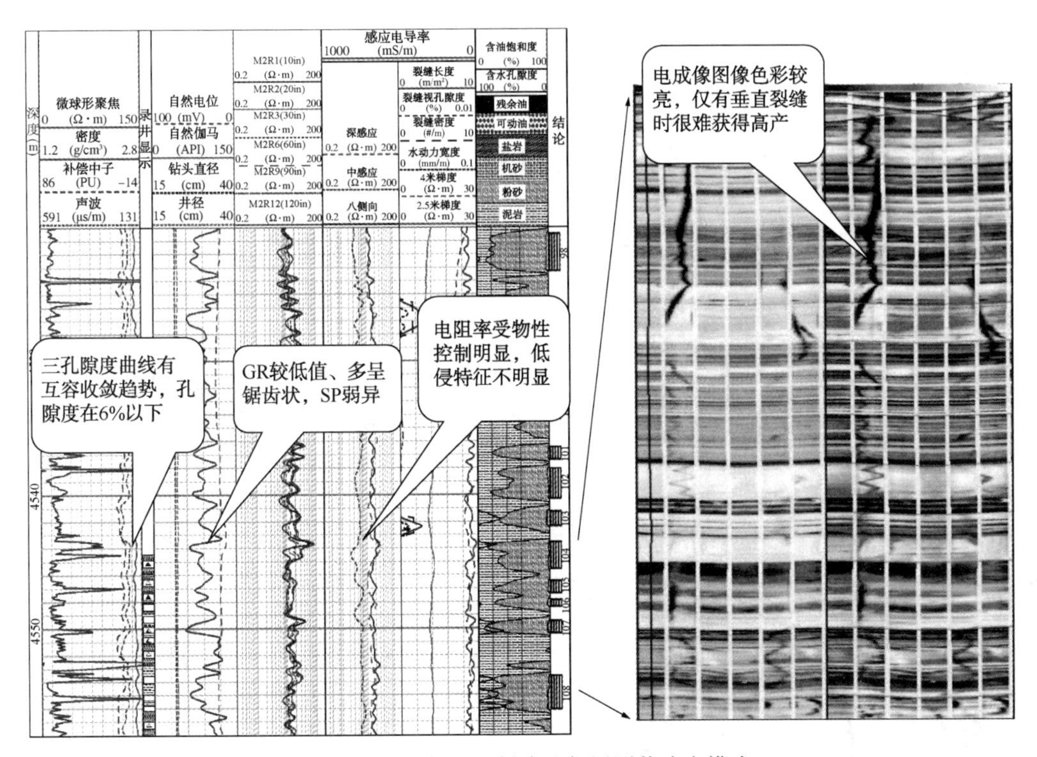

图 5-1-21　低孔、低渗油气层测井响应模式

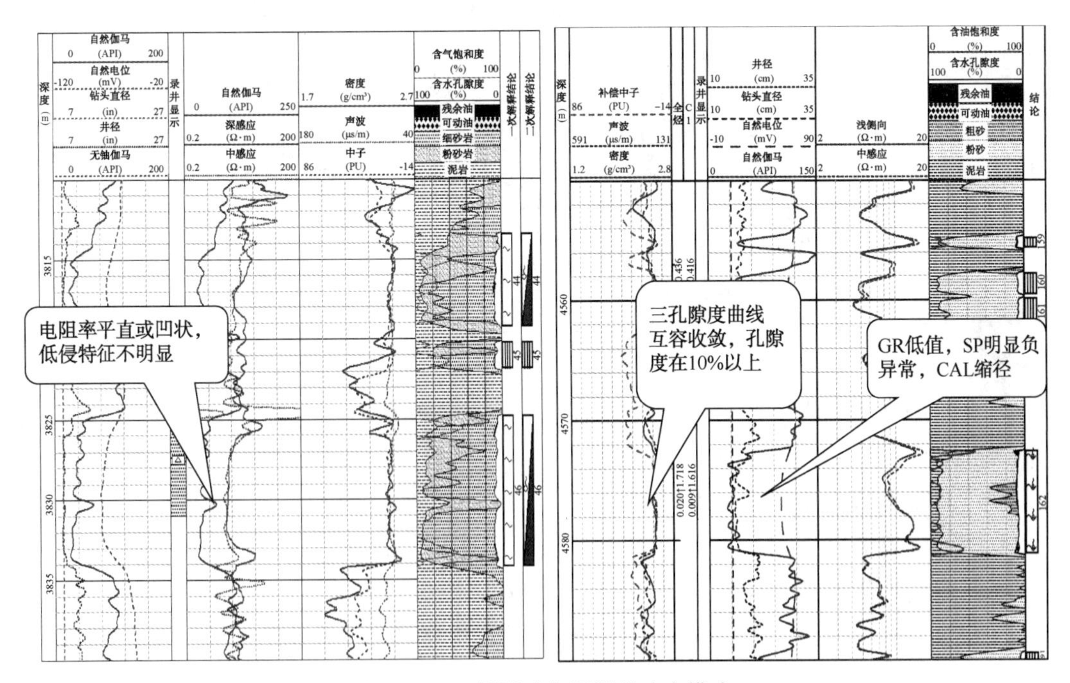

图 5-1-22　低阻油气层测井响应模式

3. 低差异油气层测井响应模式

低差异油气层是指岩性曲线与围岩相比数值变化较小(自然伽马中高值)，三孔隙度曲线显示与围岩数值接近，此时较难划分油气层。比如油页岩储层，这类富含有机质，而有机质与泥质、矿物质等相比在电阻率、自然伽马、密度以及声波时差等测井响应特征上有明显差异，这就造成了油页岩的高自然伽马值、高电阻率值、高声波时差值和低密度值(常称为“三高一低”)的测井响应特征。其具体特征为(图 5-1-23)：

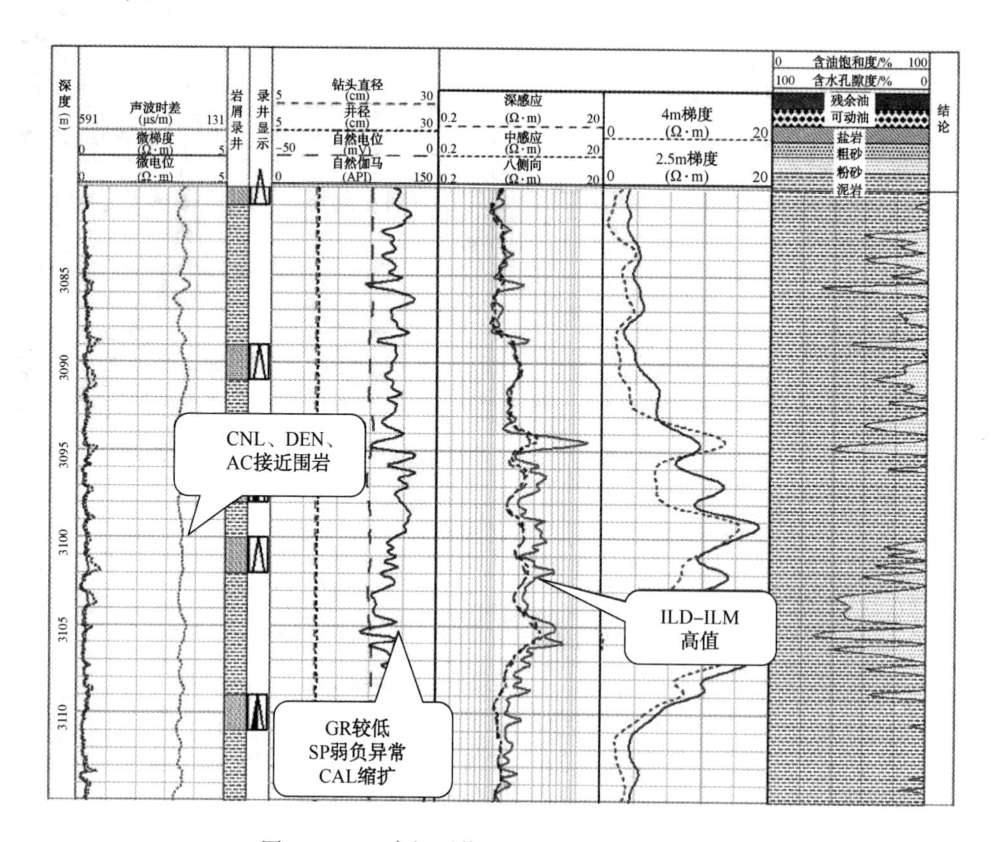

图 5-1-23　常规测井图上油页岩测井响应特征

① 自然伽马曲线值较高(介于砂岩与泥岩的自然伽马数值间，多在 80~100API)，自然电位(弱)异常，井径缩径。

② 声波时差值较高，多在 279μs/m。

③ 电阻率数值较高(大于泥岩电阻率数值)、径向有(弱的)幅度差。

④ 成像图上指示页理发育，且图像色彩较亮。

⑤ 普通页岩相比，T_2谱上指示油页岩具有较大孔隙及较好孔隙结构(见图 5-1-24)。

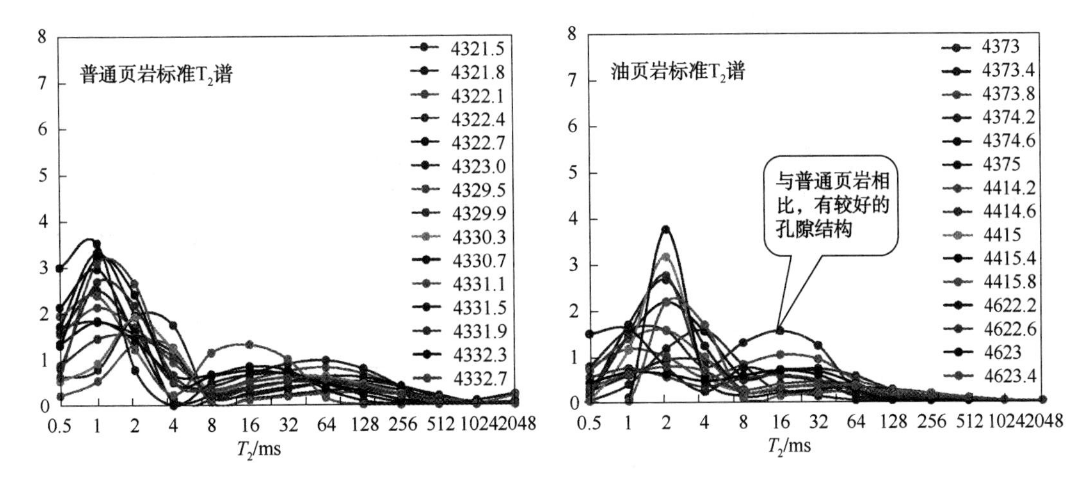

图 5-1-24　普通页岩与油页岩标准 T_2谱对比

第二节　油气层测井解释标准建立

不同区块的物源不同，沉积环境亦不同；不同层位的沉积环境不同，压实作用亦不同；砂岩、砾岩、油页岩粒径及岩石结构不同，岩石骨架亦不同，如油页岩地层层状页理发育，在测井曲线上的响应特征有差异；裂缝型储层与粒间孔隙型储层的储集空间类型不同，其中水的导电机理不同。具体表现在测井评价中，地层水电阻率与岩电参数有明显的区域特征，如不考虑其中影响因素，直接建立孔隙度—电阻率测井解释标准，很难实现对弱信号油气层的测井准确识别。因此有必要分区块、分层位、分岩性、分储集空间类型构建测井解释标准。

一、四种复杂岩性测井识别方法

在分区块、分层位、分岩性、分储集空间类型即四分法构建测井解释标准之前，应明确储层岩性。不同岩性岩石粒径及岩石结构不同，骨架亦不同，准确识别岩性是精确计算储层孔隙度的前提，从而确保解释标准的可靠性与准确性。从工区岩性剖面看，钻遇地层岩性主要为钻遇的地层岩性主要为砂岩、砾岩、油页岩、泥岩、盐岩、灰岩、硬石膏、白云岩、煤及炭质泥岩。通过对测井曲线的岩性敏感性分析，形成了纵横波交会（V_P/V_S—DT_S）、光电吸收截面指数（PE）、CNL—DEN—DT 三维交会、铀—钍交会 4 种复杂岩性识别方法，规避了中子、密度、声波时差两两交互等传统方法的不足。

1. 纵横波交会（V_P/V_S—DT_S）法

图 5-2-1 为纵波时差—横波时差交会识别岩性，该图为中国石油大学（北京）声学实验室 V_p/V_s—DT_S交会图法识别岩性的图版，从图中可以清晰看出白云岩、石灰岩、盐岩、砂岩在纵横波时差上界限清晰，便于识别。

在此基础上，为更突出横波在岩性识别的作用，提出利用纵横波速度比与横波时差（V_p/V_s—DT_S）交会图法识别岩性。图 5-2-2 中选用方 2 及胡古 2 不同地层、不同孔隙大小的纯岩层数据点投到交会图上，从图中可以看出，白云岩 V_p/V_s 比值多在 1.8 左右、灰岩 V_p/V_s 比值多在 1.9、砂岩 V_p/V_s 比值多在 1.6 左右，砂岩气层 V_p/V_s 比值有所下降，且纵波与横波时差也明显增大，砂岩水层随地层孔隙度的增大（时差数值的增大）呈斜线上升趋势。利用该方法可有效判别不同地区的复杂岩性，方 2 井 $S_3^{上}$地层砂岩 V_p/V_s 比值多在 1.6 左右，高产层位于 $S_3^{下}$底部，从纵横波交会图上判别岩性为砂岩（含水、含气），且含碳酸盐岩，取芯分析也以证实。总体而言白云岩的 V_p/V_s 在 1.8～1.95，石灰岩的 V_p/V_s 在 1.88～2.0，石膏的 V_p/V_s 在 1.75～1.88，纯砂岩的 V_p/V_s 在 1.48～1.8，泥岩的 V_p/V_s 在 1.7～2.0。

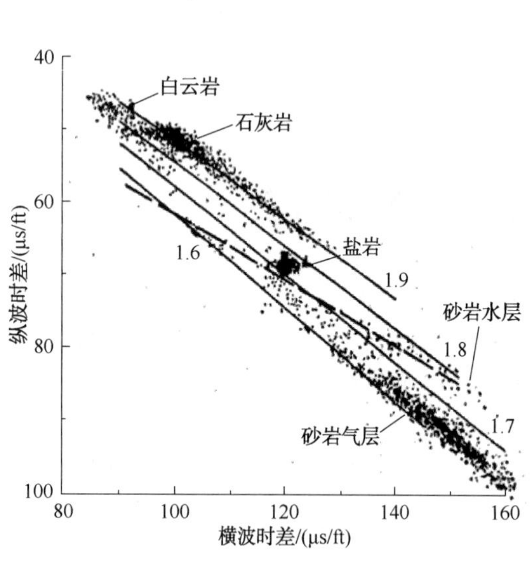

图 5-2-1　纵波时差—横波时差交会识别岩性

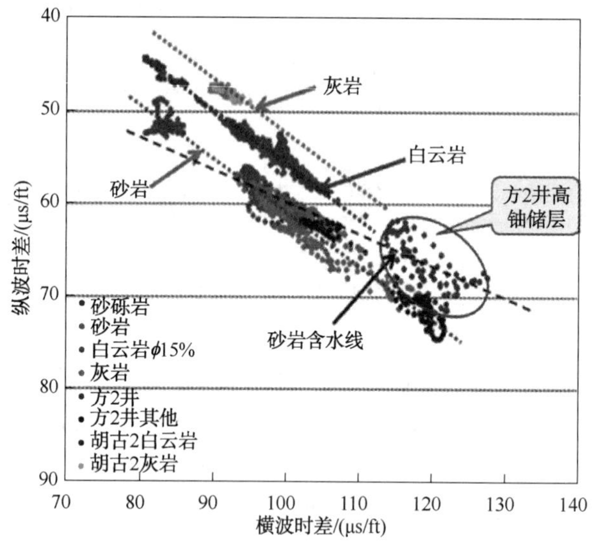

图 5-2-2　V_p/V_s—DT_S交会识别岩性

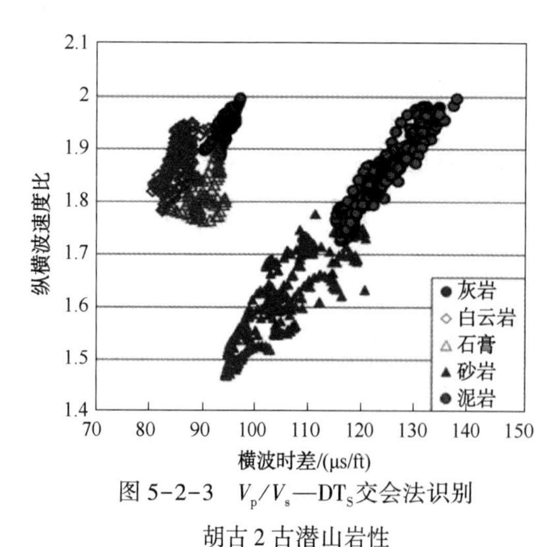

图 5-2-3　V_p/V_s—DT_S交会法识别胡古 2 古潜山岩性

胡古 2 是位于东濮凹陷西部斜坡带胡状的一口预探井，钻探目的是探索胡状集低位潜山古生界油气成藏条件及其成藏规律，兼探下第三系地层的含油气情况，完钻井深 5245m。图 5-2-3是利用 V_p/V_s—DT_S交会法对胡古 2 井完井段进行岩性识别的结果，从图中可知，各种岩性界限明晰，砂泥岩与碳酸盐岩差异尤其突出，砂岩与泥岩几乎没有数据点重合，灰岩、硬石膏、白云岩虽然有重叠，但其主峰区间范围几乎没有重叠，利用该方法可有效地对灰岩、硬石膏、白云岩、砂岩与泥岩进行识别划分。

2. 光电吸收截面指数(PE)法

PE 是描述发生光电效应时物质对伽马光子吸收能力的一个参数，它是伽马光子与岩石中一个电子发生的平均光电吸收截面。地层岩性不同，PE 值不同，它对岩性敏感，可用来区分岩性。当地层中含有重矿物时，地层的 PE 数值会显著增大(见表 5-2-1)，据此可识别重矿物。根据各种矿物特征值的差异，做 PE 直方图可实现对地层岩性识别，从图 5-2-4 和图 5-2-5 中可以看出，不同岩性累积在不同峰值处，应用该方法能较好地识别岩性。在钻井过程中有时会添加一些重矿物(比如重晶石等)，由于重晶石 PE 非常大，消除重晶石对 PE 值影响是该方法识别岩性的关键。可通过对 PE 值的校正来消除重晶石对 PE 值的影响。首先选取钻井取芯或岩屑确认的岩性井段，比照并确定测量 PE 值与理论值的差异量，利用最小二乘法确定校正量；然后利用确定的校正量对全井段测井 PE 值校正；最后利用校正后的 PE 做直方图，根据 PE 峰值确定岩性。

表 5-2-1　不同矿物的 PE 值

名称	石英	方解石	白云石	石膏	硬石膏	盐岩	淡水	重晶石	锆石
PE 值/(b/e)	1.81	5.08	3.14	3.99	5.05	4.65	0.36	266.82	69.1

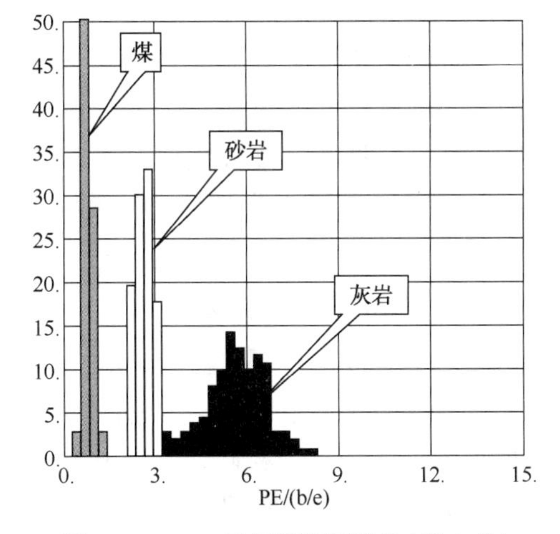

图 5-2-4　PE 法识别不同岩性(柴 1 井)

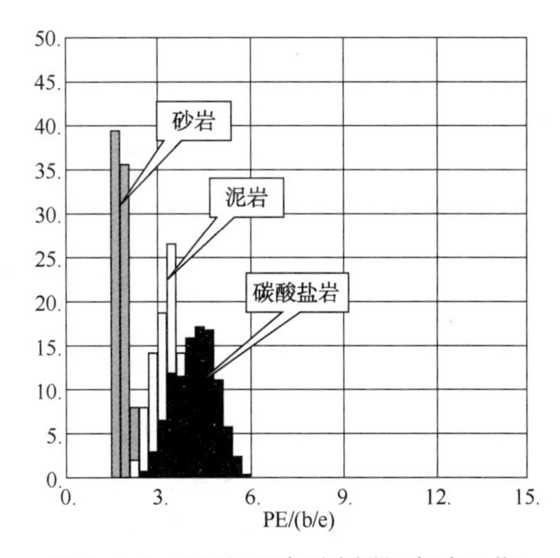

图 5-2-5　PE 法识别不同岩性(胡古 2 井)

图 5-2-6 给出了方 2 井砂岩校正前后的 PE 峰值分布。方 2 井在钻井过程中添加重晶石，致使所测 PE 曲线值偏大，首先选取该井岩屑录井确认岩性为砂岩的井段(2311~2325m 与 2421~2434m)，在 2421~2434m 井段 PE 值为多累积在 4~5b/e 之间，而纯砂岩 PE 值为 1.81b/e。因此设校正系数为 a，PE 测井值为 y，不同矿物岩性 PE 值为 x，方程为 $y=ax$。带入 PE 直方图峰值与矿物岩性 PE 值，得出校正系数 a 为 0.42，对方 2 井全井段的 PE 进行校正，校正前后的砂岩 PE 直方分布见图 5-2-7。

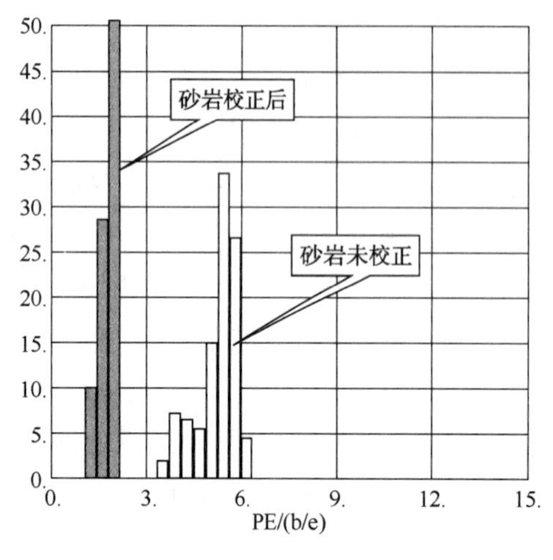

图 5-2-6　砂岩 PE 校正直方图(方 2 井)

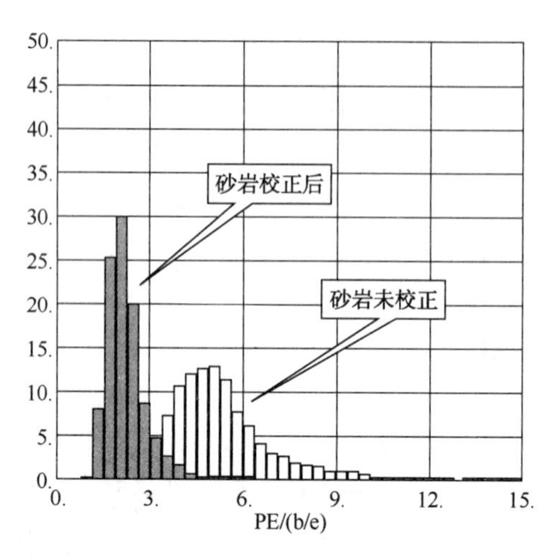

图 5-2-7　方 2 井全井段砂岩 PE 校后图

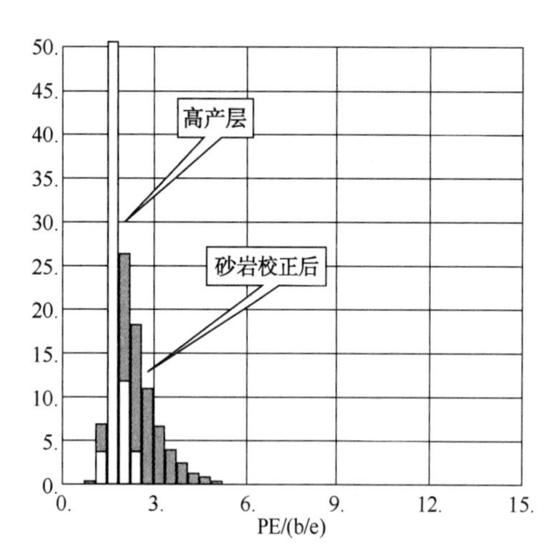

图 5-2-8　方 2 井争议岩性识别图

方 2 井获得重大突破后，因投产地层未钻井取芯，由于投产层处于破裂带上，其岩性究竟为砂岩或是碳酸盐岩众说纷纭。井壁取芯现场描述为粉砂岩，岩石薄片描述为灰岩。尽快确定投产段的岩性，对下一步的油气勘探部署至关重要。利用校正后 PE 测井值识别方 2 井高产层段 3952～3967m 的岩性，由图 5-2-8 可知高产层的岩性主峰落在砂岩区域，表明该段地层以砂岩为主，实际上后期按灰岩部署的方 3 井失利也证明该方法是正确的。

3. CNL—DEN—DT 三维交会法

因受泥质、(油气)水、重矿物的影响，加之孔隙度的影响，容易引起中子—密度交会法误判岩性，如濮深 20 井在 4407～4439m 井段中子—密度交会法识别的岩性为灰岩(见图 5-2-9)，而该段取芯描述为粉砂岩，用中子—密度—声波时差三维交会法判定岩性为砂岩，与岩屑录井与测井综合分析相吻合。

由于纵波总是沿骨架传播，几乎不受孔隙中的流体影响，其在岩性识别方面优于中子，为此，在中子—密度交会法识别岩性的基础上，引入声波时差的约束，在一定程度上消除了孔隙度对岩性判断的影响，弥补了传统的中子、密度、声波时差两两交互等方法识别岩性的不足。

图 5-2-10 为利用三维交会法识别方 3 井复杂岩性，该方法能很好地识别砂岩、灰岩、泥岩及煤。由于增加了声波时差的约束，大大提高了测井识别岩性的准确度，将测井解释岩性结果与岩屑录井、钻井取芯进行比照，与岩芯全部吻合、与岩屑录井符合程度达 96.0%。

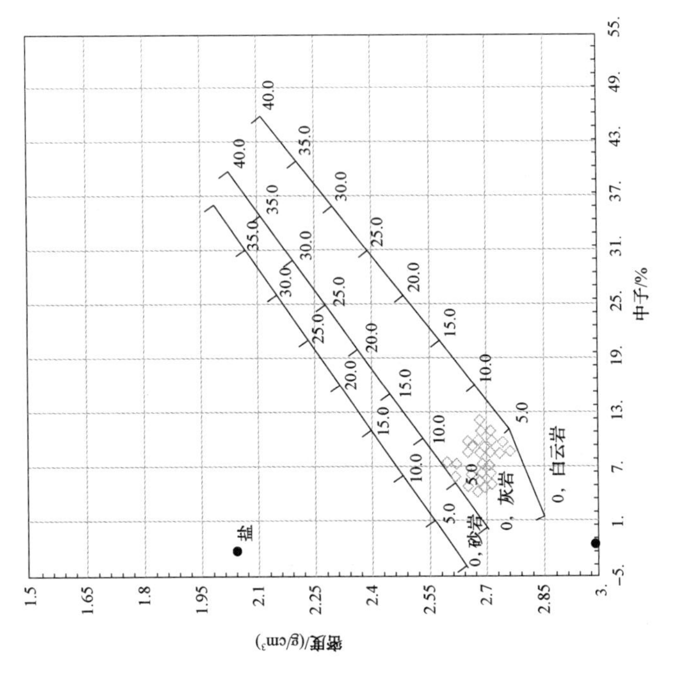

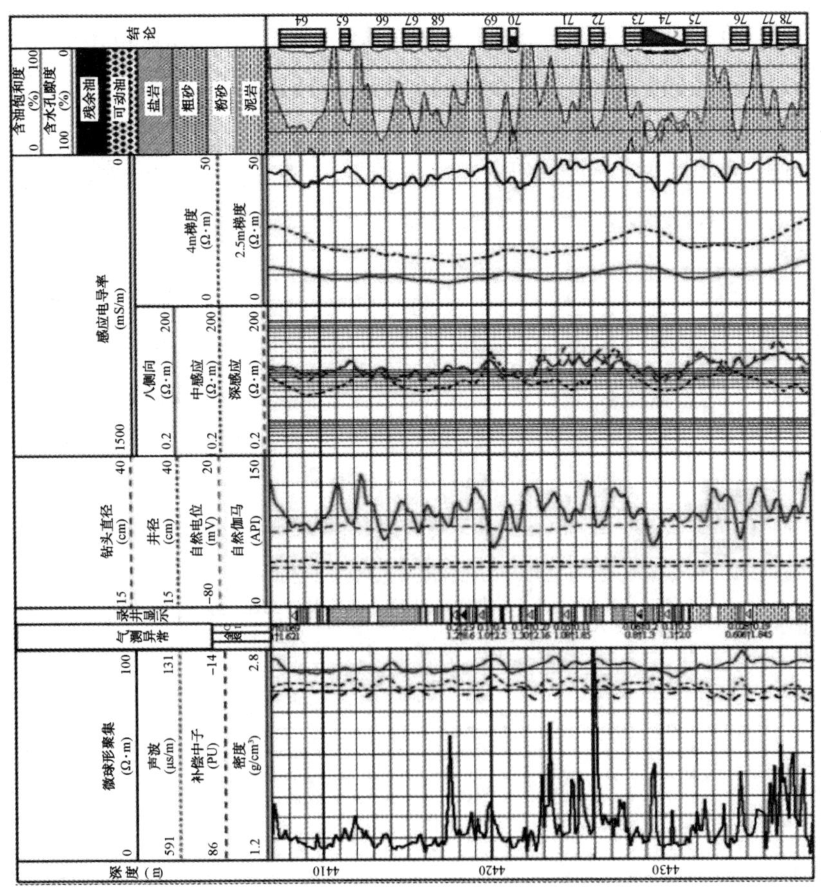

图5-2-9 中子—密度交会法识别岩性（濮深20井）

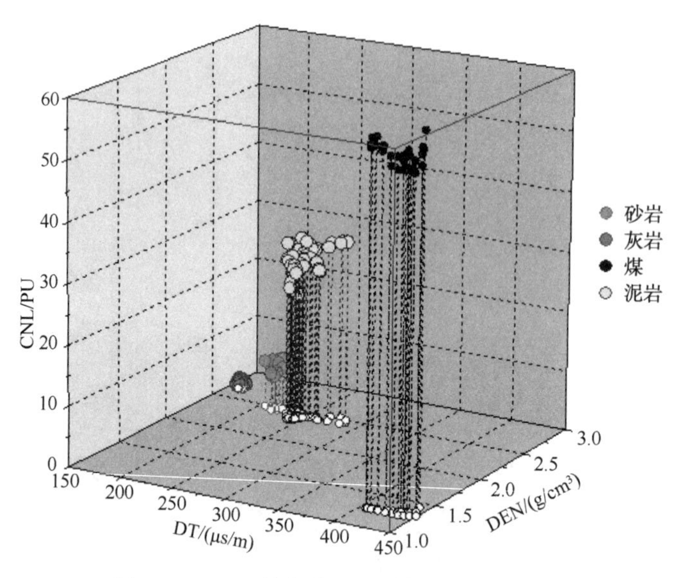

图 5-2-10　三维交会法识别复杂岩性(方 3)

4. 铀—钍交会识别法

自然伽马能谱测井测得铀(U)、钍(THOR)钾(POTA)。一般来说，THOR/U 主要反映沉积相，氧化环境下 THOR/U 比值高，还原环境下 THOR/U 比值低。因此理论上可根据 THOR—U 交会图来识别不同沉积环境中形成的泥岩、盐岩、(粉)砂岩。在绝大多数黏土矿物中，钾和钍的含量高，而铀的含量相对较低，利用钍—钾曲线交会图，可大致确定黏土类型。不同岩性地层中的黏土类型如若不同，将为我们识别岩性提供一条途径。

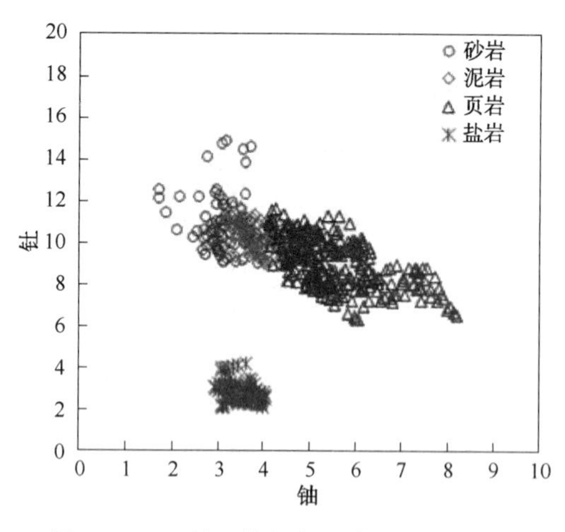

图 5-2-11　钍—铀交会识别岩性(文古 4 井)

通过做钍—钾、钾—铀、钍—铀交会图发现：①钍值从高到低的岩性依次是(粉)砂岩、泥岩、盐岩；铀值从高到低的岩性依次是泥岩、盐岩和(粉)砂岩；钾值从高到低的岩性依次是泥岩、(粉)砂岩、盐岩。②钍—钾及钾—铀交会法识别岩性的能力较铀—钍交会法差(见图 5-2-11)。

分区块、分层位、分岩性、分储集空间类型构建油气层测井解释标准。例如以渤海湾盆地东濮凹陷，分濮卫、文明寨、胡状等 7 个区块，古近系、三叠系、二叠系 3 个层位，砂岩、砾岩、油页岩 3 种岩性，裂缝孔隙型与粒间孔隙 2 种储集空间类型，建立孔隙度—电阻率测井解释标准。

二、储集空间类型分析

1. 常规测井可识别不同角度裂缝

电成像测井是识别裂缝最为有效的测井方法，但并不是每口井都有电成像测井资料。在没有电成像测井资料的情况下，如何利用常规测井识别裂缝，也是测井解释的一个难题。根据岩芯及电成像测井对裂缝的描述，对响应的常规测井曲线进行分析研究，得出工区白云质泥岩裂缝的常规测井响应特征如下：

① 裂缝发育地层的电阻率响应特征不同于碳酸盐岩的特征，低角度裂缝地层的电阻率测井曲线多呈“下凹”形态，高角度裂缝地层的电阻率曲线多呈“上凸”形态。

通过对 X31、X3-73、X3-74 等 3 口电成像资料的统计发现：低角度裂缝发育的地层，电阻率降低(呈“下凹”形态)；高角度裂缝发育的地层，电阻率增大或不变(呈“上凸”或“平直”形态)。图 5-2-12 是电阻率测井曲线形态与裂缝产状的关系图，从图中可以看出：随着裂缝倾角由 0 增大到 90°，其相应地层的电阻率变化趋势由“下凹”形态变为“上凸”或“平直”形态。倾角在 45°~57°的裂缝，其对地层电阻率的影响有两种结果，究其原因是这些裂缝都是发育在电阻率形态变化的半幅点附近，致使特征不明显。如果把这些“点子”去掉，便得到图 5-2-13，图中可以看出：低角度裂缝(倾角小于 57°)电阻率曲线呈“凹”型，高角度裂缝(倾角大于 57°)电阻率曲线呈“凸”型。倾角小于 57°的裂缝，其存在导致电阻率数值降低，即致使电阻率测井曲线呈“下凹”形态；倾角大于 57°的裂缝，其存在并不导致电阻率数值降低。

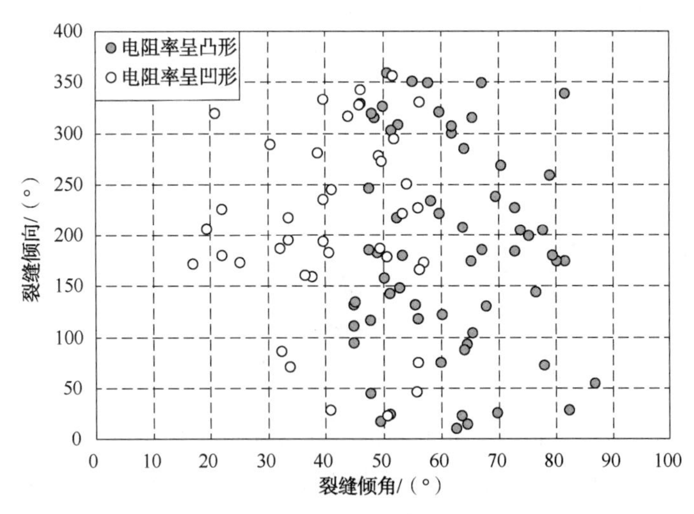

图 5-2-12　电阻率测井曲线形态与裂缝产状关系

② 低角度裂缝(倾角小于 55°)的声波时差增大，高角度裂缝(倾角大于 55°)的声波时差没发生变化(见图 5-2-14)。

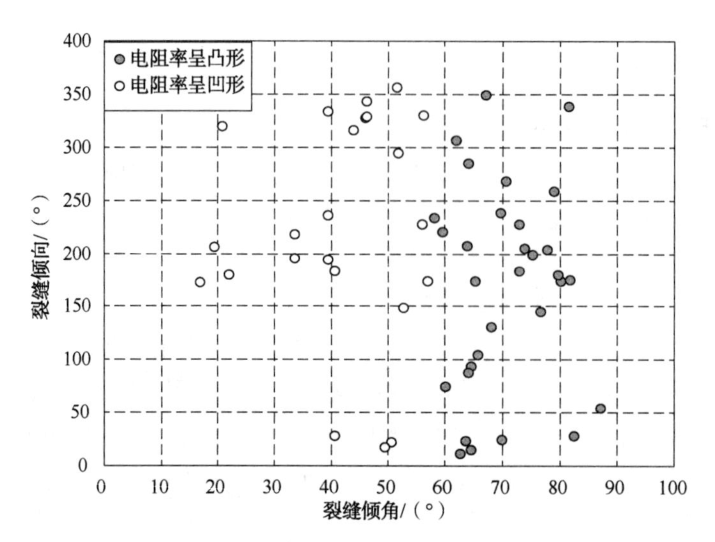

图 5-2-13　电阻率测井曲线形态与裂缝产状关系

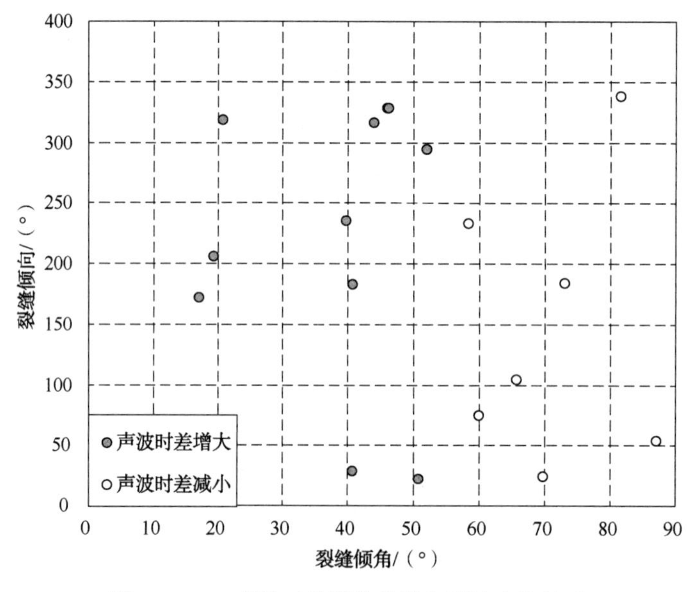

图 5-2-14　声波时差测井曲线与裂缝产状关系

图 5-2-15 为 X3-73 井 1798m 处发育的低角度裂缝，该裂缝发育在致密地层，中子、密度孔隙度都很小，但声波有增大的趋势，电阻率测井曲线呈“下凹”形态；再如图 5-2-16，图中显示在 X3-73 井的 1822.0~1824.0m 发育低角度裂缝，其声波亦有增大趋势，电阻率测井曲线亦呈“下凹”形态(见图 5-2-16)。

图 5-2-16 为 X3-73 井 1815.0~1816.0m 发育的高角度裂缝，该裂缝发育在致密地层，声波、中子、密度孔隙度都很小，电阻率测井曲线呈“上凸”形态；再如图 5-2-17，图中显示在 X3-73 井的 1761.8~1763.4m 发育高角度裂缝，其声波、中子、密度孔隙度都很小，

电阻率测井曲线亦呈“平直”形态。

③ 裂缝密度<1 条/m 的地层，三孔隙度测井曲线反映地层的孔隙度小；裂缝密度<1 条/m 但溶洞发育的地层或裂缝密度≥1 条/m 的地层，孔隙度测井曲线反映地层的孔隙度大。

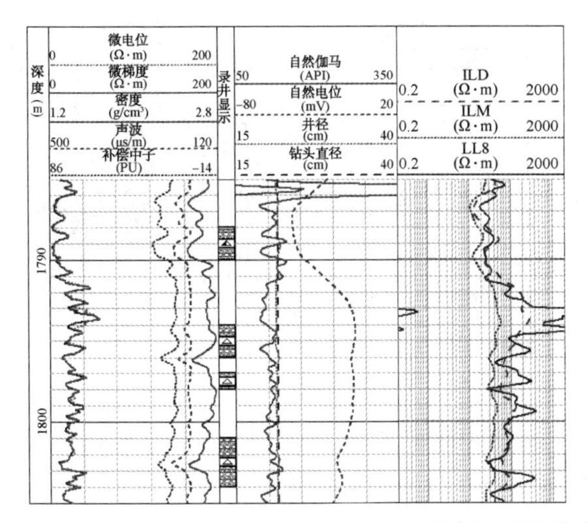

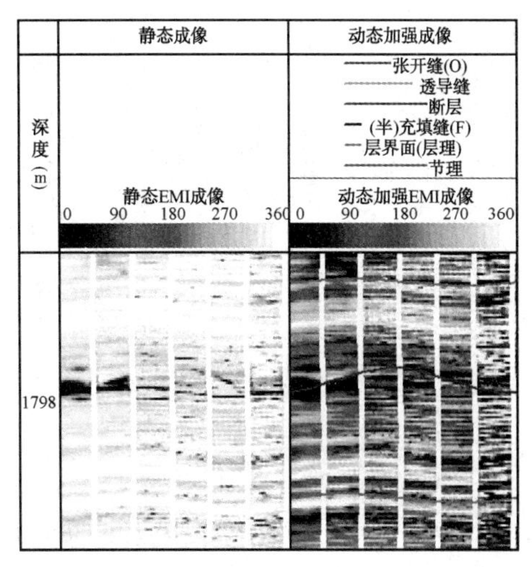

图 5-2-15　X3-73 井低角度裂缝的组合响应特征(1798m 处)

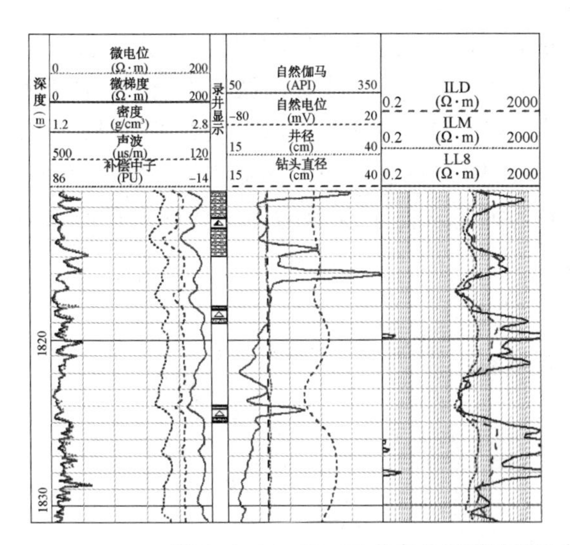

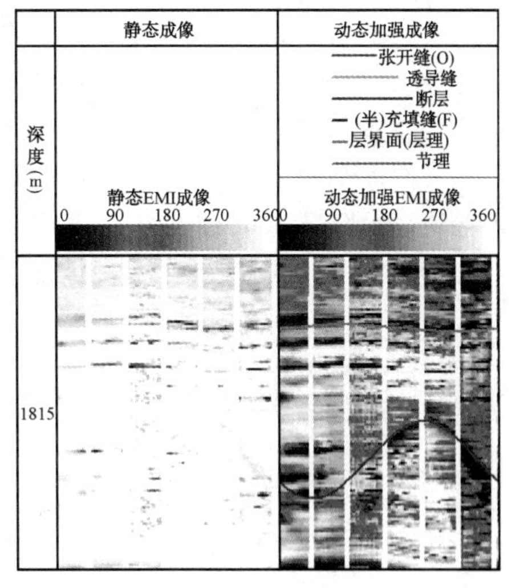

图 5-2-16　X3-73 井高角度裂缝的组合响应特征(1815.0~1816.0m)

2. 孔喉半径常规拟合法

针对主要研究工区内存在两种不同孔喉半径类型的情况，总结孔喉半径类型特征，从而确定评价模型。由于声波测井总是沿骨架传播，几乎不受孔隙流体的影响，在储集空间类型为基质孔隙度的情况下，声波时差计算的孔隙度可视为地层孔隙度，因此，总结声波测井曲线与岩芯分析的拟合关系，从而确定孔隙度评价模型，进而确定该区孔喉类型。

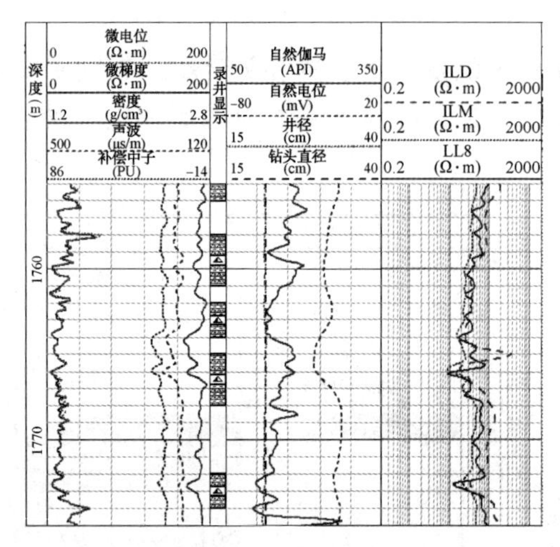

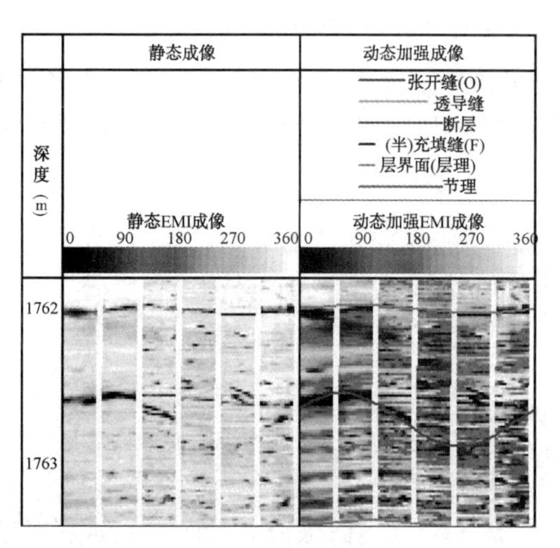

图 5-2-17　X3-73 井高角度裂缝的组合响应特征(1761.8~1763.4m)

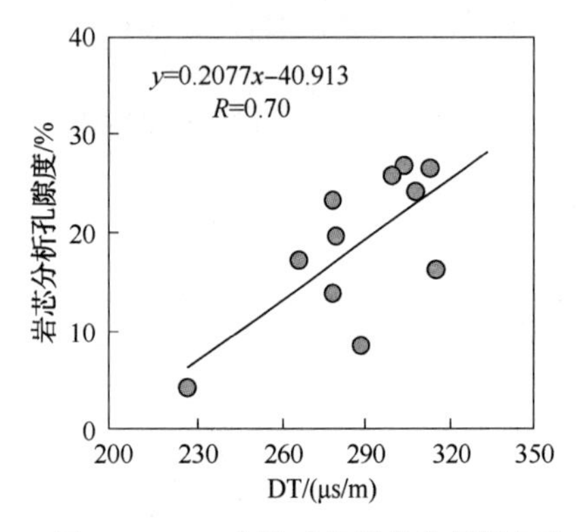

图 5-2-18　声波时差岩芯分析拟合法(特小孔细—细微喉)

图 5-2-18 和图 5-2-19 为利用岩芯分析拟合法得到的特小孔细—细微喉、中—小孔较细喉声波时差曲线与岩芯分析孔隙度的拟合关系，不同孔喉类型测井曲线拟合关系见表 5-2-2。

另外，怎样确定孔喉类型是另一难点，分析总结曲线特征，可以看出自然伽马曲线与声波时差曲线有一定相关性，相关函数为 DT = 5×GR+50(见图 5-2-20)。利用图 5-2-18 和图 5-2-19 中确定孔喉类型的相关函数，以此为思路从而可以确定地层孔喉半径类型分布情况。

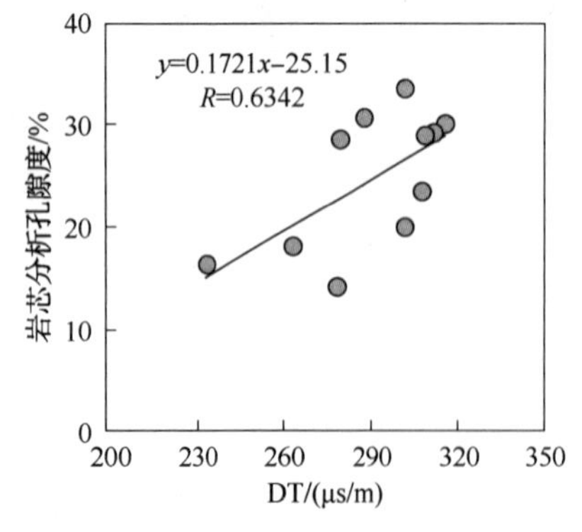

图 5-2-19　声波时差岩芯分析拟合法(中—小孔较细喉)

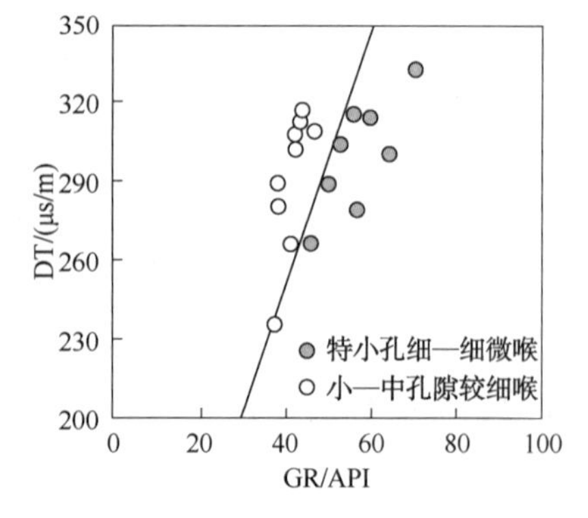

图 5-2-20　自然伽马与声波时差曲线确定孔喉半径类型交会图

表 5-2-2 不同孔喉类型测井曲线拟合关系表

孔喉类型	岩性	拟合关系	相关系数
特小孔细—细微喉	砂岩系统	$y=0.2077x-40.913$	$R=0.70$
中—小孔较细喉	砂岩系统	$y=0.1721x-25.15$	$R=0.6342$

图 5-2-21 为 BAC1 井的岩芯压汞分析与实际应用对比图，图中第 7、8 道为孔喉半径类型成果道，阴影段表示该层此处孔喉半径类型为中—小孔较细喉，斜线段表示该层此处孔喉半径类型为特小孔细喉—细微喉，从成果图可以看出利用总结出的相关函数，在主要研究工区内可以较为有效的确定地层孔喉半径类型。

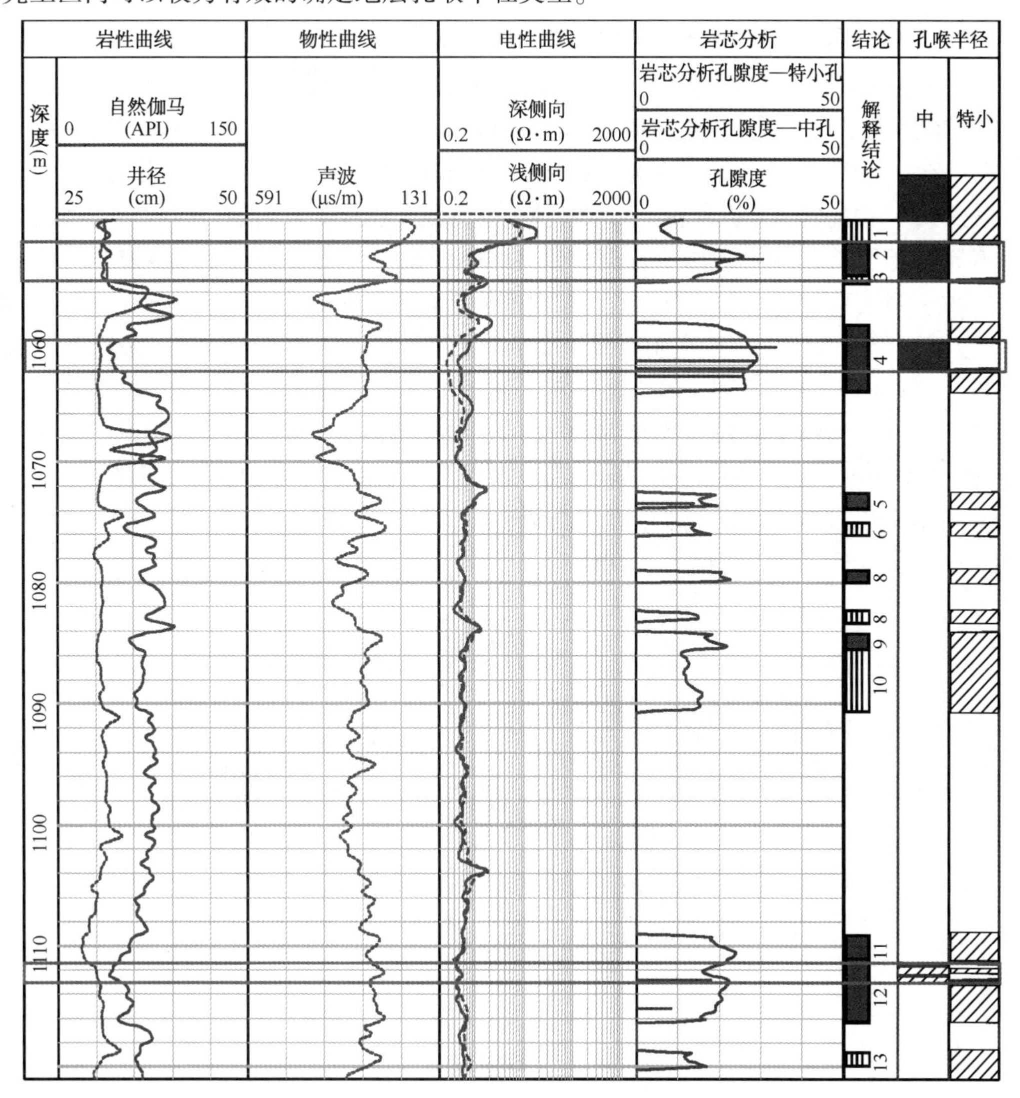

图 5-2-21 BAC1 井孔喉半径类型分析成果对比图

三、渤海湾盆地东濮凹陷油气水判别标准

对研究工区油气勘探开发热点地区与重点层位，分濮卫(北部与西部)、文明寨、胡状、方里集、赵庄、刘庄、新庄等7个区块，分古近系(沙二段与沙三段)、三叠系、二叠系等3个层位，分砂岩、砾岩和油页岩3种岩性，针对裂缝孔隙型储层与粒间孔隙型储层建立孔隙度—电阻率测井解释标准。具体以濮卫地区古近系(沙二段与沙三段)砂岩粒间孔隙型储层、方里集地区古近系(沙二段与沙三段)砂岩粒间孔隙型储层、文明寨地区三叠系砂岩裂缝型储层、胡状集地区二叠系砂岩粒间-裂缝型储层、濮卫地区沙三段粒间孔隙型非常规储层为例介绍其油气层测井解释标准。

1. 濮卫地区北部古近系沙三段砂岩粒间孔隙型储层

濮卫洼陷位于研究工区中央隆起带北部文留、濮城、卫城和古云集4个构造的结合部，是濮城断裂系和卫东断裂系相向而掉形成，勘探面积约100km²。濮卫洼陷北翼为三角洲前缘沉积，砂岩发育，向南逐渐过渡为泥页岩，是形成构造—岩性圈闭的有利部位。

据云12井常规岩芯分析资料，储层岩性主要为浅灰色极细粒岩屑长石砂岩，其次为灰褐色不等粒岩屑长石砂岩，其中石英含量在58%~65%，长石含量19%~25%，岩屑为12%~19%；砂岩颗粒为极细砂岩为主，粒度中值0.06~0.50mm；孔隙类型以孔隙式为主。沙三中7砂组储层孔隙度一般在10.3%~12.4%之间，平均孔隙度11.0%，渗透率一般在$(0.103\sim2.34)\times10^{-3}\mu m^2$之间，平均渗透率$0.78\times10^{-3}\mu m^2$，属低孔、特低渗储层。

利用云10、云12、云12-1和濮深20井的试油投产结果，读取孔隙度及电阻率测井曲线特征值做交会图，建立该地区沙三段油层、水层及干层的测井解释标准(见图5-2-22)。濮卫洼陷北部沙三段的储干孔隙度界限为6.0%，油层电阻率$R_t\geq4.5\Omega\cdot m$、油水同层$3.0\Omega\cdot m\leq R_t<4.5\Omega\cdot m$、水层$R_t<3.0\Omega\cdot m$。

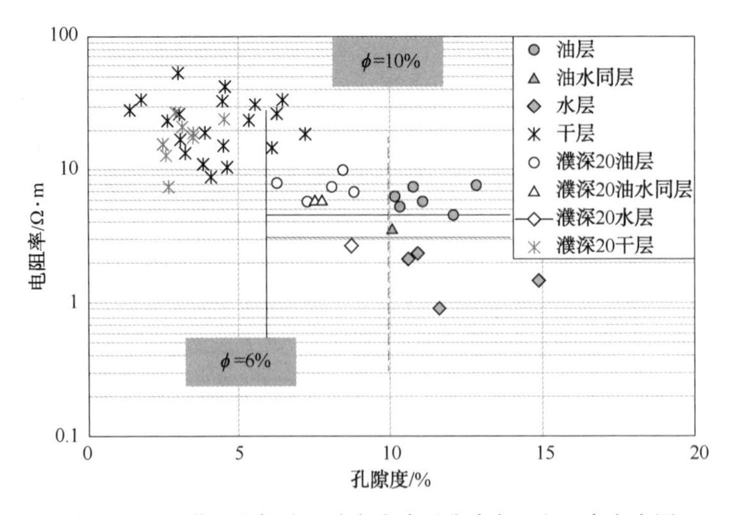

图5-2-22 濮卫北部沙三砂岩孔隙型孔隙度—电阻率交会图

2. 赵庄地区古近系沙二段砂岩粒间孔隙型储层

赵庄构造位于东濮凹陷长垣断层下降盘，构造主体沙二下亚段总的构造背景为一鼻状构造，西北边界为长垣断层，东边界为赵庄Ⅱ号断层，这两条断层向北相交，在这两条断层控制下，形成了走向北东的顺向断块，内部又被次级断层复杂化，向西南方向构造平缓变低，地层区域向西南方向倾没，倾角10°左右。构造的总趋势为北高南低、西高东低。赵庄构造油气勘探开发主要目的层为沙二—沙三中，岩性以砂泥岩为主，储层孔隙类型为粒间孔隙型。

根据赵4井、赵5井、赵4-1井、赵4-2井、赵4-3井的试油投产数据，做孔隙度—电阻率测井曲线交会图，建立赵庄区块的测井解释标准(见图5-2-23)。赵庄地区沙二段储干的孔隙度界限为9.0%，油层(低产油层)电阻率 $R_t \geqslant 3.5\Omega \cdot m$、油水同层 $2.5\Omega \cdot m \leqslant R_t < 3.5\Omega \cdot m$、水层 $R_t < 2.5\Omega \cdot m$。

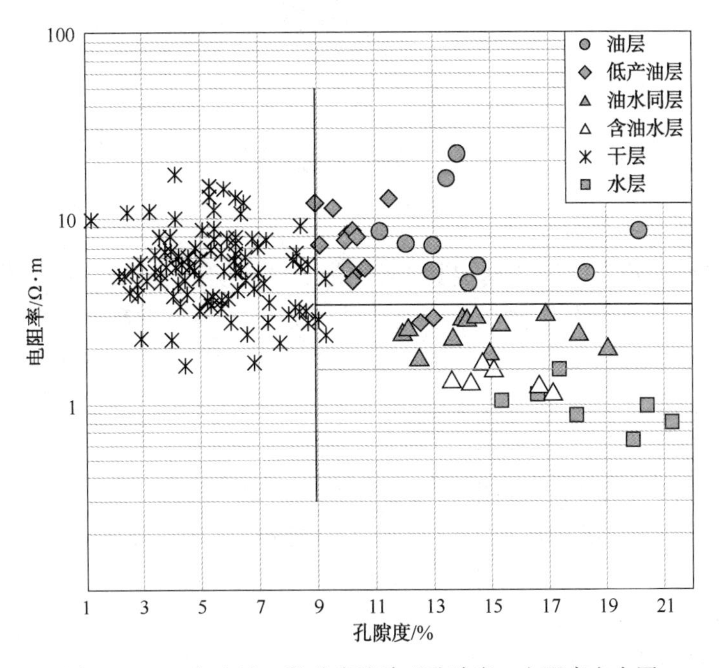

图5-2-23　赵庄沙二段砂岩孔隙型孔隙度—电阻率交会图

3. 文明寨地区三叠系砂岩裂缝型储层

文明寨构造是研究工区中央隆起带北端的一个穹隆构造，处于中央隆起带向北抬升的最高部位。构造被北东走向、东南倾向的明5主断裂和北东东走向、北西倾向的卫7主断裂切割，形成一个地垒型的构造主体，构造高点在明古1井和明471井附近。由于断层的多期活动，导致文明寨深层和浅层构造有一定差异，浅层整体上为背斜构造，被断层复杂化，形成多个极复杂断块，储量丰度高。深层为垒堑相间结构，自东向西发育三个地垒带，即卫77地垒带、文明寨主体地垒带和明古1地垒带，三个地垒带地层整体东倾，自东向西逐渐抬升(见图5-2-24)。

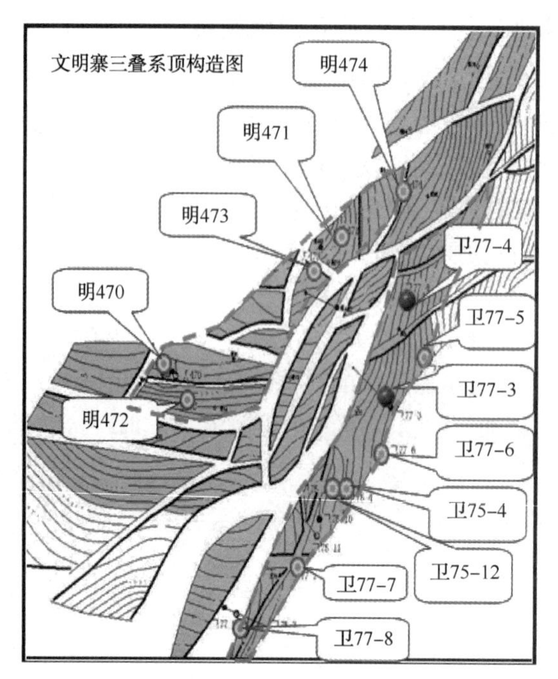

图 5-2-24　文明寨三叠系主体区块顶部构造图

研究工区三叠系砂岩裂缝型储层具有致密，裂缝发育、碳酸盐岩含量较高、局部砾石发育的特征；油赋存于裂缝、基质粒间孔隙不含油。对于这种复杂油藏，利用但不拘泥于测井资料，综合利用钻井、测井、录井、地质、岩芯、石油等资料，尤其利用石油地质，在油气成藏条件约束下，探索特殊油藏测井识别方法，最终给出油气水测井识别标准。

在油气成藏模式约束下，通过电成像测井资料的地质应用研究，在定量评价储层裂缝参数的基础上，总结裂缝孔隙度及裂缝发育程度的分布规律，分析了裂缝的成因、得出了裂缝产状与油气的关系。指出三叠系主要发育倾向在 115°~210°及 260°~360°两组高角度裂缝，其中倾向在 115°~210°的一组裂缝易形成油藏，而倾向在 260°~360°的一组裂缝不易形成油藏。砂岩裂缝发育、泥岩不发育，地层中上部发育、下部不发育。指出井位应沿着裂缝走向部署在构造高部位，同时考虑裂缝与地层的空间配置关系。

同时，做孔隙度—电阻率交会图、做裂缝孔隙度—电阻率交会图(见图 5-2-25)，发现文明寨地区卫 77 块储层的油干总孔隙度界限为 3.5%，即油层、低产油层总孔隙度大于等于 3.5%，干层总孔隙度小于 3.5%；三叠系储层裂缝孔隙度下限为 1.0%，当裂缝孔隙度小于等于 1.0%时，为干层；低产油层与油层的物性界限值为 2.0%，裂缝孔隙度大于 2.0%的为油层，小于 2.0%的为低产油层。

基于以上，利用裂缝与地层空间配置关系、电阻率—(裂缝)孔隙度交会、核磁共振识别的结果，建立了文明寨地区(卫 77 块)三叠系砂岩裂缝型储层的油气层、水层及干层的判别标准(表 5-2-3)。

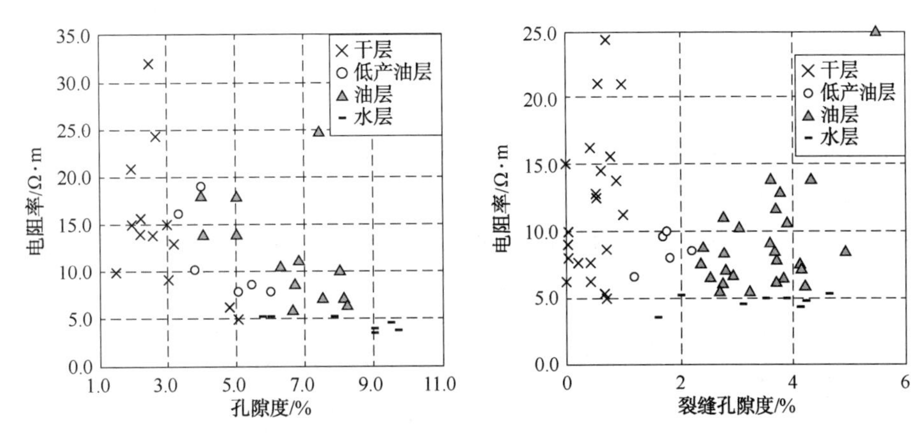

图 5-2-25　文明寨地区(卫 77 块)三叠系砂岩裂缝型储层
电阻率—(裂缝)孔隙度交会图

表 5-2-3　文明寨地区(卫 77 块)三叠系裂缝性储层测井解释标准

<table>
<tr><th rowspan="2">储层类型</th><th rowspan="2">电阻率/Ω·m</th><th rowspan="2">总孔隙度/%</th><th rowspan="2">裂缝孔隙度/%</th><th rowspan="2">EMI 电成像(裂缝密度)/(条/m)</th><th>裂缝配置</th><th colspan="3">核磁共振</th></tr>
<tr><th>裂缝倾向/(°)</th><th>可动流体孔隙/%</th><th>差谱</th><th>移谱</th></tr>
<tr><td>油层</td><td rowspan="2">≥5.3</td><td rowspan="3">≥3.5</td><td>≥2.0</td><td>≥3 条/m</td><td rowspan="2">115~210</td><td>≥2%</td><td>有油气显示</td><td>移动略慢</td></tr>
<tr><td>低产油层</td><td>≥1.0</td><td>1~3 条/m</td><td>≥2%</td><td>有弱油气显示</td><td>移动略慢</td></tr>
<tr><td>水层</td><td><5.3</td><td>≥1.0</td><td>≥1 条/m</td><td>285~360</td><td>≥2%</td><td>无油气显示</td><td>移动略快</td></tr>
<tr><td>干层</td><td>—</td><td><3.5</td><td><1.0</td><td><1 条/m</td><td>260~360</td><td><2%</td><td>—</td><td>—</td></tr>
</table>

由表 5-2-3 可知，对于文明寨地区(卫 77 块)三叠系裂缝性储层，油层的判别条件是电阻率不低于 5.3Ω·m、总孔隙度不低于 3.5%、有倾向在 115°~210°的裂缝发育，可动流体孔隙度不小于 2%。

4. 胡状集地区二叠系砂岩粒间—裂缝型储层

胡状集位于研究工区西部斜坡带，上古生界储集层主要为二叠系石千峰组下段、上石盒子组下段、下石盒子组上段砂岩；二叠系石盒子组、石千峰组砂岩储层发育，物性相对较好，为胡状集上古生界的主要储集层，储层的储集空间类型为粒间孔隙与微裂缝孔隙混合型。二叠系砂岩多呈块状，粒度较粗。上石盒子组(P_2S)为紫红色泥岩与棕色粉砂岩互层，下部为浅灰色、紫红色泥岩，云质泥岩与棕色砂岩互层，底部见灰黑色碳质泥岩；下石盒子组(P_1X)为深灰色泥岩与浅灰色、灰白色细砂岩等厚互层。

庆古 1、胡古 2、文古 2、文古 1、卫古 1 和明古 1 六口井地层测试资料表明：东濮凹陷上古原始地层压力系数为 0.9~1.0。钻井液密度在 1.14~1.53g/cm^3、多在 1.3g/cm^{3}以上，在此背景下，过高的钻井液柱压力造成泥浆侵入地层，储层不同程度受到钻井液侵入的影响。同时钻井液的侵入对电阻率影响较大，弱化了电阻率对油气测的指示。

根据胡古2、庆古1及文古1、文古2、文古3、卫古1、马17等井的地层测试数据，建立孔隙度—电阻率交会图，形成该区块石千峰及石盒子的测井解释标准。胡状集二叠系石千峰组的储干孔隙度界限为7.0%，油气层(低产油气层)电阻率大于等于2.0Ω·m、气水同层的电阻率小于2.0Ω·m，因测试层中未见纯水层，故未对水层电阻率的界限设定(见图5-2-26)。胡状集石盒子的储干孔隙度界限为6.8%，油气层(低产油气层)的电阻率不小于20Ω·m、气水同层的电阻率在5.0~20Ω·m、水层电阻率不小于5.0Ω·m(见图5-2-27)。

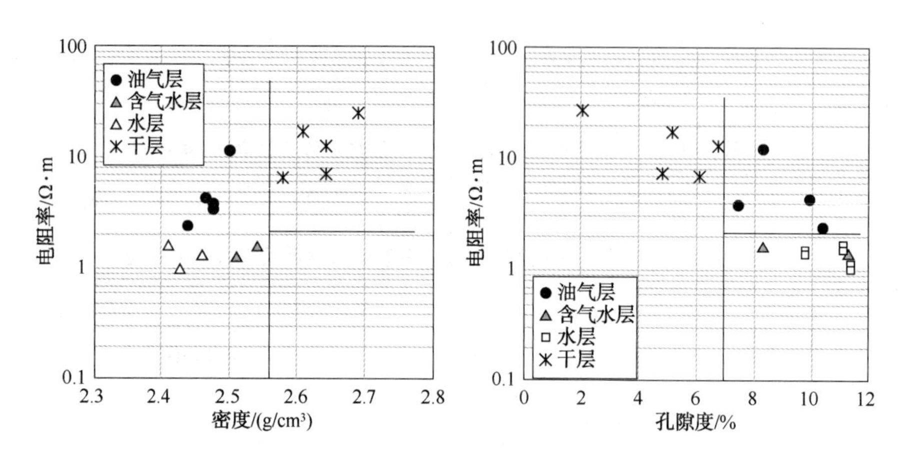

图5-2-26　胡状集地区石千峰测井解释标准图

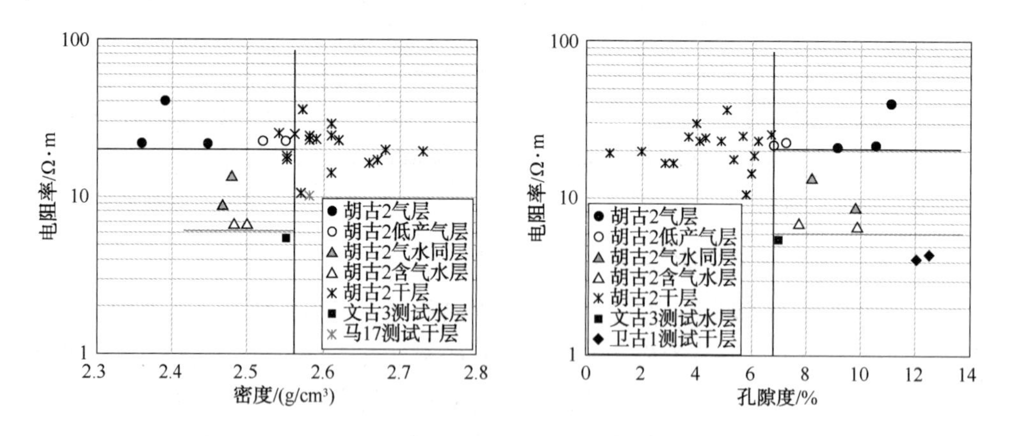

图5-2-27　胡状集地区石盒子测井解释标准图

5. 濮卫地区沙三段粒间孔隙型非常规储层

自1990年以来，在研究工区常规砂岩油气勘探中，多井陆续在濮卫地区沙三段地层钻遇含砂条油页岩并获相当油气产量(见图5-2-28中的卫68-8、濮86井)，这些表明东濮凹陷下第三系地层的页岩有相当油气勘探潜力。

由于油页岩致密、其油气类型属“自生自储”的特点，决定了在划分储层上不能照搬常

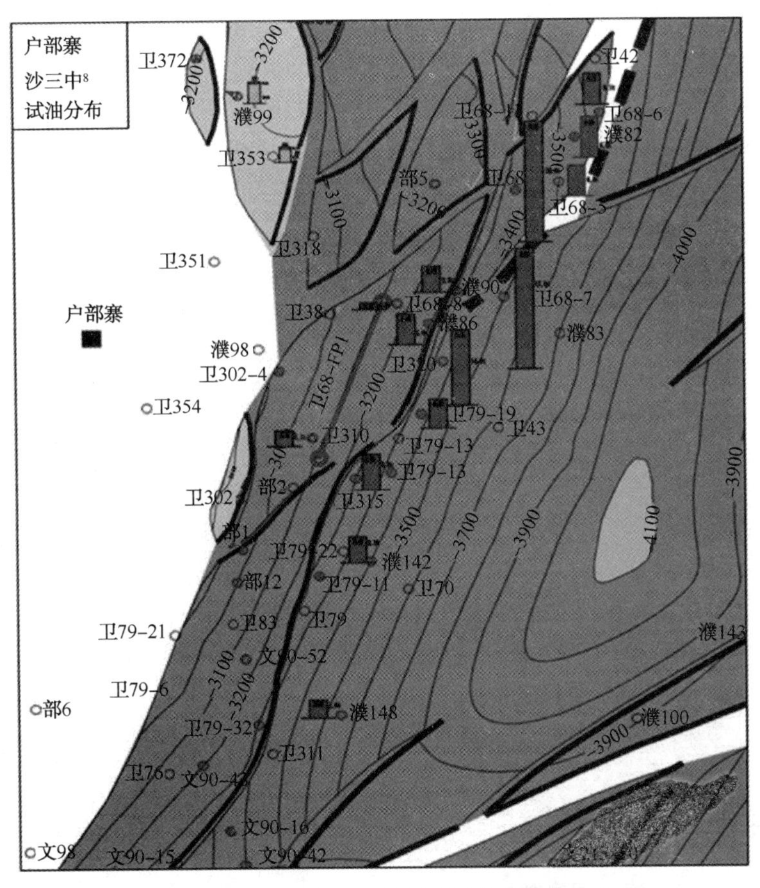

图 5-2-28 户部寨页岩油投产分布图(据中原地院)

规砂岩或碳酸盐岩储层的方法及标准，除考虑孔隙度、饱和度(或电阻率)外，还必须考虑反映其丰度的有机碳含量。同时为判断后期压裂效果，还需考虑脆性指数(薄砂条累计厚度)、泊松比等岩石力学参数指标。参照国内外页岩油气评价标准，结合濮卫地区的地质特征，提出利用“三参数”来评价储层是否有开发价值。“三参数”依次是孔隙度、有机碳含量和脆性指数，这些参数标准均由一手资料刻画而来(见表 5-2-4)。

表 5-2-4 濮卫地区沙三段粒间孔隙型非常规储层测井评价标准

储层分类	孔隙度 POR/%	有机碳 TOC/%	脆性指数 BR/%	含油饱和度 SO/%	电阻率 RT/Ω·m	泊松比 P/无量纲
油层	POR≥8	TOC≥1.5	BR≥40	SO≥40	RT≥3	P<0.29
干层	POR<8	TOC<1.5	BR<40	SO<40	RT<3	P≥0.29

通过页岩储层测井响应特征及储层“六性”关系研究，在对岩芯分析资料与测试、投产资料综合分析的基础上，提出分三个步骤来对页岩储层进行识别。第一步：判断油页岩是否发育。第二步：划分出油页岩发育段，计算页岩系统的硅质含量(SI)、钙质含量(CA)、

黏土含量(VAL)；有机碳含量(TOC)、孔隙度(POR)；饱和度(SO)、电阻率(RT)；脆性指数(BI)、泊松比(P)；杨氏模量(Y)等参数。第三步：参照页岩有效储层划分标准，在页岩系统内划分出有效储层，判断页岩系统的可开发价值。

在将研究工区分成7个区块、4个勘探开发层位，来区分3种岩性、2种储集空间类型的前提下，建立测井解释标准。该方法是在分区块、分层位、分岩性的三区分基础上，首次提出进一步分储集类型构建测井解释标准。

第六章

成像类测井资料综合应用

第一节　电成像测井资料应用

一、电成像测井对裂缝的识别与评价

利用电成像测井定性识别裂缝是对致密碎屑岩储层进行定量评价的基础，同时也是裂缝性储层测井评价的关键性环节。该部分主要探讨张开缝、充填缝、天然缝、诱导缝、层界面(层理)、溶蚀孔洞、断层、缝合线等构造特征，通过对这些特征的认识，在储层评价中做到“去伪取真”。

1. 裂缝的有效识别

裂缝的定性识别是裂缝定量评价的基础，同时也是裂缝性储层测井评价的关键性环节。本节主要通过对天然裂缝与各种伪裂缝(诱导缝、层理、断层、缝合线等)的比较，得出各自的成像测井响应特征，以便有效地识别储层的有效裂缝，达到准确评价储层的目的。

天然裂缝特征：

① 由于天然裂缝总是与构造运动和溶蚀作用相伴生，因而电导率异常一般既不平行，又不规则(见图 6-1-1)。

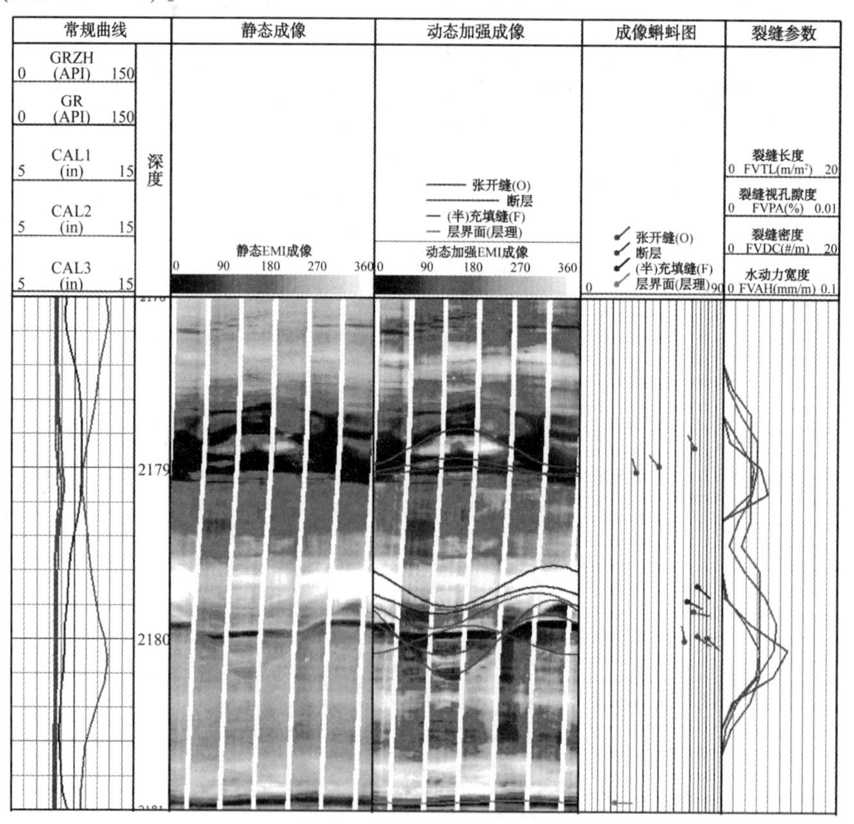

图 6-1-1　明 470 井电成像测井成像成果图(2178~2181m)

② 裂缝可以切割任何介质(包括层界面)，且裂缝相互可以平行或相交，相邻裂缝之间电相可以不同。

③ 裂缝交叉可以形成网状、树枝状等裂缝组合特征。

④ 裂缝在成像图上的颜色可以不同，且与地层没有颜色过渡关系。

⑤ 裂缝常有溶蚀孔洞相伴生，使电导率异常宽窄变化较大。

伪裂缝的识别：

(1) 诱导缝

诱导缝属于钻井过程中产生的人工缝，是由钻具震动、应力释放和钻井液压裂等因素诱导而形成，具体可细分为钻具振动缝、泥浆压力缝、应力释放缝、井壁崩落缝 4 种诱导缝，其对储层原始储渗空间没有贡献。诱导缝表现为：①钻具振动缝：十分微小且径向延伸很短，呈羽毛状或雁行状排列[见图 6-1-2(a)]。②泥浆压力缝：由于重泥浆与地应力不平衡压裂井壁而形成压裂缝，EMI 图像上总是以 180°或近于 180°之差对称地出现在井壁上。当井身垂直时，它以一条高角度张性裂缝为主，在两侧有两组羽毛状的微小裂缝，或彼此平行，或共轭相交；当井身倾斜时，压裂缝全部变成同一方向，且彼此平行的倾斜缝，在双侧向测井曲线上出现特有的“双轨”现象[见图 6-1-2(b)]。③应力释放裂缝：在 EMI 成像图上的特征为一组接近平行的高角度裂缝，且裂缝面十分规则。其识别的方法是看裂缝中有无泥浆侵入的痕迹，无侵入者为应力释放裂缝[见图 6-1-2(c)]。④井壁崩落缝：由于井下地应力的非平衡性造成井壁崩落，形成椭圆井眼，在椭圆井眼的长轴方向易造成电成像测井仪贴井壁效果差，在成像图上井壁崩落具有方向性和一致性，并呈 180°对称分布。相距 180°的方向上始终呈两条暗色条带，双井径曲线一条近似于钻头直径，另一条则大于钻头直径。

(a)钻具振动缝

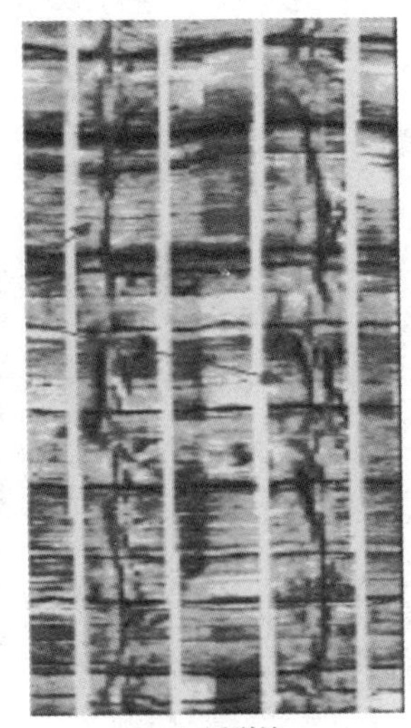
(b)压裂缝

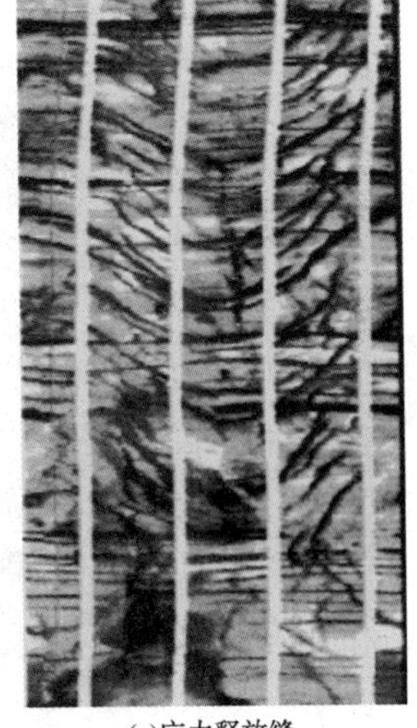
(c)应力释放缝

图 6-1-2　几种诱导缝的电成像特征

综合以上分析，诱导缝与天然裂缝在形态上有以下三点主要区别：

① 诱导裂缝是地应力作用下实时产生的裂缝，因此只与地应力有密切的关系，故排列整齐，规律性强；而天然裂缝常为多期构造运动形成，因而分布极不规则。

② 天然裂缝因遭地下水的溶蚀与沉淀作用的改造，故裂缝面不规则，缝宽有较大的变化；而诱导裂缝的缝面较规则且缝宽变化不大。

③ 诱导裂缝的径向延伸不大，故深侧向测井电阻率下降不很明显。

根据这3点，较容易从电成像测井图上予以识别。图6-1-3和图6-1-4分别为诱导缝在卫77-3井、卫77-4井的电成像特征图。

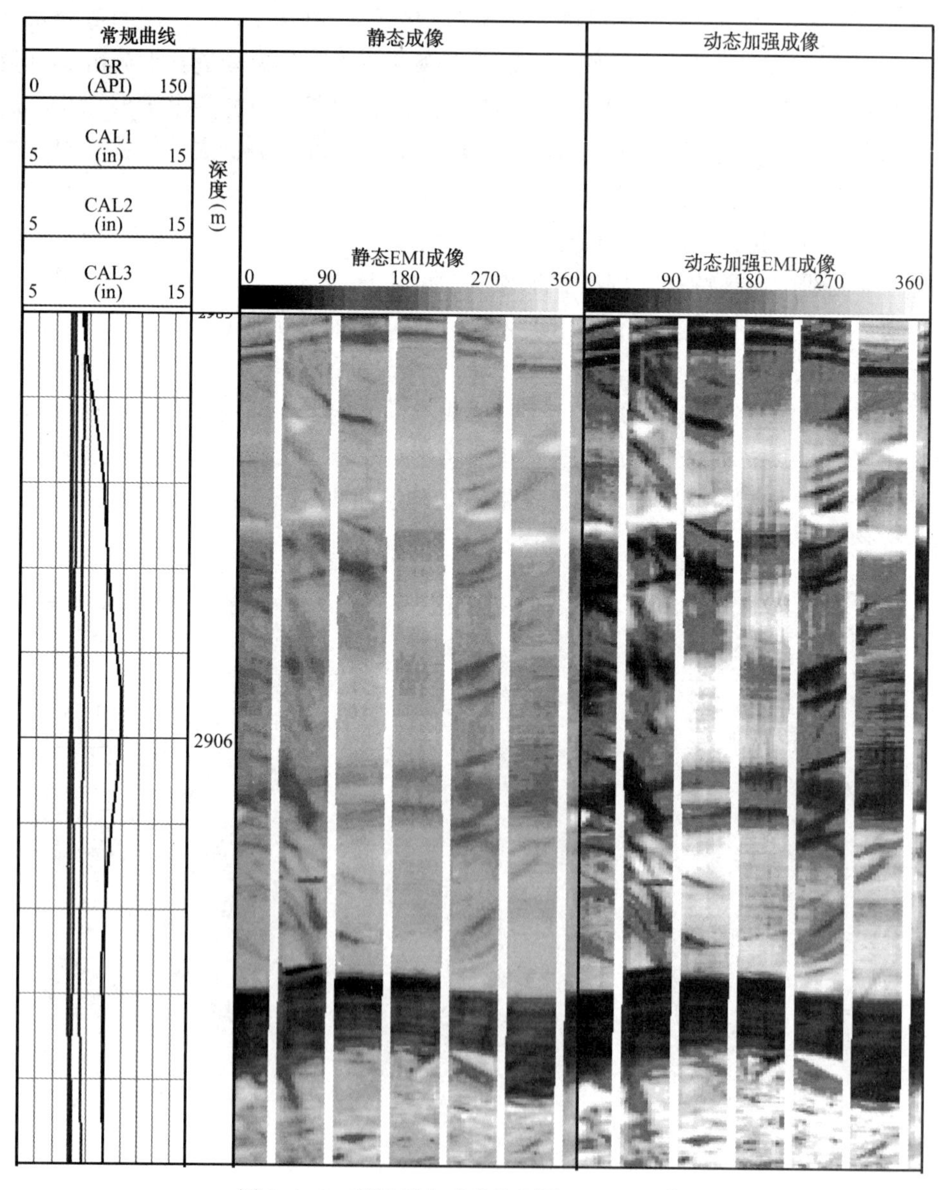

图6-1-3 诱导缝电成像特征图(卫77-3井)

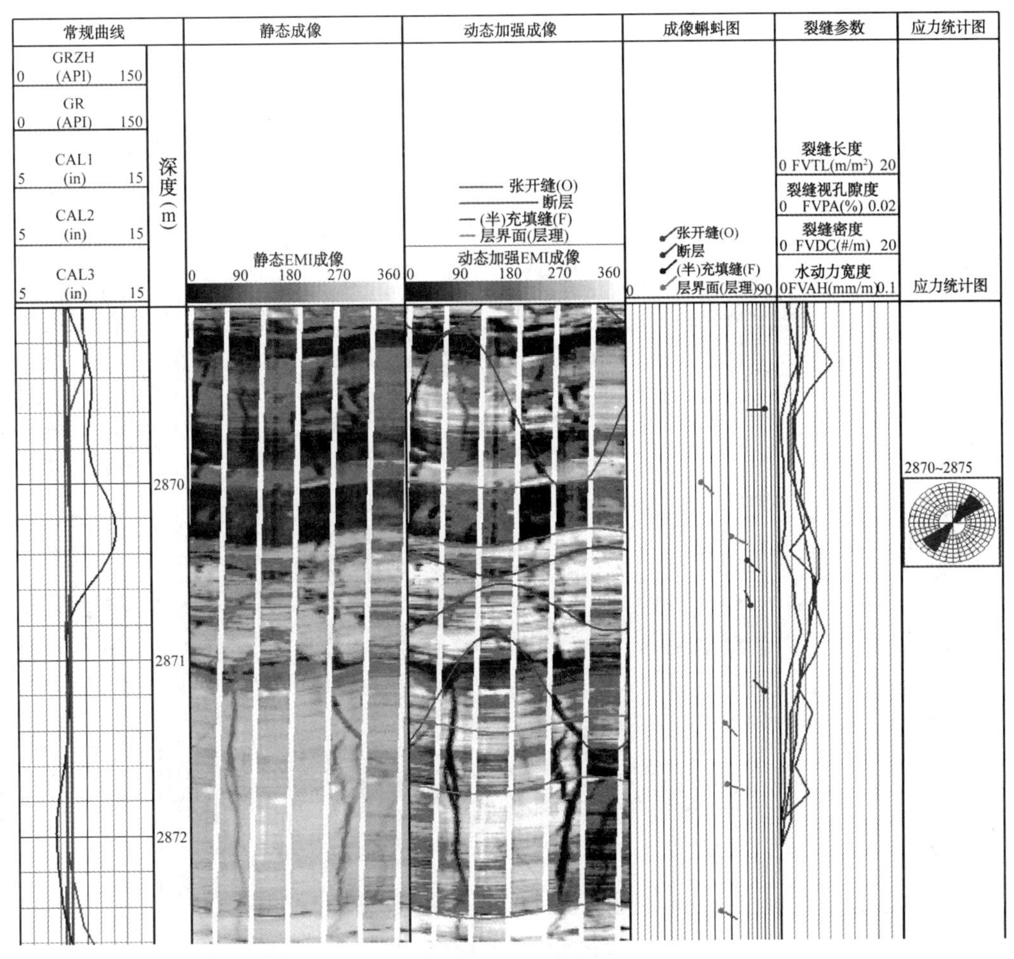

图 6-1-4 诱导缝电成像特征图(卫 77-4 井)

(2) 层理

层理常是一组平行或接近平行的电导率异常，且异常宽度窄而均匀，一般在图像上连续、完整，且不随意中断。如地层倾斜，图像上层理呈正弦波曲线，正弦波的幅度反映倾角值大小，波谷所在方位指示地层倾向。图 6-1-5 为卫 77-4 井的层理在电成像图上的特征。

层理成像图特征及与裂缝的区别：

① 层理一般相互平行，且相邻层理色度相同(或相似)；裂缝可以切割任何介质，多条裂缝或平行或相交，相邻裂缝的色度或相同或不同(见图 6-1-5)。

② 层理电成像为连续、完整的正弦线；裂缝可不完整、可随时中断。

③ 层理常常是一组平行或接近平行的正弦线，有一定宽度且厚度均匀；裂缝由于与构造运动和溶蚀相伴，成像图上，其正弦线一般既不平行，又不规则。

④ 在一定层段内层理和裂缝产状各有其规律性(或一致性)。

⑤ 层理与地层常有一定颜色过渡，而裂缝与地层间的颜色变化可是突变的。

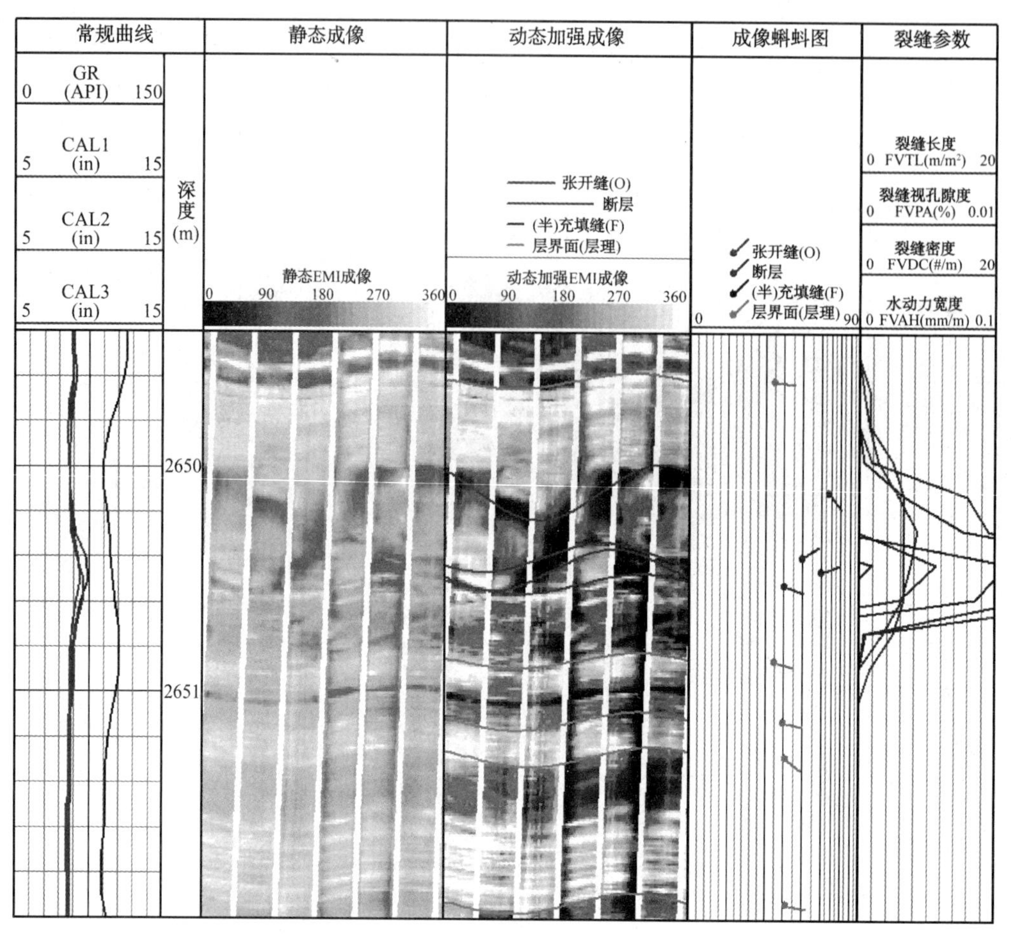

图 6-1-5　层理在电成像图上的特征(卫 75-12 井)

(3) 泥质充填缝

泥质充填缝的高电导率异常一般较规则，边界较清晰，仅当构造运动强烈而发生柔性变形时才出现剧烈弯曲，但宽窄变化不很大，往往自然伽马测井值升高，结合常规测井曲线的这一特征很容易识别泥质充填缝(见图 6-1-6)。

(4) 缝合线

由于粒间孔隙流体的存在，变形岩石内的颗粒在应力作用下出现溶解和物质迁移过程称之为压溶作用。沿颗粒面向压应力一侧颗粒边界溶解，溶解物质在流体内扩散、迁移并于低压应力一侧沉淀。物质扩散迁移过程主要受应力作用梯度引起的化学势梯度制约。沉淀的新生矿物颗粒可以与被溶解矿物成分一致或不一致。压溶作用形成的典型结构包括缝合线、截切颗粒(如矿物颗粒、化石或鲕粒等)。由于缝合线是压溶作用的结果，因而两侧有近垂直于缝合面的细微的高电导率异常。当压溶作用主要来自上覆岩层压力，缝合线基本平行于层理面；当压溶作用主要来自水平构造挤压作用，缝合线基本垂直于层理面(见图 6-1-7)。

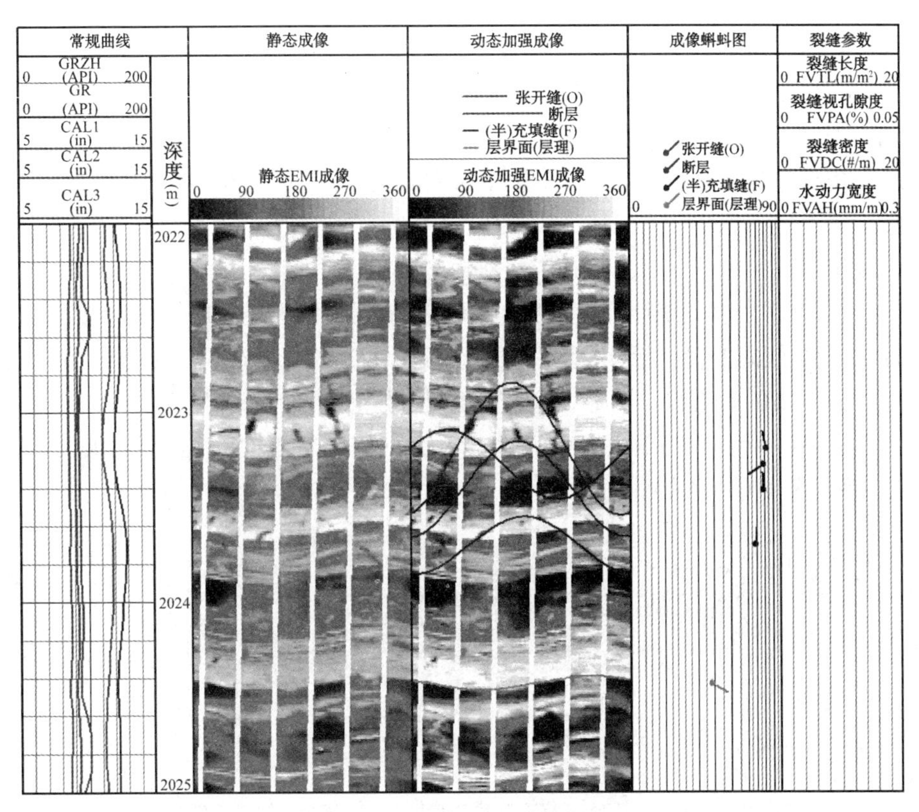

图 6-1-6　明 472 井电成像测井成果图(2022.0~2025.0m)

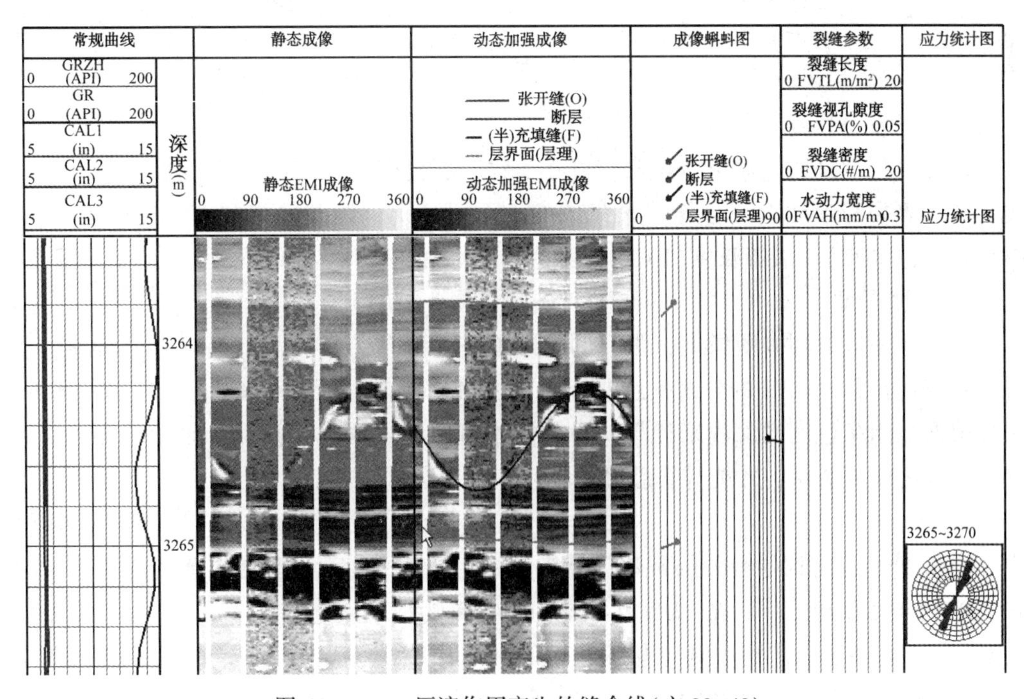

图 6-1-7　压溶作用产生的缝合线(文 23-40)

2. 裂缝参数的定量评价

利用电成像(EMI)测井资料可定量评价致密碎屑岩储层的裂缝参数，如裂缝产状、裂缝发育程度(裂缝长度、裂缝条数、裂缝密度、裂缝宽度)、裂缝视孔隙度、裂缝走向、裂缝的有效性(裂缝的充填性)等。对于裂缝性油藏的勘探开发来说，对这些参数的准确评价至关重要。

（1）裂缝产状

25 口电成像测井资料的统计分析表明：东濮凹陷三叠系地层普遍发育高角度裂缝(角度在50°~90°)；从裂缝倾向上看，所有井均发育一组倾向在 260°~360°之间的裂缝，部分井还发育一组倾向在 110°~220°的裂缝，明显发育有两组不同产状裂缝的井有卫 77-3、卫 77-5、卫 77-6 等井。图 6-1-8 为卫 77-3 井三叠系明显发育两组产状不同的裂缝图、图 6-1-9 为卫 77-4 井三叠系主要发育一组裂缝图。

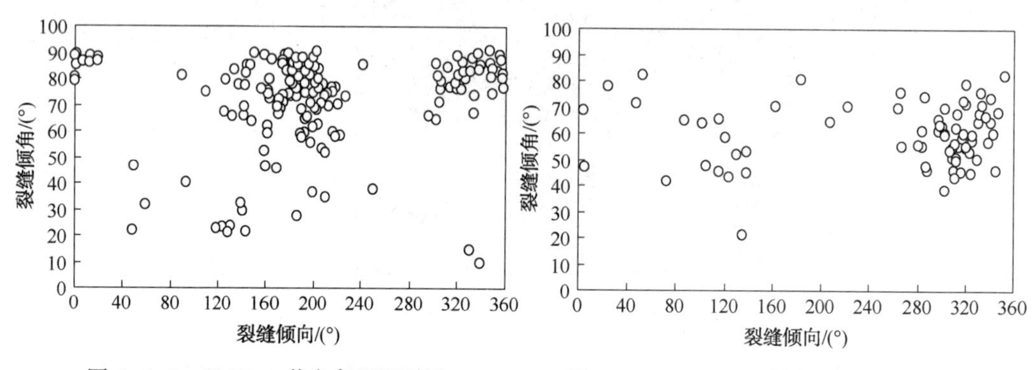

图 6-1-8　卫 77-3 井发育两组裂缝

图 6-1-9　卫 77-4 井主要发育一组裂缝

（2）裂缝发育程度

裂缝发育程度是通过对裂缝长度、裂缝条数、裂缝密度、裂缝宽度(水动力宽度)、裂缝视孔隙度等裂缝参数的综合评价来完成的。下面分别介绍裂缝张开度、裂缝视孔隙度、裂缝线密度(FVDC)、裂缝长度(FVTL)等参数计算方法：

① 裂缝张开度

在微电阻率成像测井图像上，张开的裂缝响应为颜色相对较深的高电导率异常。由于裂缝的张开度常常比 EMI 的分辨率还要小得多，因此不能直接从图像上读出裂缝的张开度，而只能根据电阻率色度的深浅来计算。为此需用有限元素法进行模拟，建立起裂缝宽度与电导率异常之间的关系，才能计算裂缝的宽度。计算公式如下：

$$W = \mathrm{a}AR_{\mathrm{xo}}^{\mathrm{b}}R_{\mathrm{m}}^{(1-\mathrm{b})} \tag{6-1-1}$$

式中，a、b 分别为与仪器有关的常数，其中 b 接近为零；A 为由裂缝造成的电导率异常的面积；R_{xo}为侵入带电阻率；R_{m} 为钻井液电阻率；W 为单条裂缝宽度。

A，R_{xo}都是基于标定到浅侧向电阻率 RLLS 后的图像计算的。在实际中，常采用裂缝平均宽度(FVA)和平均水动力宽度(FVAH)来评价裂缝。

FVA：裂缝平均宽度，等于单位井段(1m)中裂缝轨迹宽度的平均值，单位为mm。

FVAH：平均水动力宽度，等于单位井段(1m)中各裂缝轨迹宽度的立方和之后开立方，是裂缝水动力效应的一种拟合，单位为mm。

② 裂缝视孔隙度

裂缝孔隙度P_f(FVPA)，为可见裂缝在1m井壁上的开口面积除以1m井段中FMI图像的覆盖面积，即：

$$P_f = \frac{\sum W_i \times L_i}{1 \times \pi \times D} \tag{6-1-2}$$

式中，P_f为裂缝孔隙度；W_i为第i条裂缝的平均宽度；L_i为第i条裂缝在单位井段内(一般选为1m)的长度；D为井径。实际上，该裂缝孔隙度是一个面积上的孔隙度。

③ 其他有关裂缝发育程度参数

EMI成像测井资料裂缝分析后还可以得到裂缝线密度(FVDC)、裂缝长度(FVTL)等参数。

FVDC：校正后的裂缝密度，为每米井段所见到的裂缝总条数，它是经过倾斜方位校正后的结果(裂缝间的夹角及与井轴的夹角校正)；

FVTL：裂缝长度，为$1m^2$井壁所见到的裂缝长度之和，单位为m/m^2或l/m。

上述裂缝参数的计算结果通常通过裂缝定量计算图(FRACTURE LOG)显示出来。

通过对25口井电成像裂缝发育程度的统计并将其与测试资料对比，结果发现：储层含油性及储层产量与裂缝的发育程度呈正相关性，且三叠系上、中、下地层的裂缝发育程度不同，中上部裂缝较发育，下部裂缝不发育。

图6-1-10给出了明471井测井综合评价图，其中左边组图为常规测井解释成果图，右边组图为EMI解释成果图，从中可看出2088.0~2095.0m井段裂缝较发育，其中裂缝长度平均为$2.1m/m^2$、裂缝密度平均为3.2条/m、裂缝视孔隙度平均为0.01%、水动力宽度平均为0.05mm/m，结合常规测井资料，综合评价该井段上部为差油层、下部为油层。

2007年5月12日~2007年5月17日对三叠系的2076.8~2103.3m井段进行射孔投产，日产原油3.3t、水$6.1m^3$；2007年5月26日~2007年5月30日对其进行压裂投产，日产原油21.8t、水$3.5m^3$。投产结论为油层。

核磁共振测井资料也可指示裂缝是否发育。裂缝发育的储层在核磁共振的差谱分析图中T_2谱呈“双峰”分布，如图6-1-11中的2083~2086m中有明显的“双峰”特征。通常T_2谱波的面积指示孔隙(裂缝)的相对大小，前峰通常指示孔隙的相对大小、后峰指示裂缝的相对大小。

(3) 裂缝走向

裂缝走向即裂缝的延伸方向。裂缝走向与裂缝倾向垂直，据此可确定裂缝走向，进而确定有利的勘探方向。一般而言，井位应沿着裂缝的走向部署。

当裂缝走向与现今主应力方向一致或夹角很小时，裂缝多为现今构造缝，其形成时间较晚，大多为张开缝，此时裂缝系统是有效的；反之，当裂缝走向与现今主应力方向垂直或斜交时，裂缝多为古构造缝，其形成时间较早，多被充填或在现今应力的作用下闭合，此时裂缝系统的有效性较差。三叠系的裂缝走向基本与最大主应力方向一致或以很小角度斜交。

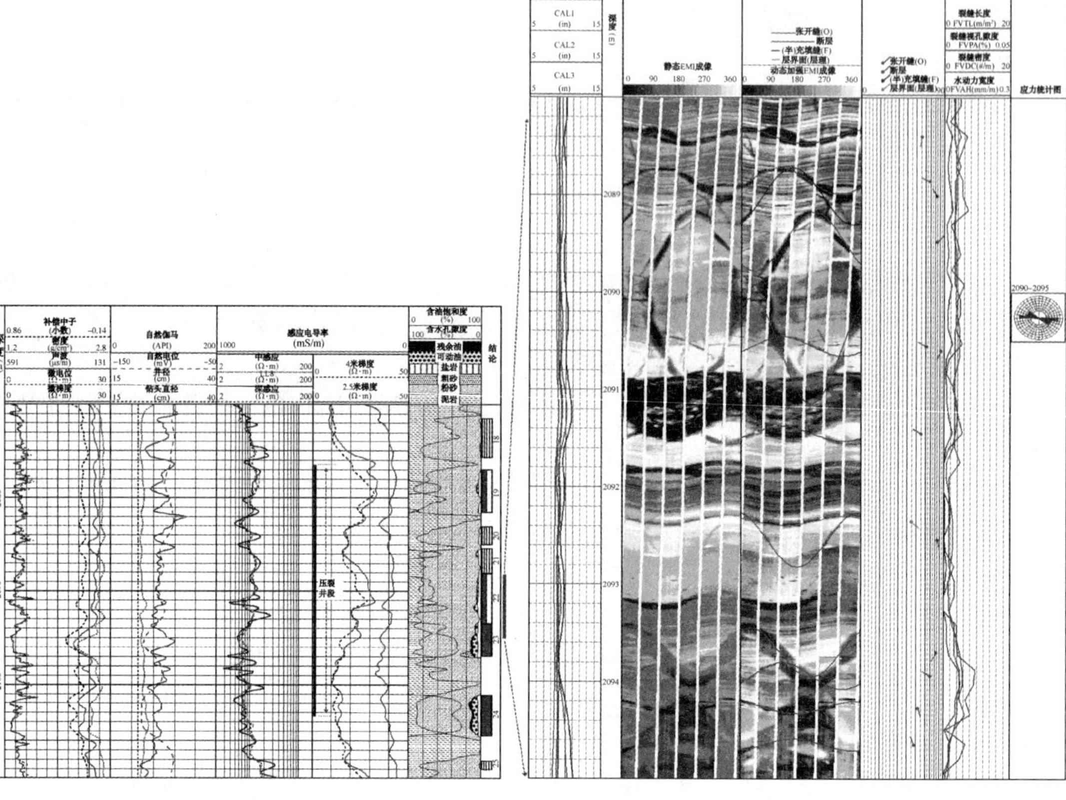

图 6-1-10　明 471 井测井综合评价图(2088.0~2095.0m)

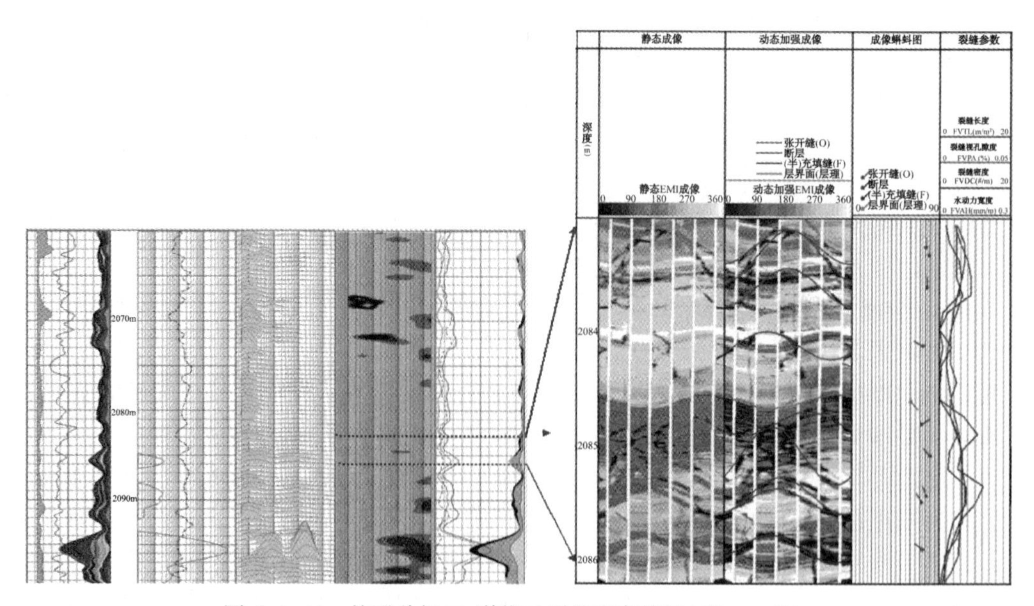

图 6-1-11　核磁共振 T_2 谱指示裂缝发育情况(明 471 井)

图 6-1-8 为卫 77-3 井明显发育两组产状不同的裂缝，由此可判断卫 77-3 井的两组裂缝走向分别为 40°~140°或 220°~320°、30°~90°或 210°~270°。

图 6-1-9 为卫 77-4 井主要发育的一组裂缝产状，据此可判断卫 77-4 井的裂缝走向为 25°~85°或 205°~265°。

图 6-1-12 为卫 77-5 井二马营组裂缝走向评价图，现今主应力方向为 20°~75°，裂缝走向为 45°~105°，裂缝走向与现今主应力方向斜交。

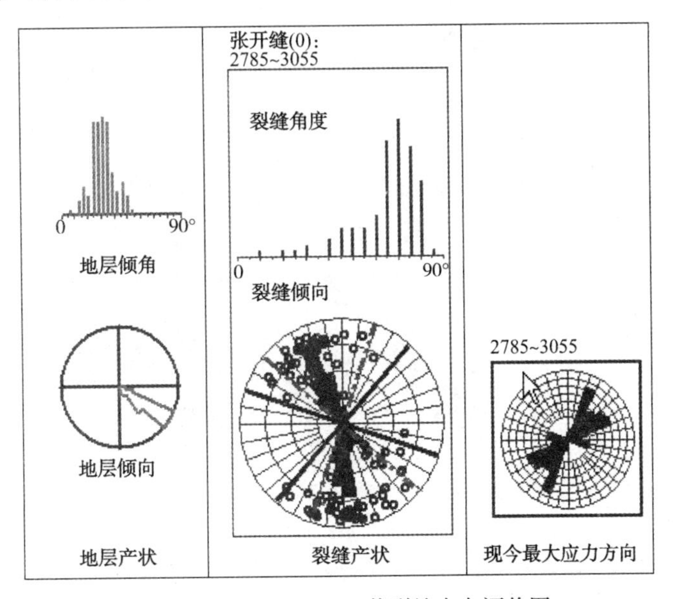

图 6-1-12　卫 77-5 井裂缝走向评价图

（4）裂缝有效性

裂缝的有效性是指裂缝的开启性。裂缝只有在开启状态下才是有效的，该类裂缝称之为自然裂缝或有效裂缝，但裂缝如被特殊物质充填，液体无法在其中流通，则视为无效裂缝。根据裂缝的充填程度，无效裂缝又可分为半充填与全充填，根据裂缝充填的物质成分不同可分为高阻缝与低阻缝。

东濮凹陷三叠系裂缝的充填物多为泥质与方解石，两者在 EMI 成像图上有不同的显示，泥质充填裂缝显示为暗色正弦曲线（见图 6-1-13），方解石充填裂缝显示为亮的正弦曲线（见图 6-1-14）。

电成像的裂缝参数统计仅为通过成像计算的视参数，裂缝水动力宽度、平均视宽度、裂缝视孔隙度是一个相对定量的量值，和岩芯体积意义上的裂缝参数不能完全对应。

二、井旁构造分析

单井井旁构造分析主要对地层产状、层理、剥蚀面、断层等特殊构造进行识别与评价。电成像（EMI）测井是通过提取层理产状对地层产状作出评价，进而根据地层产状的变化情况，对井旁特殊构造进行识别。

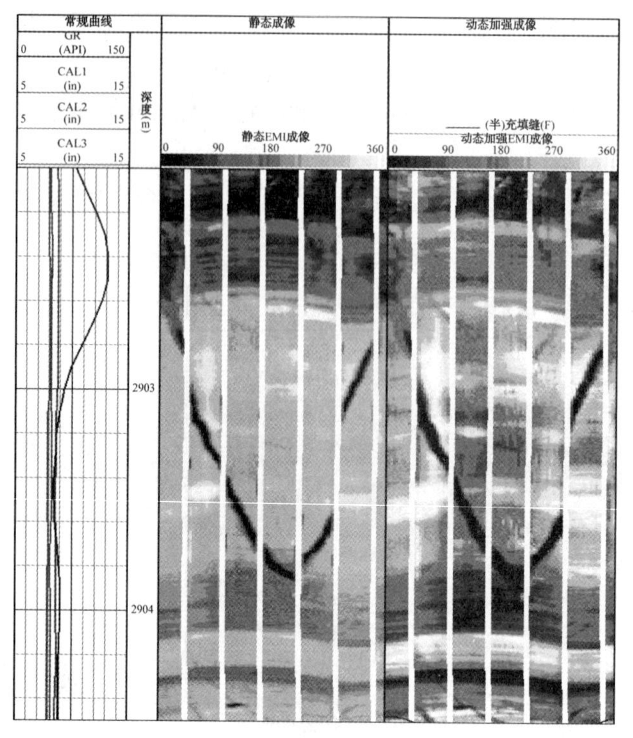

图 6-1-13　高导缝(卫 77-3 井)

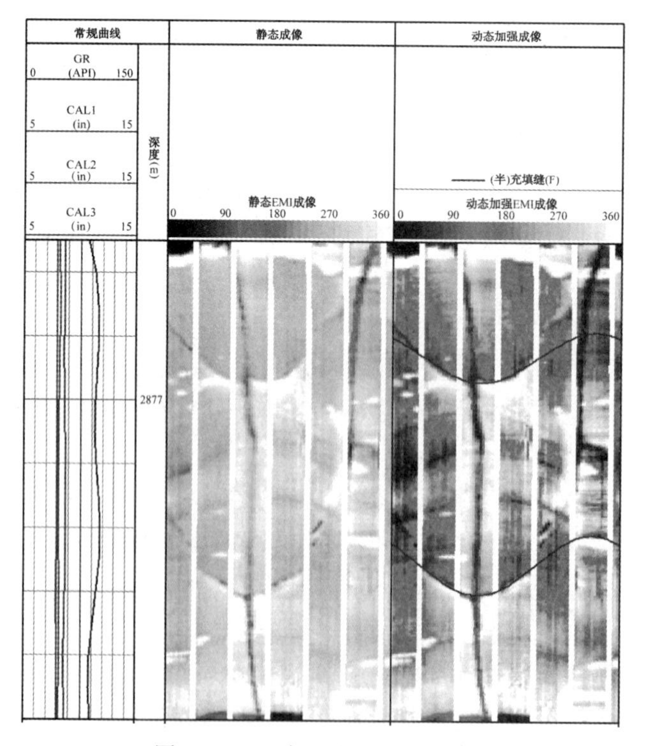

图 6-1-14　高阻缝(卫 77-3 井)

1. 断层的识别

确定断点位置及断层面产状。在高陡复杂构造带，断层附近常常是一破碎带，利用常规测井资料（包括常规倾角）很难确定断点的位置及断层产状，对于一些微小断层，常规测井资料更是无法反映断层的存在。成像测井具有较高的纵向分辨率（0.2in），利用它可以准确确定断点位置及断层产状。在成像图上断层处地层有错动，这一点与裂缝有明显差别。图6-1-15是文23-40井三叠系地层的EMI成像图，图中在3190.2m有一正断层，断层面十分规则，倾角80°，倾斜方位40°，断距1.0m左右。大型断层由于受构造力长期或强烈作用，往往都具有断裂破碎带，断层常不规则或交织出现。

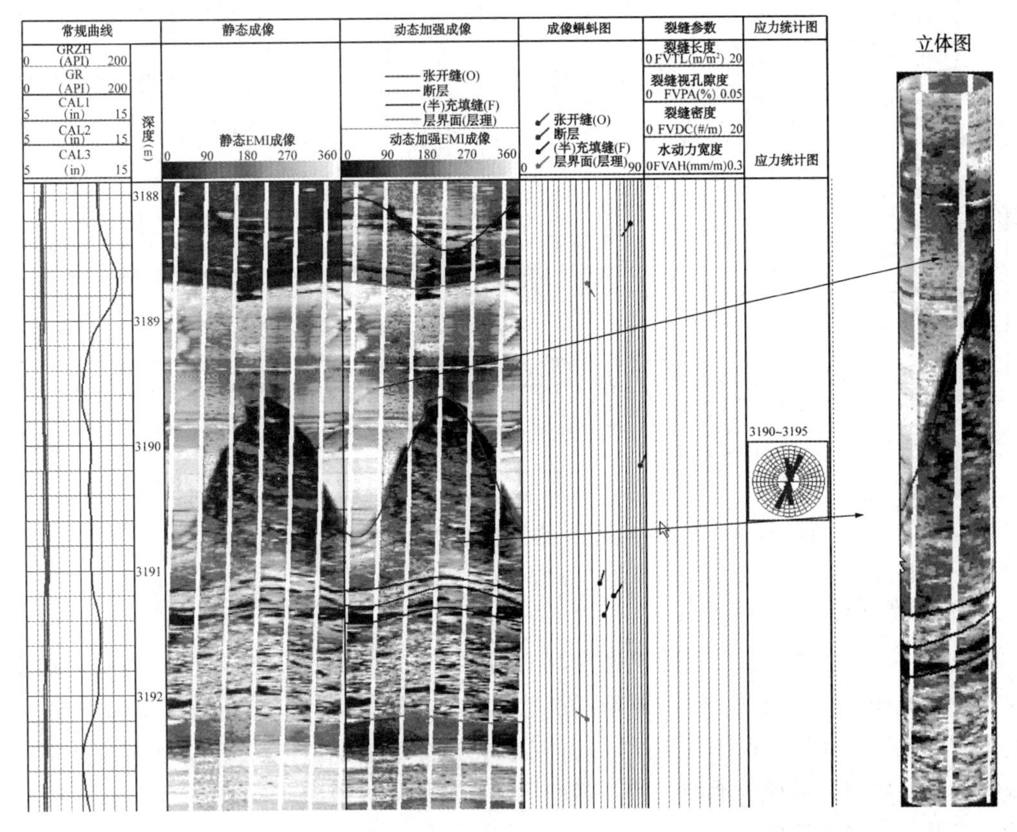

图6-1-15　三叠系地层断层电成像特征图（文23-40井）

2. 剥蚀面识别

图6-1-16给出了利用电成像蝌蚪图识别三叠系顶与沙四底剥蚀面的一个实例（卫77-3井）。图中左边组图为电成像蝌蚪图，从中可看出：在2782.0~2787.0m井段为一明显的破碎带，具体表现为蝌蚪点变得零碎而无序；在这个破碎带的上下，地层产状发生明显变化，表现为地层倾角或倾向发生明显变化，该井图中表现为破碎带以下地层倾角明显比破碎带以上变大，而地层的倾向基本不变。结合常规测井的三孔隙度曲线及电性曲线特征（三叠系地层的三孔隙度数值明显比下第三系减小，而电阻率数值明显增大），很容易就能确定出三

叠系的顶界面(该井三叠系的顶深为2782.0m)。

利用该方法可准确地确定三叠系的顶界面并指示其顶部剥蚀面的厚度，从而解决了长期以来沙四下“红层”与三叠系地层划分不清的问题。

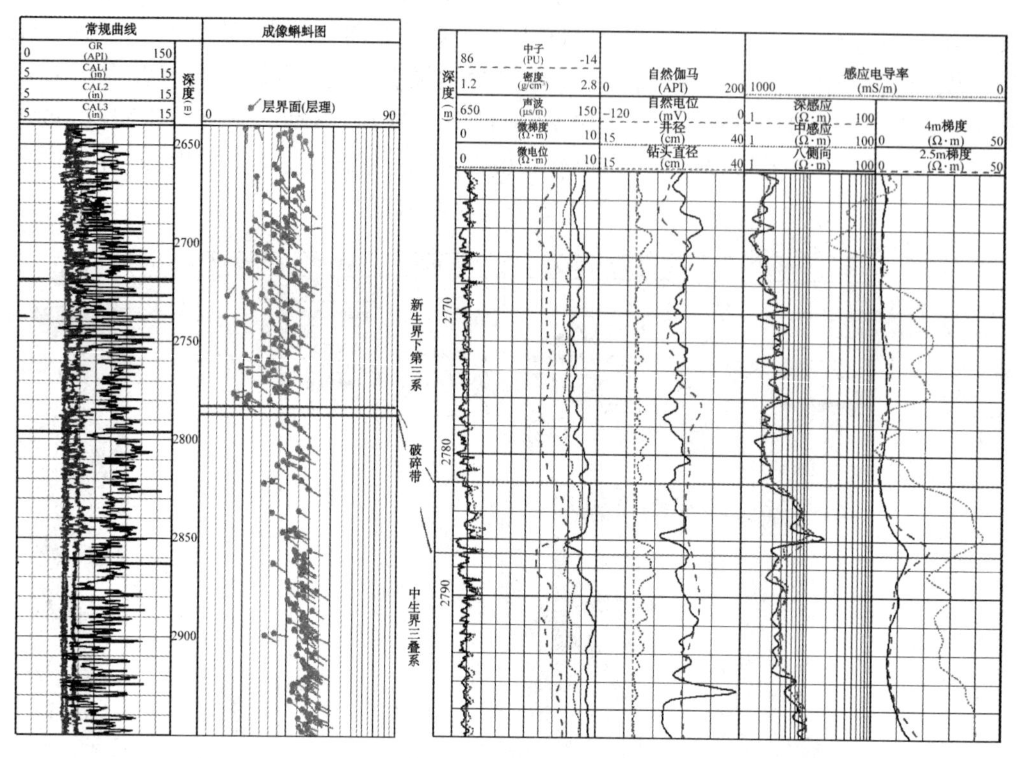

图6-1-16　卫77-3井在三叠系顶部2782~2787m发现剥蚀面

3. 地层产状评价

电成像(EMI)测井是通过提取层理产状对地层产状作出评价，进而根据地层产状变化情况，对井旁构造进行识别，因此对地层产状评价是进行井旁构造分析的基础。图6-1-16给出了用电成像测井资料所作的卫77-3井三叠系层理蝌蚪图，图中右道绿色蝌蚪图为层理产状指示，从中很容易评价地层产状，其产状描述具体见表6-1-1，图6-1-16为卫77-3井的三叠系地层产状评价图。

通过对地层产状的评价，可帮助地质家更多地了解地下地质情况，为下一步的勘探开发提供依据。图6-1-17给出了卫77-4井三叠系EMI解释地层产状与油藏剖面对比分析图，从中可以看出：地质设计的倾向与实际(EMI解释结论)基本一致、设计倾角(15°~30°)与实际(25°~40°)有出入。

表 6-1-1　三叠系地层产状描述

		卫 77-3 井	卫 77-4 井
地层产状	沙三 4、沙四上	2640～2782m，倾角 10°～25°、方位 105°（东略南倾）	2600～2720m，倾角 20°～35°、方位 105°（东略南倾）
	中、新生界剥蚀面	2780～2782m，厚 2.0m	2720～2730m，厚 10m
	三叠系顶深	2782m	2724m
	三叠系	2782～2970m，倾角 18°～35°、方位 105°（东略南倾）	2730～3050m，倾角 25°～40°、方位 130°（东南倾）
		2970～3030m，倾角 25°～40°、方位 105°（东略南倾）	3050～3054m 钻遇断层
		未钻遇	3054～3070m，倾角 10°、方位 130°（东南倾）

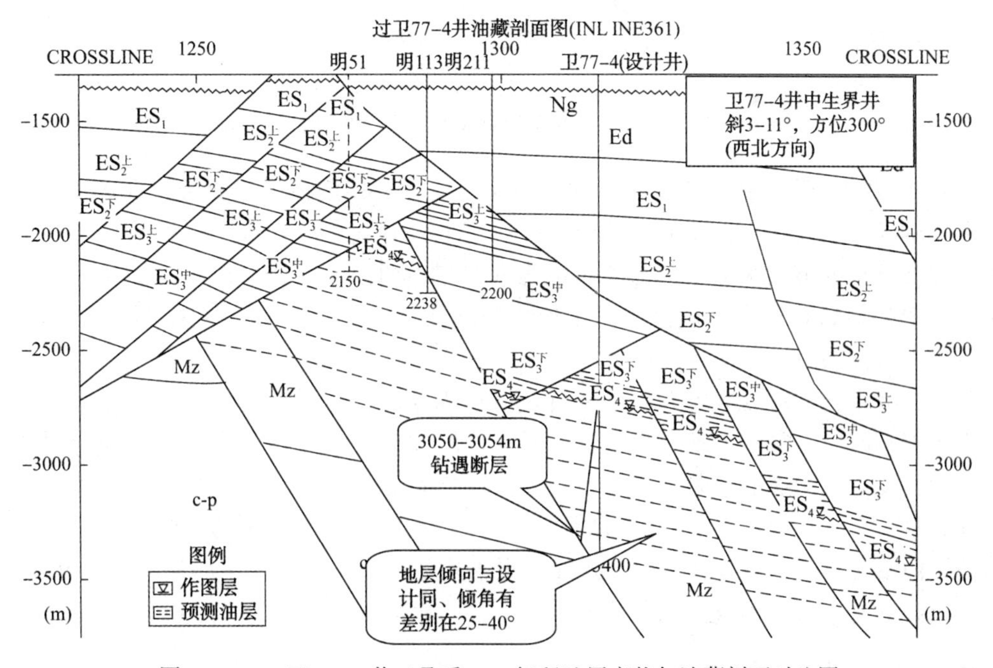

图 6-1-17　卫 77-4 井三叠系 EMI 解释地层产状与油藏剖面对比图

三、地应力分析

由于地应力方向与井眼崩落及诱导缝的方位关系密切，因此从成像图上分析井眼崩落及钻井诱导缝的发育方位便可确定最大水平主应力方向。研究表明椭圆井眼的方位一般就是地层当今最小水平应力的方位，其垂直方位是地层最大水平应力的方位。而钻井诱导缝的延伸方向代表着当今最大主应力方向。图 6-1-18 给出了文明寨三叠系 10 口井的最大地应力平面展布图，从中可看出，最大主应力方向多为北东—南西。

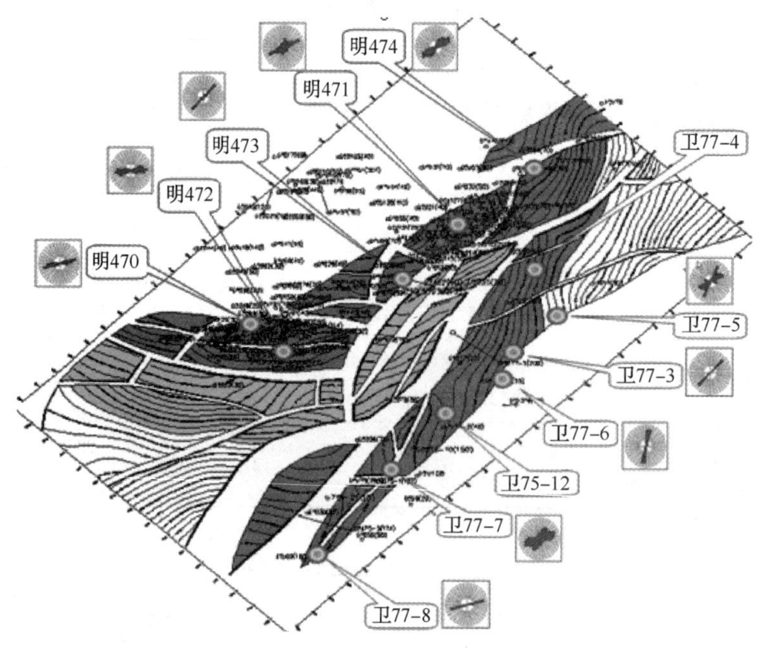

图 6-1-18　文明寨三叠系地层最大主应力方向平面展布图

图 6-1-19 为卫 77-4 井 2869. 0~2872. 6m 井段的 EMI 成像解释成果图，该井三叠系井段内钻井诱导缝不发育，仅在下部的局部井段可见诱导缝比较发育，利用井径和 1 号极板方位曲线计算出的最大水平主应力方向也为北东—南西向，与诱导缝显示结果一致。综合分析认为本井钻遇地层当今最大水平主应力方向为北东—南西向。从诱导缝延伸方向看，最大主应力方向为北东—南西。

利用裂缝走向与现今应力方向可分析裂缝形成原因，当裂缝走向与现今主应力方向一致或夹角很小时，裂缝多为现今构造缝，其形成时间较晚，大多为张开缝，此时裂缝系统是有效的；反之，当裂缝走向与现今主应力方向垂直或斜交时，裂缝多为古构造缝，其形成时间较早，多被充填或在现今应力的作用下闭合，此时裂缝系统的有效性较差。三叠系的裂缝走向基本与最大主应力方向一致或以很小角度斜交，说明裂缝大多为现今构造缝（见图 6-1-19）。亦有部分裂缝走向与最大主应力方向斜交，说明裂缝一部分为古构造缝。

四、特殊岩性识别

EMI 可有效地识别特殊岩性，进而指示沉积环境。三叠系局部有砾石发育，在成像图上表现为椭圆亮斑。砾石指示高能沉积环境，如浊流沉积等，因此利用 EMI 可有效地评价地层的沉积环境；另一方面，砾石的存在增大了储层内的非均质性，增大了测井方法评价储层的难度。因此，利用成像测井标定常规测井，可研究砾石是否发育及发育程度与常规测井响应关系，进而总结含砾储层的测井响应特点，达到精确评价储层的目的。图 6-1-20 和图 6-1-21 为文 23-40 井的 EMI 成像图，指示 3215. 6~3220. 8m、3161. 5~3166. 0m 两井段砾石很发育。

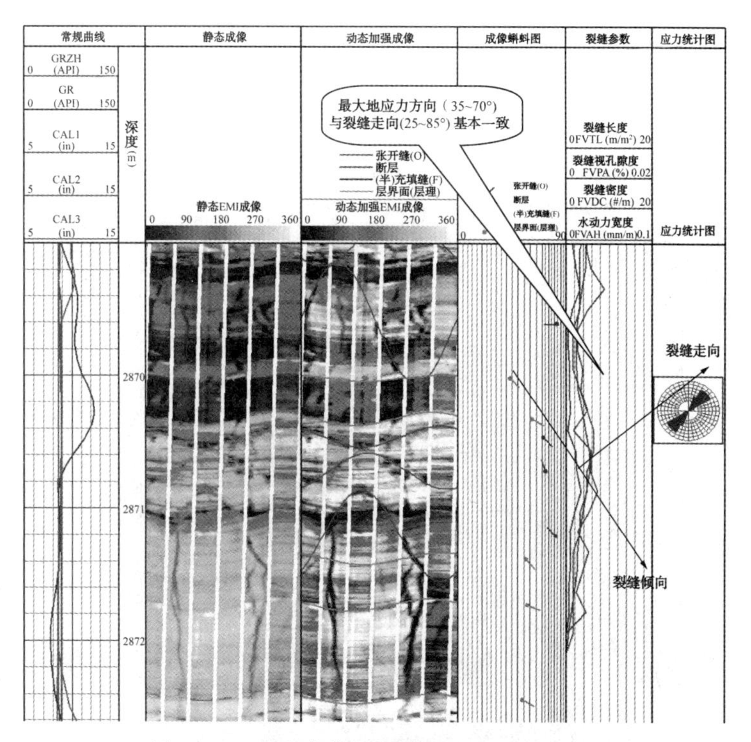

图 6-1-19　电成像解释成果图(卫 77-4 井)

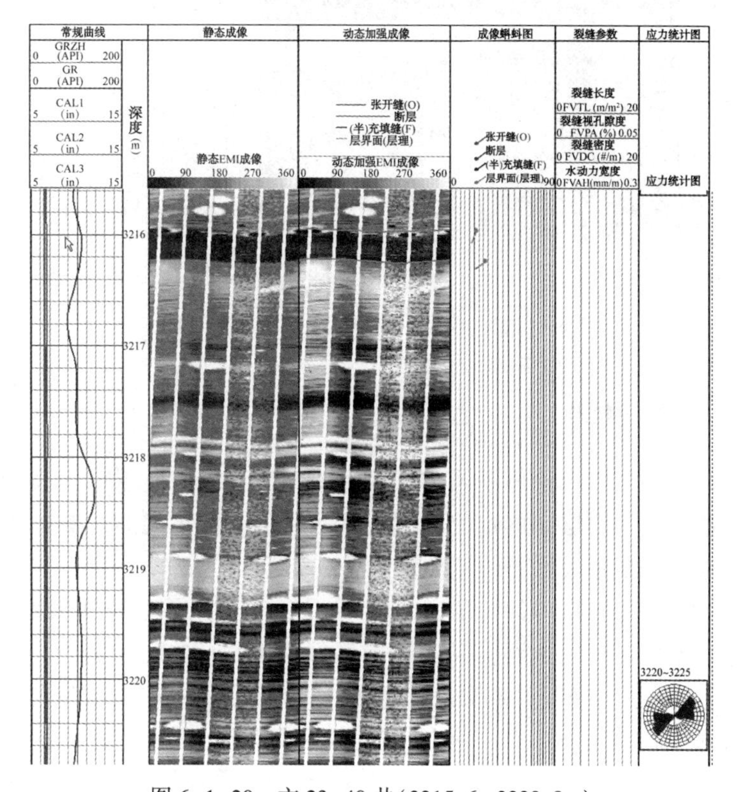

图 6-1-20　文 23-40 井(3215. 6~3220. 8m)

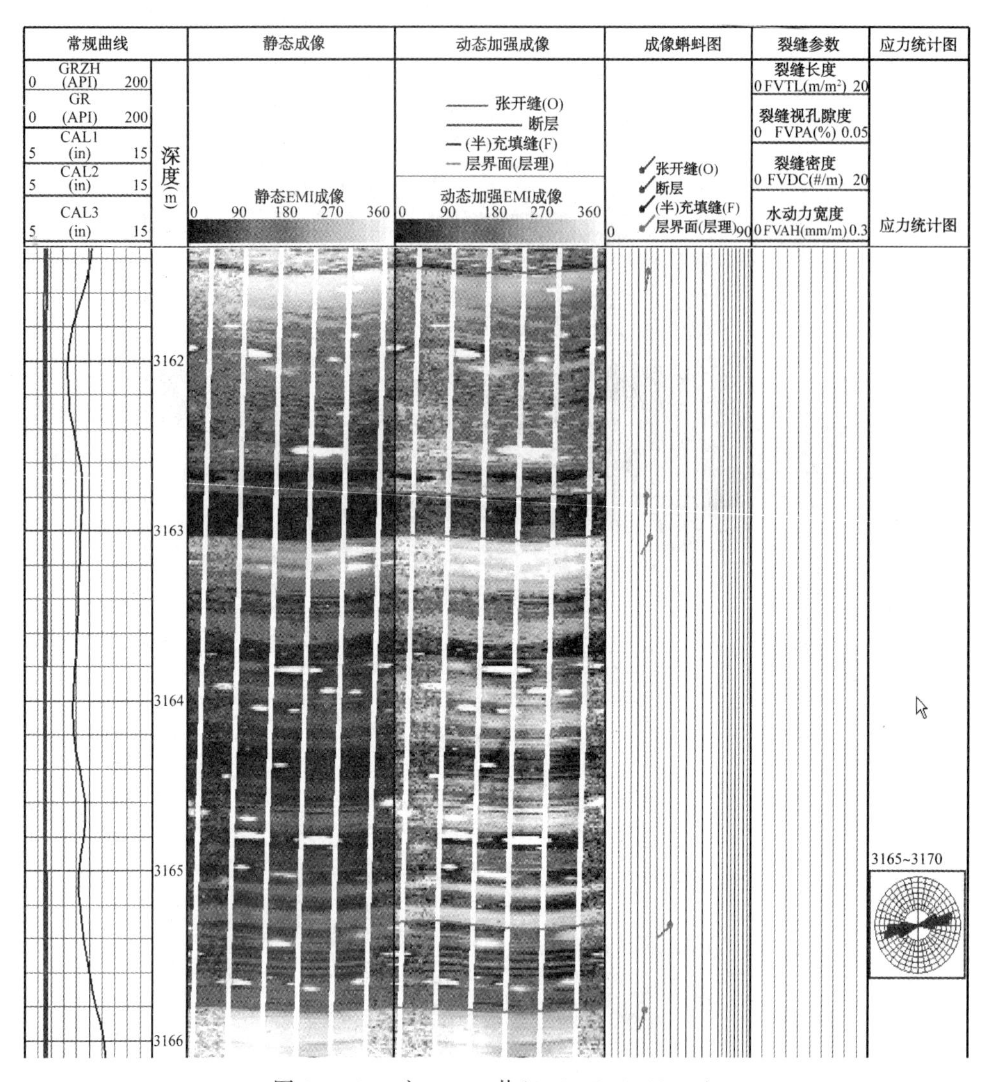

图 6-1-21　文 23-40 井(3161.5~3166.0m)

五、流体性质识别

以石油地质评价油气的理论体系及方法为理论基础，以三叠系砂岩裂缝油气成藏模式为直接依据，利用裂缝与地层间的空间配置关系评价储层流体性质。具体论述见第六章第一节利用裂缝与地层的配置关系评价流体性质。

通过对 12 口电成像测井资料的二次解释、统计发现：三叠系裂缝多为高角度缝(60°~90°)，按裂缝倾向不同可分为两组：一组倾向区间为 115°~210°的裂缝，一组倾向区间为 260°~360°的裂缝。从空间配置关系来说，倾向区间在 115°~210°的裂缝与地层配置关系较好，易形成油气藏，而倾向区间为 260°~360°的裂缝与地层配置关系不好，不易形成油气藏。

图6-1-22为卫77-11井2916.0~2923.3m测试井段的裂缝产状统计图，从中可看出：地层主要发育一组倾向区间在120°~190°之间的高角度(角度在65°~90°)裂缝，其倾向与地层倾向(见图6-1-23为其对应井段的地层产状统计图，地层以5°~8°角度向90°~110°倾斜)的一致性较好，从空间配置关系来说该层应为储油层。该井段压裂后日产原油7.1t/d。

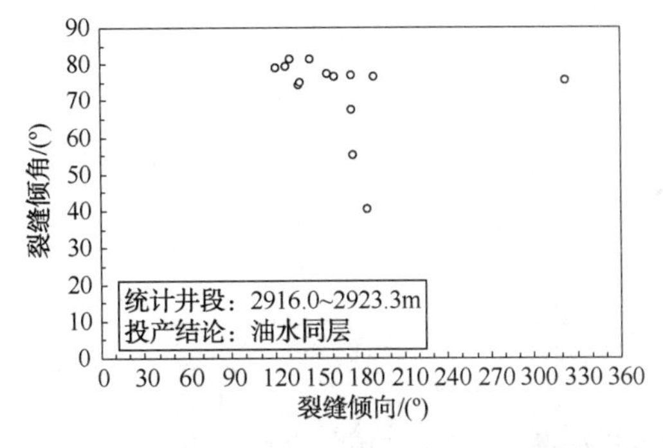

图6-1-22　卫77-11井流体性质与裂缝产状关系

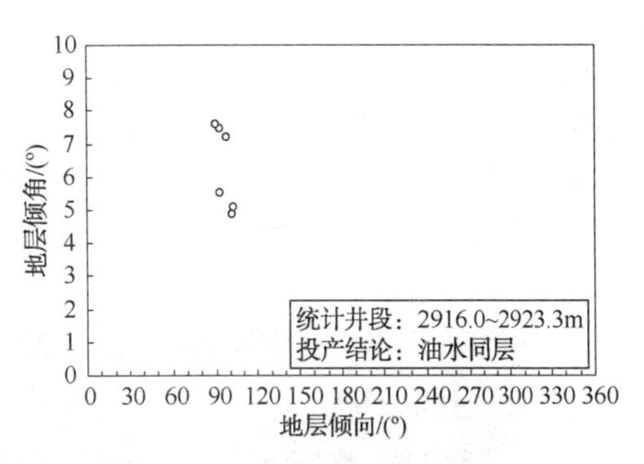

图6-1-23　卫77-11井地层产状图

第二节　核磁共振测井资料应用

一、核磁共振测井识别油气水的理论依据

核磁共振测井是依据造岩元素中各种原子核的核磁共振效应研制的。氢在地磁场中的旋磁比为42.58/2π，共振频率为2.178kHz，所以它具有最大的旋磁比和最高的共振频率。氢又是地层中最常见的元素。因此，核磁共振测井是研究包含在流体(水、油、天然气)中氢的天然含量和赋存状态的一种测井方法。

核磁共振测井可以提供反映地层孔隙特征的T_2分布谱和不受岩性影响的孔隙度参数、孔径大小分布情况。因此，核磁共振测井可评价地层孔隙度、渗透率等物性参数。此外，由于核磁共振测井测量的是岩石孔隙中流体的横向弛豫时间T_2，而T_2由体积弛豫、表面弛豫及扩散弛豫等3个部分组成。该系列测井要求钻井液为淡水泥浆，且目的层段泥浆电阻率>0.05Ω·m。

由于油气水的弛豫特征不同，在水湿相岩石中，油以体积弛豫为主并受扩散弛豫影响，气体主要表现为扩散弛豫，水表现为表面弛豫，因此不同流体具有不同的核磁共振特征参数(见表6-2-1)，利用这些差异性可有效地识别油气、水层。

表6-2-1　不同流体的核磁共振特征参数

流体	T_1/ms	T_2/ms	含氢指数	$D/(10^{-5}cm^3/s)$	$D\cdot T_1/cm^3$
盐水	1~500	0.67~200	1	7.7	0.0077~4.0
油	5000	460	1	7.9	40
天然气	4400	40	0.38	100	440

本次研究用到三种流体性质识别方法，具体是：

① 标准 T_2法：标准 T_2法是根据标准 T_2分布特征来判别流体性质，由于不同流体的核磁共振特征不同，在标准 T_2测井方式下得到的 T_2分布特征也有一定差异。特别是天然气受扩散影响较大，具有较短的 T_2时间，在 T_2分布谱图上表现为自由流体峰向 T_2减小的方向迁移，即气层一般呈现“单峰”特征或“双峰”紧靠；而非润湿相轻质油，在孔隙中处于被水包围的状态，弛豫保持其固有的 T_2特征值，分布在 T_2增大的方向，并且随含油量的增多，峰值幅度也会增加，因此，油层一般呈现“双峰”特征；水层的含氢指数高，测得的回波信号幅度较大，T_2时间变长，呈“双峰”特征，即束缚流体峰与自由流体峰分布在不同的时间区域上。典型的油气水分布特征(见图 6-2-1 和图 6-2-2)。

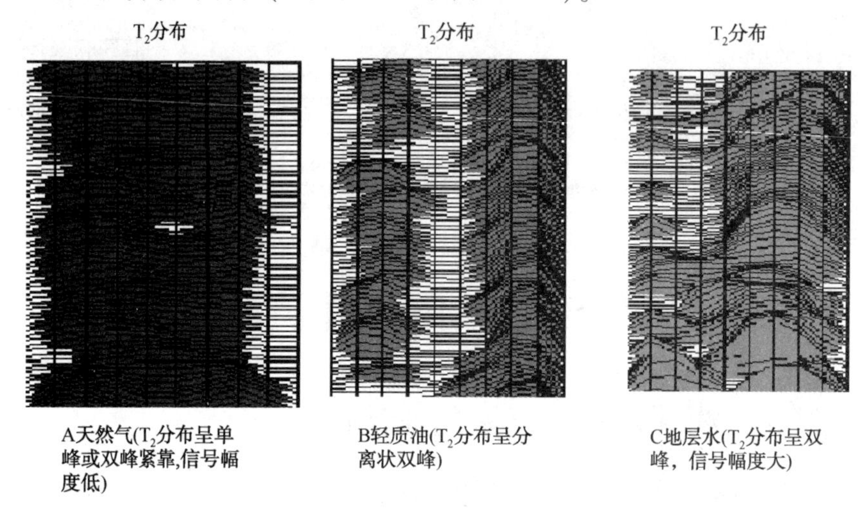

图 6-2-1　油气水不同流体的 T_2 分布特征

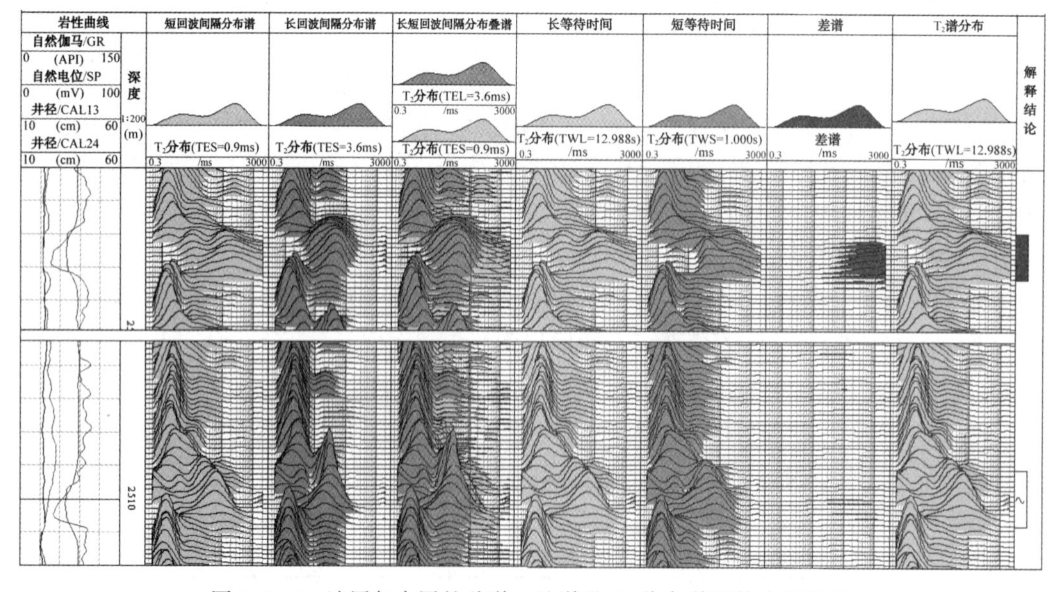

图 6-2-2　油层与水层的移谱、差谱及 T_2 分布谱测井响应特征

② 移谱法：该法是利用扩散系数差异来识别储层流体性质。双TE测井设置足够长的等待时间，使 $T_W>(3\sim5)T_{1h}$（T_{1h}为轻烃的纵向弛豫时间），每次测量时使纵向弛豫达到完全恢复，利用长短不同的回波间隔 TE_L 和 TE_S，测量两个回波串。由于气与水、油（中等黏度）的扩散系数差异较大（见表6-2-1），使得各自在 T_2 分布上的位置发生变化，由此对油、气、水进行识别。在长回波间隔 TE_L 得到的 T_2 分布上，能观测到水与轻质油的信号，而气的信号却消失了。这是因为气体的扩散太快，还没有观测到就衰减掉了。这便是所谓的移谱分析法（见图6-2-2和图6-2-3）。

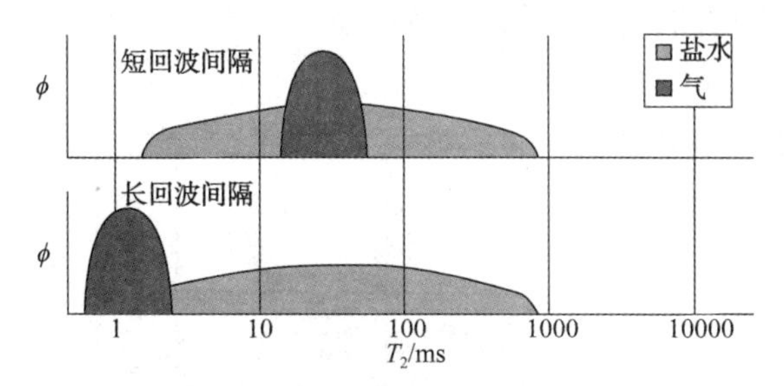

图6-2-3 移谱法识别天然气示意图

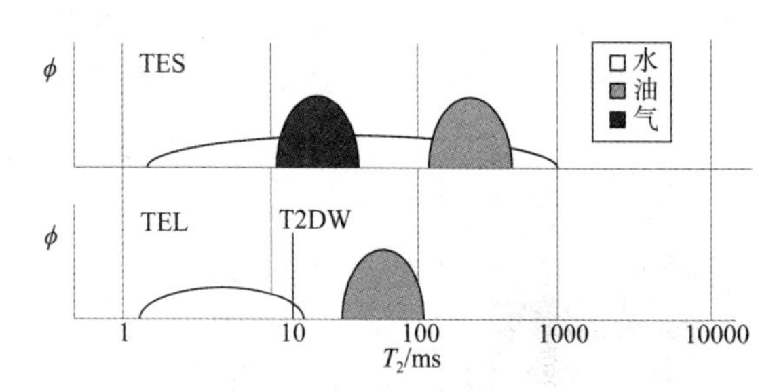

图6-2-4 移谱法识别高黏度原油示意图

移谱法利用扩散系数差异除能将气与油、水区分开外，还能将稠油与水区分开，对于黏度大于 20×10^{-3}Pa·s的原油，其扩散系数比水小得多，因而可将水的信号移位（前移变窄），突出稠油的信号（见图6-2-4）。因此，在井况好的情况下，油层移谱移动慢、水层移谱移动快。

③ 差谱法：该法是根据流体恢复时间差异（T_1）来识别储层流体性质。油、气与水的纵向弛豫时间（T_1）差异大（见表6-2-1），可以采用长、短等待时间（恢复时间）测量来观测油气层与水层的 T_2 分布差异，达到识别流体性质的目的。双 T_W 测井利用了水与烃（油、气）的纵向弛豫时间 T_1 相差很大，水的纵向恢复远比烃快的特点。用特定TE采集回波数据，等待一个比较长的时间 T_{WL}，使水与烃的纵向磁化矢量全部恢复；再采集第二个回波串，等待一个比较短的时间 T_{WS}，使水的纵向磁化矢量完全恢复，而烃的信号只部分恢复。T_{WL} 回波串得到的 T_2 分布中，油、气、水各项都包含其中，且完全恢复；T_{WS} 回波串得到的 T_2 分布中，水的信号完全恢复，油气信号只是很少一部分；两者相减，水的信号被消除，剩下油与气的信号（见图6-2-5）。

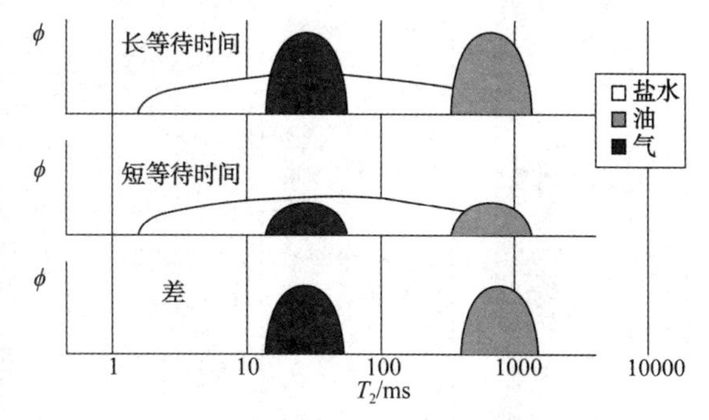

图6-2-5 差谱法识别油气示意图

二、应用实例

利用这些方法先后对塔河油田的 S96、YQ15、AT11-5H、TK952H、YT2-23H 等井进行油水识别，收到较好的应用效果。

① YQ15 井。该井是位于沙雅隆起阿克库勒凸起北斜坡上的一口探井，YQ15 井南部是塔河油田主产区，其主要产油层为以白垩系下统亚格列木组与三叠系上统哈拉哈塘组哈二段砂体为主要目的层。该井于 2010 年 9 月完钻，完钻井深 5200.0m、完钻层位：三叠系中统阿克库勒组 T_2a。该井测井除包括常规测井资料的自然伽马、自然电位、井径、三孔隙度、双感应—八侧向外，还加测了核磁共振测井(见图 6-2-6)。

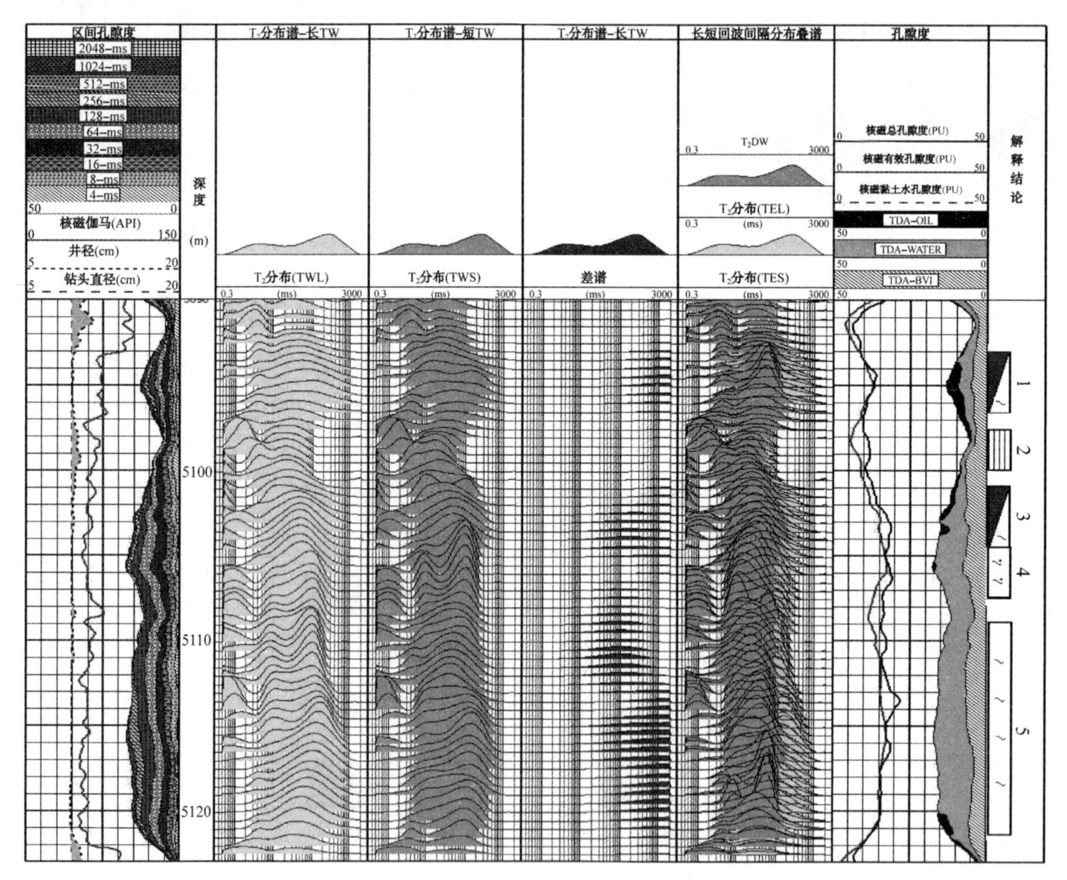

图 6-2-6　YQ15 井核磁共振测井解释成果图(上油组)

在 1 号层(5093.0～5096.5m)、3 号层(5100.8～5104.4m)，核磁共振测井资料的标准谱上(第 3 道)看，T_2 谱幅度低缓、分布范围宽；差谱上(第 5 道)有明显油气信号指示；移谱上(第 6 道)长回波间隔 T_2 谱较标准谱有明显拖曳现象。以上均为含油气的核磁特征，由于 3 号层测试为油水同层，油样分析为重质原油(动力黏度为 2490×10^{-3}Pa·s，远大于 YQ4 的 2.6×10^{-3}Pa·s)；1、3 号层核磁孔隙度分别为 10.0%、11.2%，远小于相应的岩芯分析孔隙度(14.5%、17.5%)，这主要是由于稠油信号前移(甚至消失)致使 T_2 谱幅度减小。因此 1、3 号层测井解释均为油水同层。

2 号层(5097.5~5100.0m)，从核磁共振测井资料上看：标准 T_2 谱分布明显居前，几乎没有可动流体，核磁孔隙度很低(不足 8%)，为致密层核磁响应特征，故解释为干层。

4 号(5104.4~5107.5m)，从核磁共振测井资料上看：较 3 号层，标准 T_2 谱幅度变陡、分布范围变窄；差谱上几乎没有油气信号指示；移谱上长回波间隔 T_2 谱较标准谱几乎没有拖曳现象。以上均不为明显含油气特征，因此解释为含油水层。

5 号层(5107.5~5121.5m)从核磁共振测井资料上看：较 3 号层，标准 T_2 谱明显变陡、变窄；差谱上的信号指示为“大孔径孔隙中的水在短等待时间测量时不完全极化”所致；移谱上长回波间隔 T_2 谱较标准谱明显前移、变陡。以上均为明显水层特征，因此解释为水层。

② TK952H 井。该井是位于 T903 井区三叠系下油组、白垩系舒善河组产油层段构造高部位的一口开发井，2011 年 4 月完钻，完钻深度 4650.00m。本井采用 D9TWE3 测井模式测得核磁共振测井资料。

图 6-2-7 为 TK952H 井下油组核磁共振测井解释成果图。

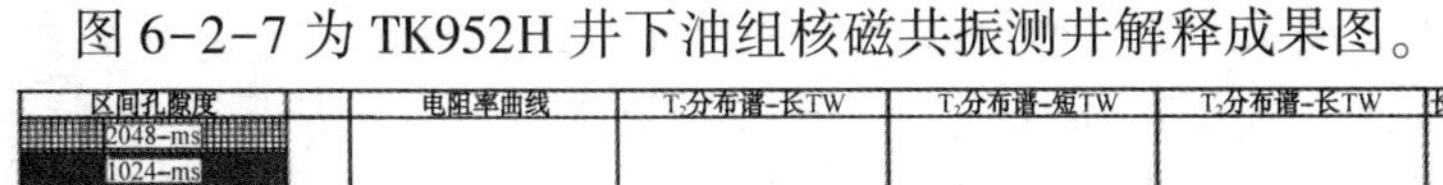

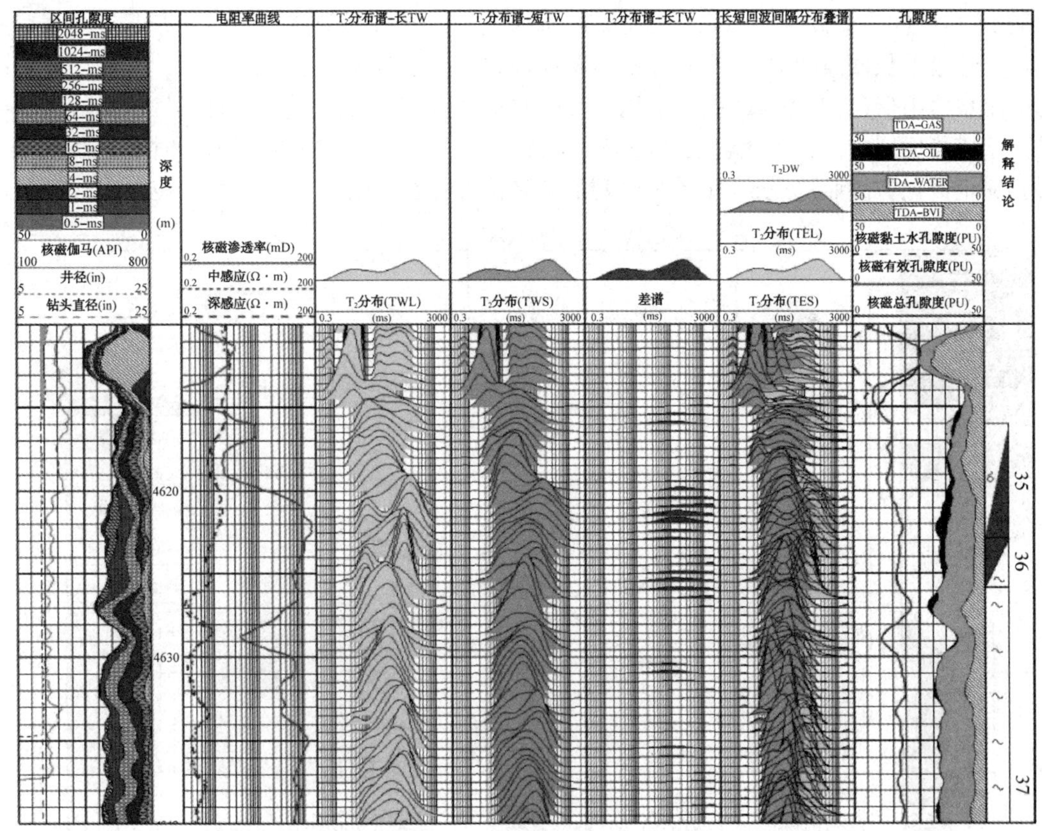

图 6-2-7 TK952H 井核磁共振测井解释成果图(下油组)

35 号层(4616.0~4623.4m)，核磁共振测井资料的标准谱上(第 3 道)看 T_2 谱幅度低缓、分布范围宽；差谱上(第 5 道)有明显油气信号指示；移谱上(第 6 道)长回波间隔 T_2 谱较标准谱有明显拖曳现象。以上为油气层的核磁特征，因此解释为油气层。具体到层内来说，下部(4620.0~4623.4m)较上部(4616.0~4620.0m)的油气特征明显，上部多为束缚流体、下部多为可动流体。

36号层(4623.4~4626.4m)的差谱上(第5道)有油气信号指示。但移谱上(第6道)长回波间隔 T_2 谱较标准谱拖曳现象不明显，标准谱上(第3道)看 T_2 谱幅度较35号层变陡、分布范围变窄，这些特征均表明该层含有一定量的水。因此解释为油水同层。

37号层(4626.4~4649.8m)，从核磁共振测井资料的标准谱上(第3道)看 T_2 谱比上部的35号层和36号层幅度变大，分布范围变窄，为明显的水层特征；差谱上(第5道)没有明显油气信号指示，仅在下部见微弱指示；移谱上(第6道)长回波间隔 T_2 谱较标准谱没有拖曳现象。以上为水层的核磁特征，因此解释为水层。该层下部(4630.5~4649.8m)在差谱上有微弱指示，由于下部的大孔径(256ms)略有发育造成的油气指示"假象"，在孔隙度区间有大于256ms的大孔径地层的解释尤其要注意，应避免受这种"假象"的干扰，导致储层流体性质的误判。

这种差谱上的"假象"在塔河油田碎屑岩地层较为常见，如该井(见图6-2-8)侏罗系地层的20号层(4328.5~4340.0m)，标准 T_2 谱幅度大，分布范围窄；差谱上有明显油气信号指示；移谱上长回波间隔 T_2 谱较标准谱明显前移，且谱峰明显变陡、变窄；常规测井曲线的电阻率值很低(0.3~0.4Ω·m)。以上都是水层的典型特征。差谱上有信号指示，这主要是由于该段地层中大孔径比较发育(256~1024ms)，大孔径中的水在短等待时间条件下没有得到完全极化，故而造成长/短等待时间的测量信号存在差值。

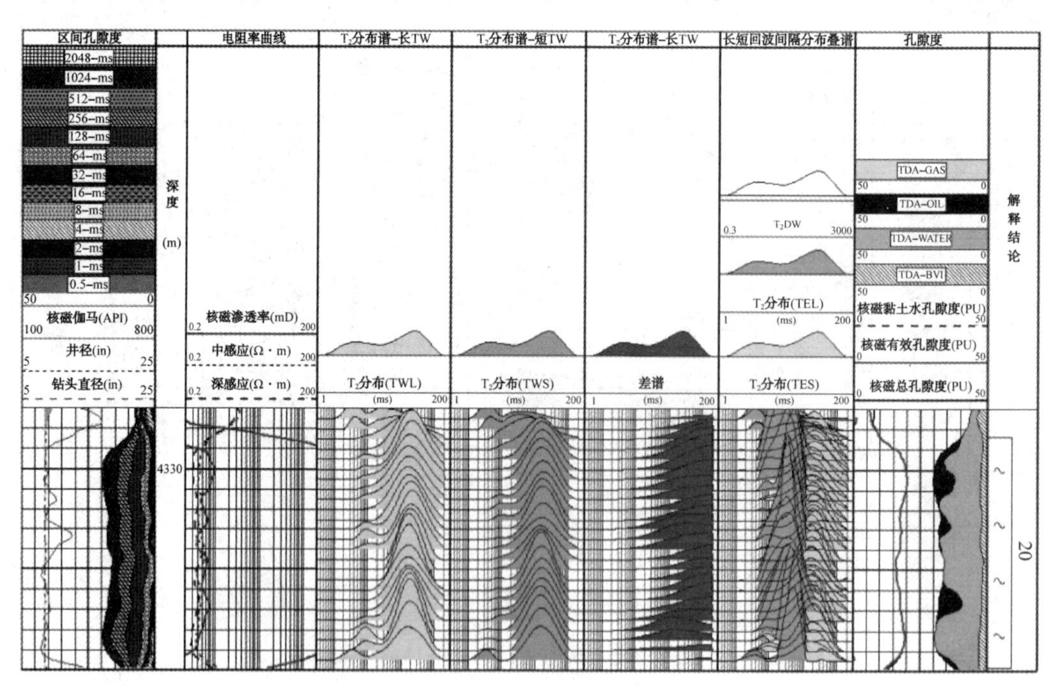

图6-2-8　TK952H井核磁共振测井解释成果图(侏罗系)

再如YQ14-1井上油组水层(5180.0~5195.2m)中下部差谱的信号指示也是由于地层中

发育了 256ms 及以上的大孔径孔隙(见图 6-2-9)。而该层上部地层中未见 256ms 及以上的大孔径孔隙发育，相应没见差谱信号指示。

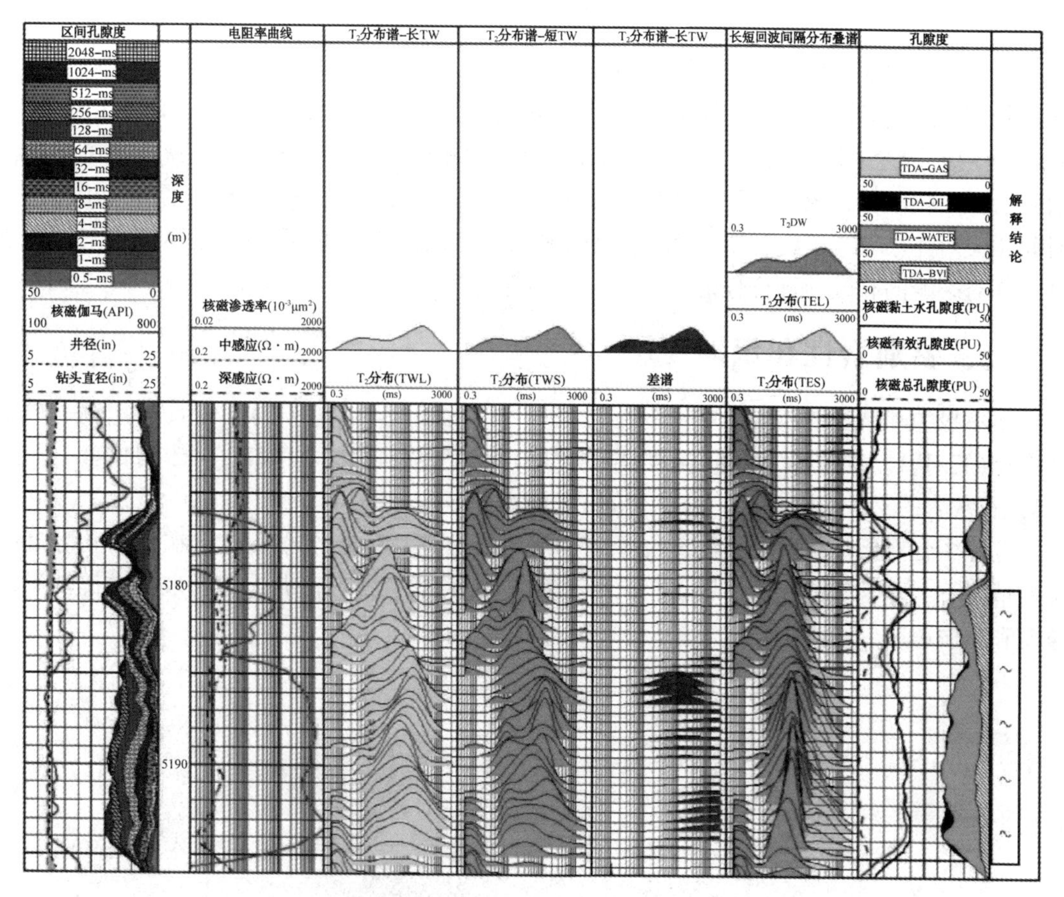

图 6-2-9　YQ14-1 井核磁共振测井解释成果图(上油组)

核磁测井资料能否识别缝洞，国内外学者有不同见解。司马立强等通过岩芯实验认为：核磁测井资料很难识别裂缝。肖秋生、朱巨义等人实验发现：以溶孔(洞)为主的岩芯，其标准 T_2 谱呈单峰分布；以(微)裂缝为主的岩芯，其 T_2 谱多呈单峰分布，谱多在 T_2 截止值左侧，于是认为核磁测井资料可以识别缝洞。上述学者得出的结论均来源于实验，但这种基于不同岩样的实验有鲜明的区域地质特征。为研究核磁共振测井资料能否识别三叠系砂岩中发育的裂缝，通过对多井统计分析发现：裂缝发育的地层，核磁共振测井 T_2 谱靠后有信号指示；T_2 谱峰靠后，反映地层物性好、可动流体较多，这在一定程度上反映裂缝的发育程度。裂缝张开度一般远大于基质孔隙孔径，裂缝发育地层的 T_2 谱在大孔隙区间有一定幅度，这是核磁测井资料能识别裂缝的主要原因。

第三节　多极子阵列声波测井资料应用

目前，测井界使用的多极子阵列声波测井仪器，都是单极源全波测井和正交偶极源相结合设计的组合阵列仪器，其中比较有代表性的有贝克-阿特拉斯公司的 XMAC-Ⅱ、XMAC-F1、斯伦贝谢公司的 Sonic Scanner、哈里伯顿公司 WaveSonic 等仪器。其主要都是由发射器、接收器、隔声体和仪器程序控制等 4 部分组成。测井处理方法主要采用慢度—时间相关对比(STC)与数字首波检测处理(DFMD)技术。它可用于判别岩性、识别气层和裂缝，并对裂缝的有效性进行分析。

一、鉴别岩性和识别气层

由单极源和偶极源波形提取出纵波时差(DTC)、横波时差(DTS)，并计算出纵、横波速度比(V_p/V_s)。利用纵、横波速度比(V_p/V_s)可以鉴别岩性。例如，白云岩的 V_p/V_s 为 1.8，石灰岩的 V_p/V_s 为 1.86，纯砂岩的 V_p/V_s 为 1.58。

孔隙中含有天然气时，纵波速度降低，但对横波速度影响很小。因此在岩石孔隙度一定的情况下，随含气饱和度的增大，V_p/V_s 降低。利用偶极声波测井，能够取得准确的纵波速度和横波速度，继而识别出气层(见图 6-3-1)。

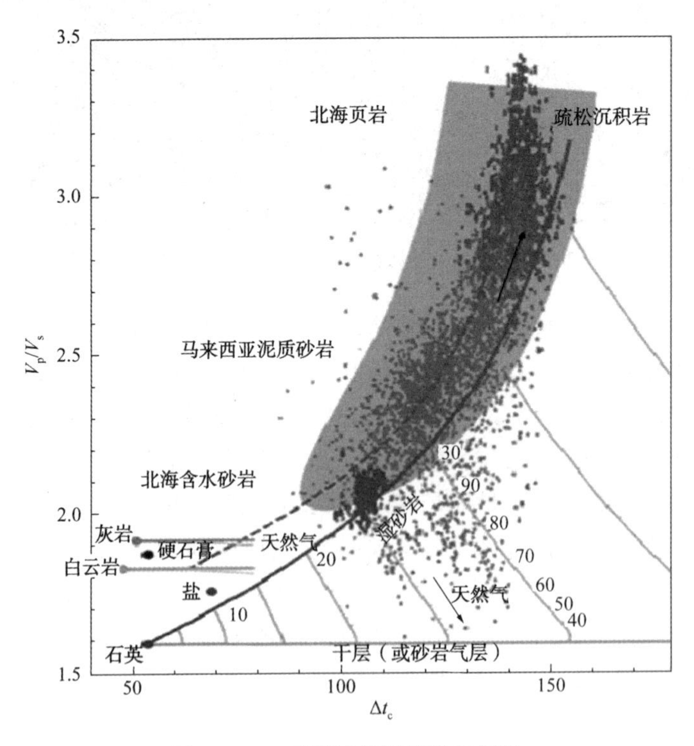

图 6-3-1　纵横波识别岩性和气层

二、识别裂缝及评价裂缝有效性

当井眼钻遇裂缝发育带，单极波形变密度图具有如下特点：条带颜色变浅，明显向时间增大方向弯曲；条带杂乱，偶尔中断；出现台阶状、干涉条纹，大的低角度裂缝出现两条相距恰为源距的相干加强线。

声波通过裂缝时，只有部分能量能过，再加上裂缝内的物质对声波也有衰减作用，因此声波通过裂缝后有较大的衰减。裂缝对声幅的衰减与裂缝的倾角、开口及发育程度有关。实验室研究有以下规律：当裂缝倾角在0~33°与78°~90°之间时，对横波幅度的衰减大于纵波；当裂缝的倾角在33°~78°时，对纵波幅度的衰减大于横波；横波幅度的衰减能够比较确切的指示水平及垂直裂缝，而纵波的衰减则主要指示中等及高角度裂缝(见图6-3-2)。很多现场资料分析有这样的规律：低倾角裂缝的纵横波幅度都有衰减，横波幅度的相对衰减值比纵波大。高倾角裂缝对纵波造成的幅度衰减不明显，对横波及后续波造成严重干涉，使波形畸变。

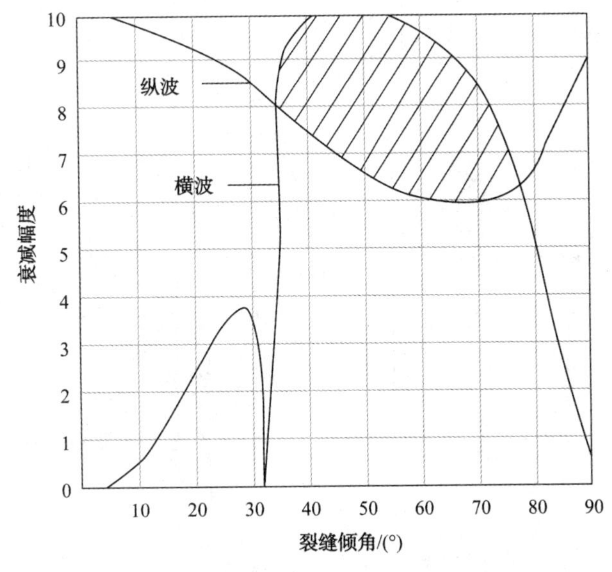

图6-3-2　纵波、横波衰减幅度和裂缝倾角的关系

斯通利波不仅在井内流体中传播，还延续到井壁中的介质中，随着井内流体和井壁分界面距离的增大而迅速减小。测井声源频率及泥饼对其影响也很小，因此在无裂缝的岩石中，斯通利波能量变化不大，但当地层中存在与井眼相交的裂缝时，由于井内泥浆与地层中的流体的相互流动造成了斯通利波能量的损失，能量曲线负向偏移，且变化剧烈，并在裂缝的边界形成反射，斯通利波波形便出现“人”或“V”字形条纹。

由以上理论基础可总结出偶极声波识别裂缝的方法，一种为“V”字形条纹、斜条纹或不规则扰动现象；另一种为波形幅度的衰减现象。

图6-3-3为濮深18井常规资料与偶极声波资料综合成果图，从图中可以看出，在

3225.0~3245.0m 井段，偶极声波资料显示横波和斯通利波有少量“V”字形条纹，反映有裂缝发育，但波形基本无衰减或幅度无增大现象，说明裂缝有效性一般；在 3265.0~3285.0m 井段，偶极声波资料显示横波和斯通利波有幅度衰减现象，反映有裂缝发育，同时斯通利波幅度明显增大，说明裂缝为有效缝，缝中有流体存在。

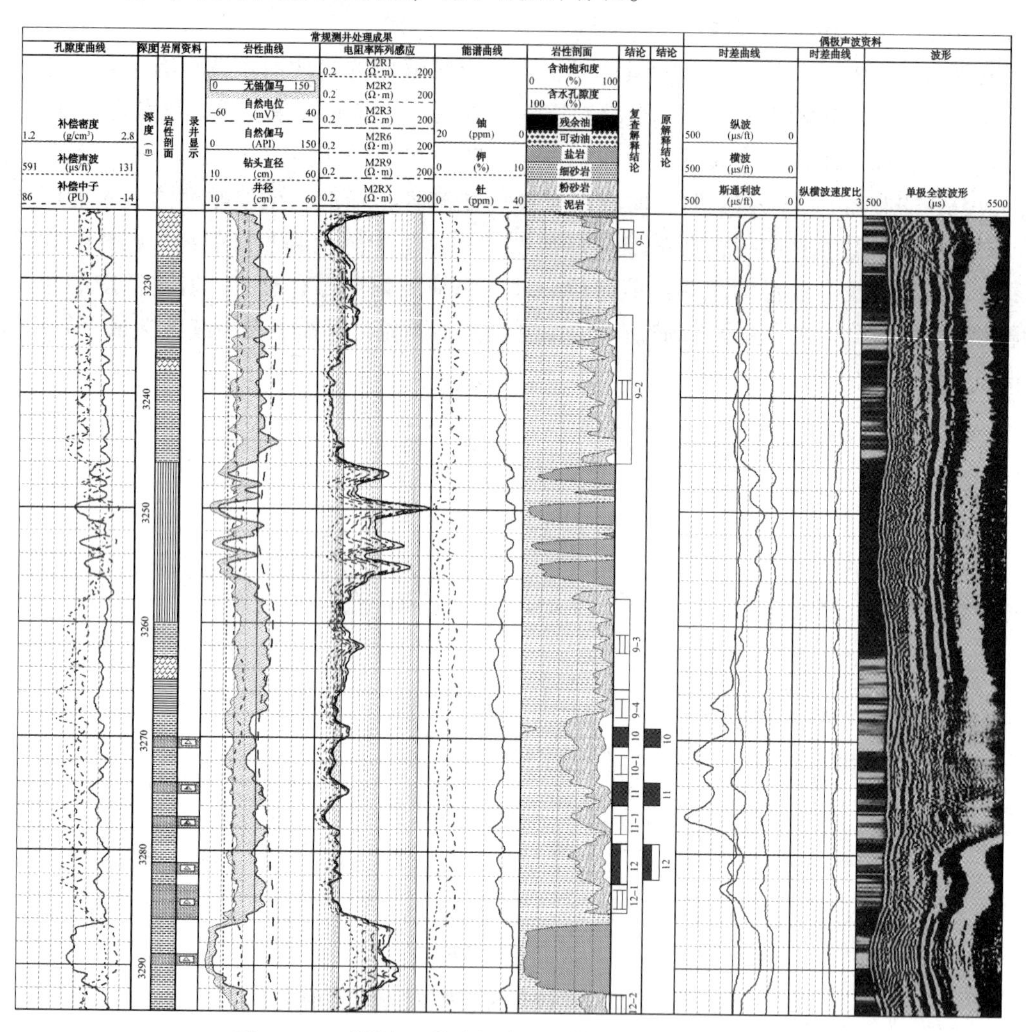

图 6-3-3 濮深 18 井常规资料与偶极声波综合成果图

该井在钻井过程中钻至 3268.5~3318.0m 井段盐间泥岩地层时气测异常，全烃由 0.8%上升至 100%，C_1由 0.3%上升至 80%，槽面气泡 70%~80%，见条带状油花，且钻进中后效明显，与偶极声波资料反映的特征吻合。

纵波、横波、斯通利波幅度衰减程度与裂缝的充填物质有关。当裂缝被流体充填，此时充填的流体会导致地层径向波阻抗数值明显减小，衰减幅度也随之增大，裂缝为有效裂缝(见图 6-3-4)；相反，当裂缝被固体矿物充填，则对地层波阻抗的数值影响不大，衰减幅度也较小，该响应表明裂缝有效性差。

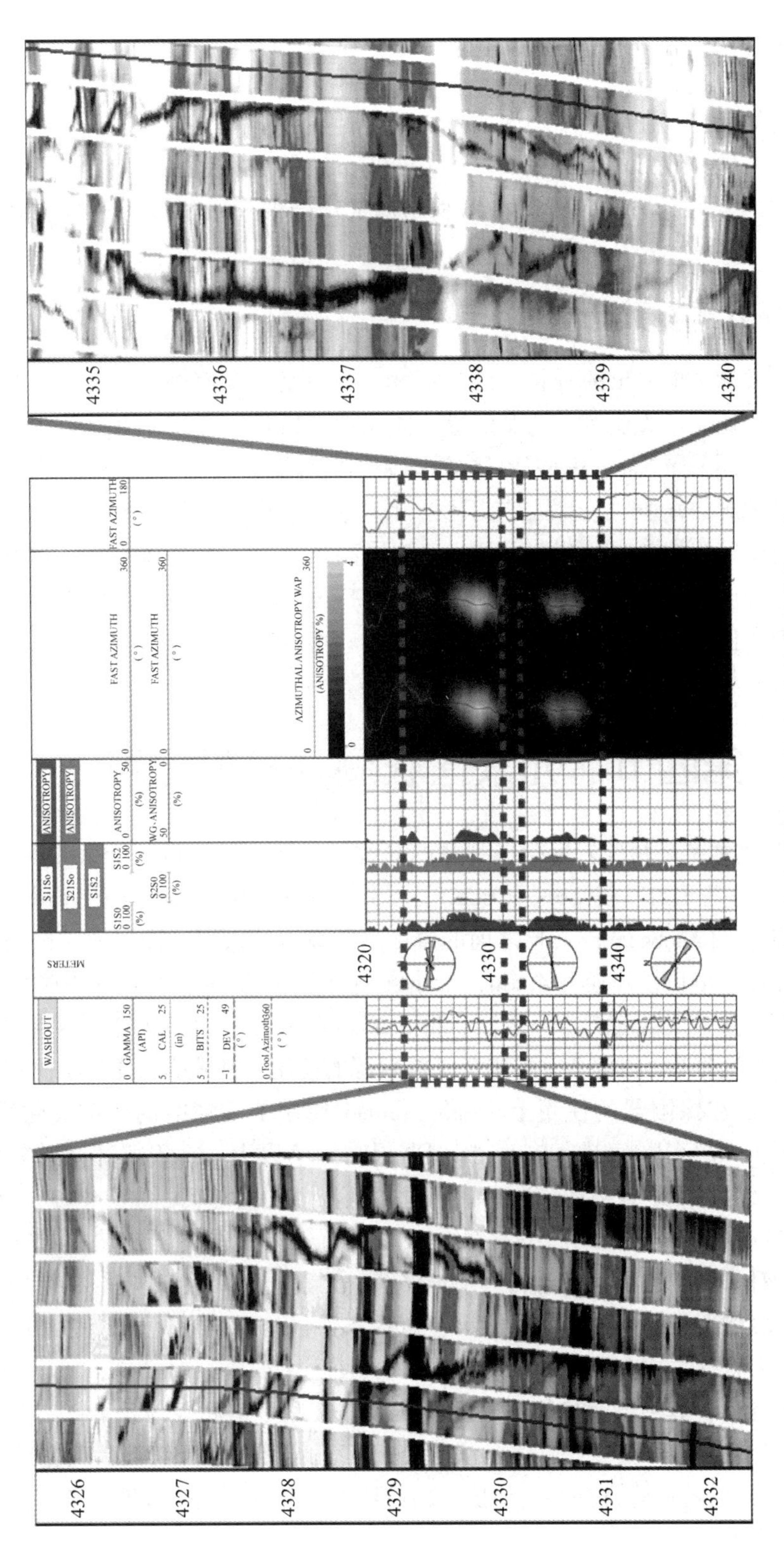

图6-3-4 多极子声波与电成像相结合评价有效缝（濮深20井）

三、各向异性分析

地层的各向异性是构造应力不均衡或岩石物理性质空间差异性的一种表征。横波在传播过程中受地层各向异性影响，产生快慢横波分离，能够反映地层各向异性的大小，快横波方位为地层各向异性的方向。因此可以利用偶极声波的横波测井资料分析地层的各向异性。

四、岩石力学参数计算

根据偶极声波测井提取出的资料，结合密度、孔隙度、自然伽马等常规测井曲线，可以计算岩石的泊松比、杨氏模量、切变模量、体积弹性模量、体积压缩系数、出砂指数等岩石力学参数，继而采用 Eaton 模型计算岩石破裂压力梯度。

前面主要对常规测井系列(岩性、电阻率、孔隙度)、成像类测井系列进行了分析选取，另外还有一种地质家非常喜欢的测井系列——地层倾角测井，通过利用地层倾角测井对地层产状的评价，可以实现将单井这样的点放在局部构造这样的面上进行整体评价，有助于综合利用地层地质信息和测井信息对储层进行评价。不过如已测得电成像资料情况下，可不测该系列，直接从电成像测井中提取。

第四节　元素俘获测井资料应用

LithoScanner 测井是高精度岩性扫描测井的简称，是斯伦贝谢最新推出的测井仪器(见图 6-4-1)，其前身是元素俘获测井仪(ECS)，本井是中国石油天然气集团公司的第一口高精度岩性扫描测井。LithoScanner 相比之前的岩性测井技术，采用了许多最先进的技术。其仪器本身的尺寸更加小巧，外径为 4.5in，最小测量井径为 5.5in，并且在不降低测量精度的前提下，大幅提升了仪器的测量速度。LithoScanner 使用了高性能的中子发生器(PNG)，其输出中子速度高达每秒 3×10^8 个，既避免了放射源的使用，其效率又比化学源高 8 倍以上(见图 6-4-2)。而在探测器的使用上，LithoScanner 使用了高性能的掺铈溴化镧(LaBr3：Ce)大晶体探测器，精度比锗酸铋(BGO)探测器提高两倍以上，在不牺牲光谱分辨率条件下处理超过每秒 2,500,000 计数的计数率，同时高低温性能优越(见图 6-4-3)。测井时仪器通过 PNG 脉冲中子发生器向地层中发射 14.1 兆电子伏特的快中子，快中子在地层中与一些元素发生两种作用：非弹性散射和热中子俘获，元素通过释放伽马射线回到初始状态，而由 LaBr3：Ce 探测器探测到伽马射线能谱，包括非弹谱与俘获谱信息，使得 LithoScanner 可以测量更多的元素，主要有 Al、Ba、C、Ca、Cl、Fe、Gd、K、Mg、Mn、Na、S、Si、Ti 以及 Cu 和 Ni 等元素，其中最明显的突破就是可以直接测量铝和碳等元素，使泥质含量及有机碳不用通过计算得到而是直接测量，大大提升了其精度。镁元素测量的精度有了很大的提升，使得 LithoScanner 在碳酸盐岩地层中的应用更加准确，同时也提高了其他元素的测量精度(见图 6-4-4)。

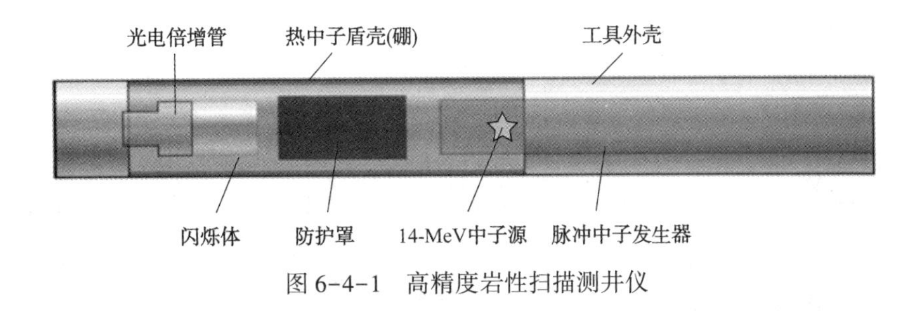

图 6-4-1 高精度岩性扫描测井仪

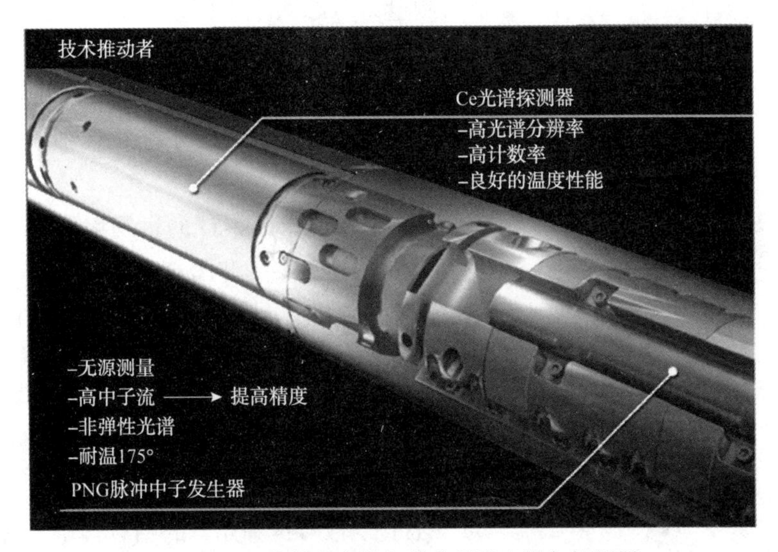

图 6-4-2 高精度岩性扫描中子发生器与探测器

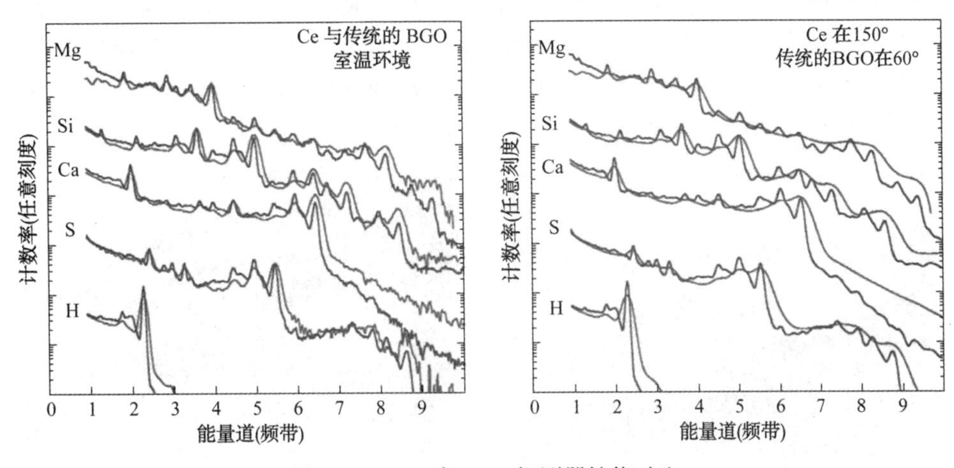

图 6-4-3 Ce 与 BGO 探测器性能对比

我们知道地层中每种矿物都有非常固定的化学元素成分，包括石英、方解石、白云石等，而岩石是由不同的矿物所组成，LithoScanner 所测量主要元素包括 Al、Ba、C、Ca、Cl、

元素符号	元素名称	俘获	非弹性
Al	铝	●	●
Ba	钡	●	●
C	碳		●
Ca	钙	●	●
Cl	氯	●	
Cu	铜	●	
Fe	铁	●	●
Gd	钆	●	
H	氢	●	
K	钾	●	
Mg	镁	●	●
Mn	锰	●	
Na	钠	●	
Ni	镍	●	
O	氧		●
S	硫	●	●
Si	硅	●	●
Ti	钛	●	

图 6-4-4　LithoScanner 测量元素

Fe、Gd、K、Mg、Mn、Na、S、Si、Ti 等，其中 Al 和黏土矿物(高岭石、伊利石、蒙脱石、绿泥石、海绿石等)有直接关系，Si 主要与石英关系密切，Ca 和 Mg 与方解石和白云石密切相关，K 和 Na 与长石的含量相关，利用 S 和 Ca 可以计算石膏的含量，Fe 与黄铁矿和菱铁矿等有关系，Ti 元素与黏土矿物的含量有关系，对于元素 Gd 的测量是考虑到一方面该元素的中子俘获截面非常大，远远大于其他元素的俘获截面，另一方面与黏土矿物和一些重矿物的含量有一定关系，如果不测量该元素我们就不能将其他元素的含量计算准确。

分析测量的累计的伽马射线谱的过程就叫作剥谱，图 6-4-5 和图 6-4-6 分别是主要元素的非弹谱和俘获伽马谱。通过设置不同的能量窗口经过处理，将测量的数据去拟合一系列的标准谱，拟合的结果就是地层中铝(Al)、钡(Ba)、硅(Si)、钙(Ca)、镁(Mg)、氯(Cl)、钾(K)、钠(Na)、锰(Mn)、铁(Fe)、碳(C)、硫(S)、钛(Ti)、钆(Gd)等元素的相对含量。应用氧闭合技术将元素的相对含量转换成元素绝对含量百分数，氧闭合技术所用的模型通过了岩芯分析和测井数据检验的。利用经验关系式可以将元素含量转换为矿物体积，该关系式是建立在大量的岩芯分析数据基础之上得到的，是为沉积岩开发的，包括碎屑岩、碳酸盐岩和蒸发岩等。同时，在 LithoScanner 的处理模块中，还可以根据地区岩性特征，自选矿物类型，从而提高岩性解释的准确性。

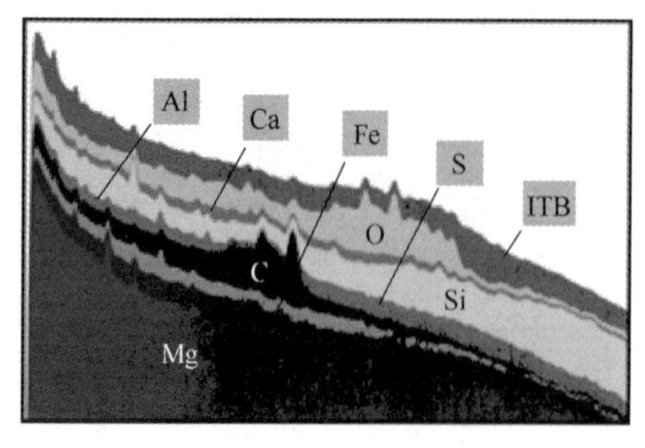

图 6-4-5　各元素非弹谱

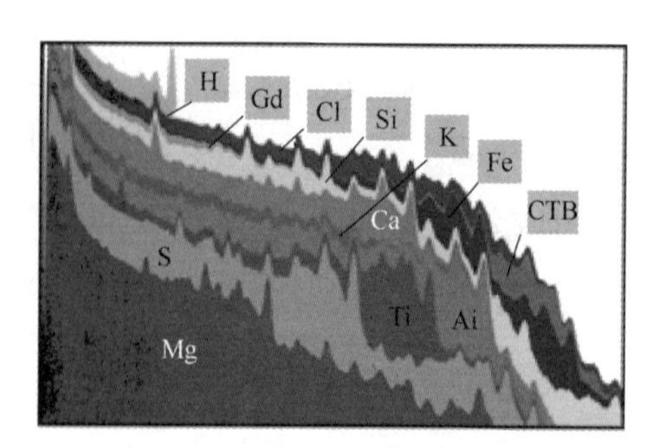

图 6-4-6　各元素俘获谱

为探索东濮凹陷西部斜坡带庆祖集地区上古生界中演化程度区煤成气成藏情况；评价上古生界烃源岩情况是评价该区储层的关键。因此，在庆古 3 井中进行了 LithoScanner 测井

(见图 6-4-7)。

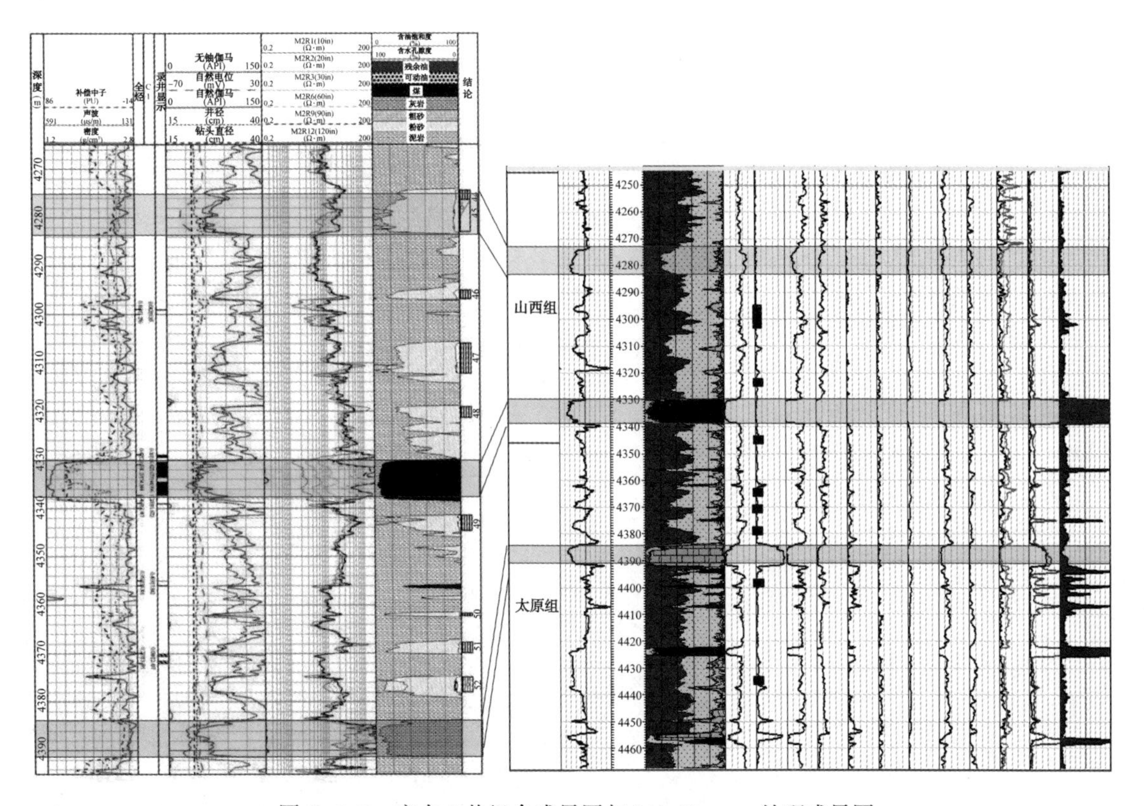

图 6-4-7　庆古 3 井组合成果图与 LithoScanner 处理成果图

LithoScanner 测井资料表明：山西组、太原组泥岩段泥质含量约 40%～60%，砂岩段约 20%。硅质矿物含量约 40%～60%。山西组碳酸盐岩矿物含量低，约 5%～10%，太原组局部可见灰岩夹层。山西组、太原组可见多套煤层。煤层有机碳含量高，高达 20%～80%。非煤层段有机碳含量约 2%～5%，太原组有机碳含量相对较高，泥岩碳化程度可能较高。

第七章

测井系列优化选取

第一节　岩性测井

一、自然伽马测井

在鉴别岩性和确定地层的泥质含量以及划分渗透性地层时，主要利用到自然伽马(GR)、自然电位(SP)、井径(CAL)等测井曲线(见表7-1-1)，对东濮凹陷地层而言，GR在确定岩性和求取泥质含量方面是最好的，加上后期开发射孔等工程上深度的需要，因此是不可缺少的测井项目。SP尽管对工区目的层段的岩性、泥质含量指示性没有GR好，但其对地层渗透性的指示可靠程度是最好的。

图7-1-1为卫77-7井的测井曲线组合图，其中2624~2641m，SP无法正常识别岩性，但GR有很好的指示性。井径测井曲线CAL能较好地反映井眼的规则程度，为测井数据的可靠程度提供参考，因此有较高的实用价值，同时可为工程提供必需的井眼体积等参数。

表7-1-1　测井系列测量目的及用途汇总表

系列	测井项目		测量目的及用途
常规测井	岩性测井	自然电位	识别岩性、沉积相、沉积环境，划分储层，确定地层水电阻率等
		自然伽马	识别岩性、沉积相、沉积环境，划分储层，测井地层划分，确定泥质含量、确定深度等
		井径	识别岩性、沉积相、沉积环境，划分储层，计算井眼体积等
		自然伽马能谱	识别黏土类型、分析GR异常原因、分析沉积环境、评价生油岩等
	孔隙度测井	声波	识别岩性、确定基质孔隙度，划分油气水、识别天然气
		(岩性)密度	测量地层的体积密度，计算总孔隙度，划分油气水，识别天然气
		补偿中子	测量地层的含氢指数，计算总孔隙度，划分油气水、识别天然气
	电阻率测井	双感应—八侧向或阵列感应测井	测量冲洗带电阻率、侵入带电阻率，了解地层侵入情况，测井地层对比与划分，老井复查对比等
		双侧向测井	测量地层电阻率，计算裂缝孔隙度、含油饱和度，测井地层对比等
成像测井	电成像测井		裂缝的定性识别与定量评价，储层划分，地应力分析、井旁构造分析、特殊岩性识别等
	核磁共振测井		评价储层孔隙结构，识别油气水层，定性识别裂缝等
	多极子阵列声波测井		鉴别岩性，识别气层，识别裂缝及其有效性，地层的各向异性分析等
特殊测井	地层倾角测井		测得地层倾角和方位，分析地层产状，研究构造、沉积、断层、不整合等

二、自然伽马能谱测井

自然伽马测井仅能测量地层中放射性元素的总含量，无法分辨地层中所含放射性元素的种类与含量。自然伽马能谱测井可测量不同放射性元素放射出不同能量的伽马射线，从而确定地层中含有何种放射性元素，资料包括：地层总自然伽马、地层无铀伽马及地层中铀、钍、钾的含量，利用其测量值可以研究地层特性，包括识别地层岩性、准确计算泥质含量、识别高放射性储层、识别钾盐、识别黏土类型以及沉积环境研究等。

纯的砂岩和碳酸盐岩放射性元素含量很低，但岩石骨架中含有放射性矿物时地层显示为高放射性，因地层水活动使有些渗透性地层放射性矿物增多，也会引起地层高放射性。中国 5 个盆地沉积物中铀、钍、钾的含量见表 7-1-2，可以看出泥岩页岩—砂岩—碳酸盐岩，铀、钍、钾的含量以及钍铀比值具有递减规律。沉积岩主要矿物中铀、钍、钾的含量分布见表 7-1-3。

表 7-1-2　沉积物中铀、钍、钾平均含量

岩性	铀/10^{-6}	钍/10^{-6}	钾/%	钍/铀
泥质页岩	3.6	14.0	2.03	3.9
砂岩	2.5	6.2	1.12	2.4
碳酸盐岩	2.0	3.1	0.62	1.2

来源于：《油气测井地质学》，马正。

表 7-1-3　沉积岩中主要矿物中铀、钍、钾含量分布

黏土矿物	钾/%	铀/10^{-6}	钍/10^{-6}
铝土矿		3~30	10~130
海绿石	5.08~5.30		
斑脱石	0.5	1~20	6~50
蒙脱石	0.16	2.5	14~24
高岭石	0.42	1.5~3.0	8~19
伊利石	4.5	1.5	
黑云母	6.7~8.3		<0.01
白云母	7.9~9.8		<0.01
斜长石	0.54		<0.01
正长石	11.8~14.0		<0.01

从表 7-1-2 和表 7-1-3 中可看出，铀、钍、钾在不同岩石中含量不同，不同矿物中铀、钍、钾含量有很大差异。通过对自然伽马射线能谱分析，不仅可以测定地层放射性总水平，而且，还可以分别测出与泥质含量关系比较稳定的铀、钍、钾的含量。铀、钍、钾在地层中的分布与岩性、有机物的含量及地层水的活动有着密切关系。利用这些关系可更好地确定和划分地层岩性剖面(见图 7-1-1)。

东濮凹陷地层局部储层有高 GR 现象，这一现象在方 2 井中表现得尤其突出，图 7-1-2 为方 2 井 3915~3991m 测井曲线图，其中 3951.5~3965.5m 内出现高自然伽马现象，若仅靠普通自然伽马测井(第 4 道红实线)及常规测井，只能划分出 83 号干层。而利用自然伽马能谱测井获得无铀伽马测井曲线(第 4 道蓝虚线)，可准确划分出 83~89 号储层。方 2 井 83~89 号层已经获高产工业油气流，最高日产液量达 222.7m^3，其中气 $1.6\times10^4 m^3/d$、油 99.1m^3/d、水 123.6m^3/d。

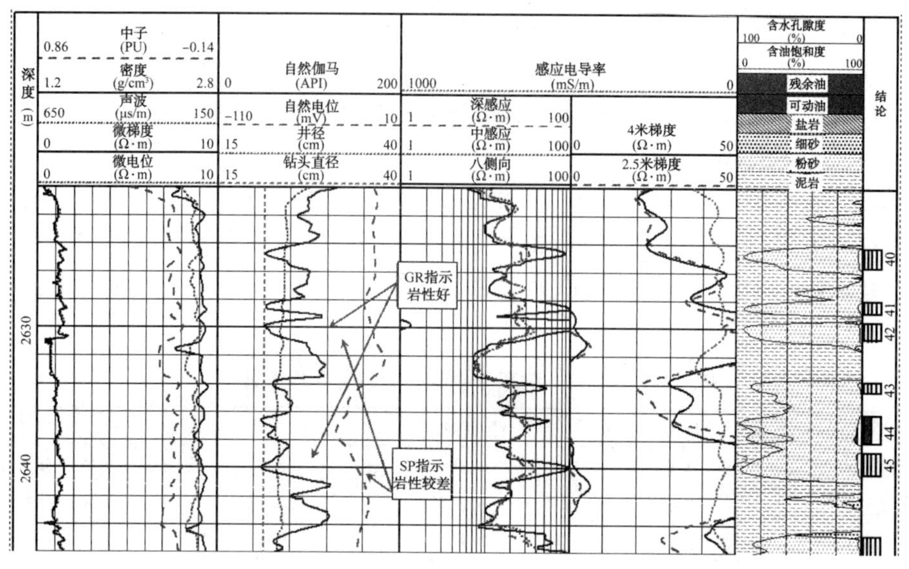

图 7-1-1　测井系列选取示意图(卫 77-7 井 2620~2646m)

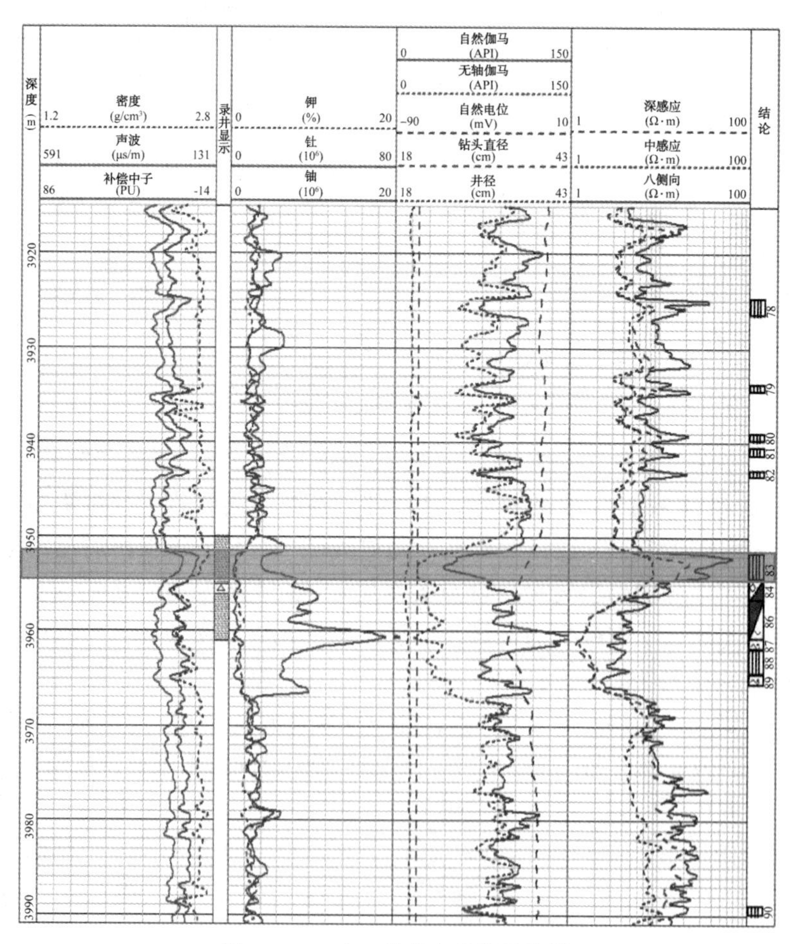

图 7-1-2　方 2 井高自然伽马储层

无独有偶，储层高 GR 现象在东濮凹陷三叠系地层中多有出现，图 7-1-3 为明 471 井 2075~2110m 段储层内出现高 GR 现象的一个实例，图中 2075~2110m 井段局部出现高自然伽马。经对 2076.8~2103.3m 井段进行压裂投产，日产原油 21.8t、水 3.5m³，投产结论为油层。

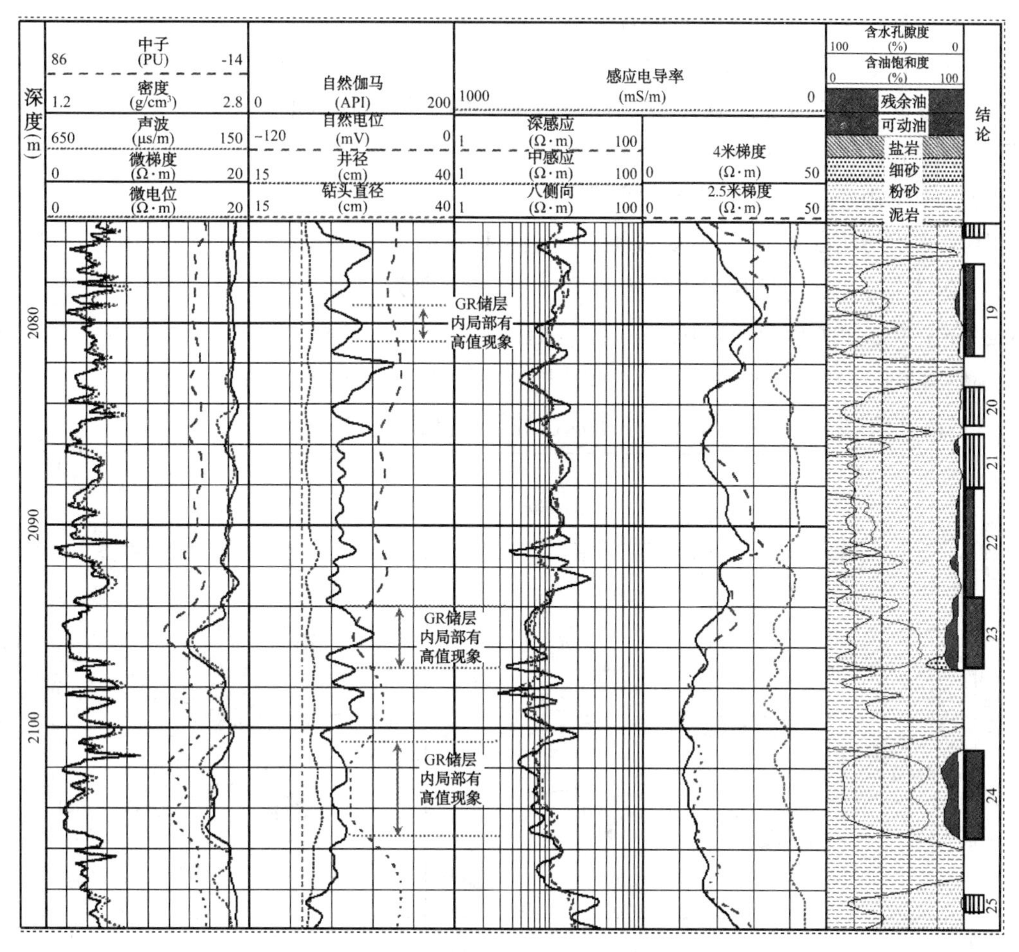

图 7-1-3 储层内出现高 GR 现象(明 471 井 2075~2110m)

高 GR 产生的原因是黏土类型(包括含量不同)造成，或是由其他原因引起，单靠自然伽马测井是无力解决的。自然伽马测井测量的 GR 只是地层放射性物质含量的总体反映，要想查找高 GR 是否为黏土类型及含量不同所造成，必须评价黏土类型，确定黏土含量，而自然伽马能谱测井完全能胜任这一要求。自然伽马能谱测井的测量对象是地层中铀、钍和钾的含量，可用于寻找高放射性储层、划分黏土类型、分析沉积环境。

第二节 孔隙度测井

确定孔隙度的测井方法主要有声波、中子、密度测井方法。它们的测井值主要取决于孔隙度和岩性，与孔隙流体性质也有关系。对于东濮凹陷沙河街及中生—古生界双矿物(细砂、粉砂或粗砂)的地层来说，利用一种孔隙度测井曲线很难准确地确定孔隙度，一般采用中子—密度交会法确定总孔隙度，利用声波测井确定粒间孔隙度，总孔隙度减去粒间孔隙度即为裂缝孔隙度。相对而言，对储层物性指示的灵敏程度依次为密度测井最好，声波时差次之，中子由于受泥岩的影响严重而最差。

图7-2-1为胡古2井三种孔隙度测井对储层指示的灵敏程度分析，178号(干层)、179(干层)、180(干层)、181(气层)对应的密度测井值分别为2.61g/cm^3、2.62g/cm^3、2.56g/cm^3、2.39g/cm^3；声波测井值分别为192.1μs/m、200.3μs/m、196.6μs/m、205.9μs/m；中子测井值分别2.8%、4.9%、3.7%、2.1%。以上数据表明：在反映储层的物性方面，密度测井值层次性最强，声波测井值层次性较强，中子测井值层次性较差(见图7-2-1)。

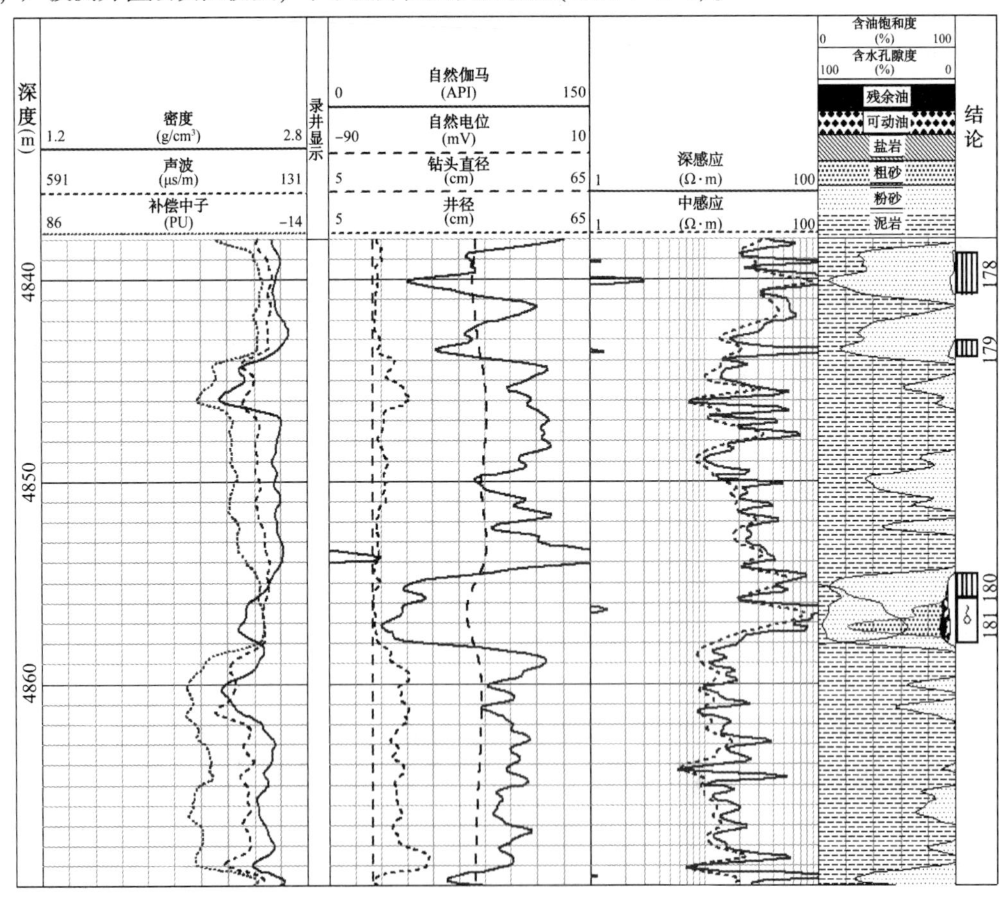

图7-2-1 三种孔隙度测井对储层指示的灵敏程度不同(胡古2井)

孔隙度测井的探测深度都很浅，它们的探测范围多限于储集层的冲洗带范围内。因此冲洗带内的残余油，尤其是天然气，对孔隙度测井均有不同程度的影响，故在利用纯水层模型公式计算油气、特别是轻质油或天然气层的孔隙度时，应对孔隙度测井值进行适当的残余油校正。

双孔隙度补偿中子测井(dual porosity CNL)对含泥质地层能更清晰地指示天然气。声波全波列测井可以避免井壁附近泥岩浊变与井眼扩大的影响，更能准确地测量地层纵波时差，并且可以测量地层中横波的传播时间。在储层的岩性、孔隙度相似的条件下，气层的纵波速度小于水层和油层的纵波速度，而气层的横波速度大于水层的横波速度。因此，可以利用纵波与横波的速度比值区分气层和非气层。气层的幅度衰减差异明显，这样可以利用纵横波幅度比值的变化较好地将气层与油层区分开来，这对东濮凹陷气层的识别与评价很有意义。岩性—密度测井具有较好的岩性鉴别能力，同时还能提供地层的体积密度值，建议实施岩性—密度测井。

第三节　电阻率测井

对东濮凹陷深埋藏储层的测井识别与评价来说，由于裂缝的存在改变了储层的导电机理，其电阻率测井的响应特征已不完全同于原生粒间孔隙储层。与下第三系相比，中生界、上古生界地层电阻率明显高值，由于裂缝的存在，高产油层的电阻率值整体呈现低值。电阻率测井系列的选取至关重要。

一、普通感应与侧向测井

在钻井过程中不可避免地发生泥浆侵入渗透性储集层，致使储集层在径向上分成几个不同的电阻率带即冲洗带电阻率(R_{xo})、侵入带电阻率(R_i)和未被侵入的原状地层电阻率(R_t)，它们的数值取决于地层电阻率、泥浆滤液电阻率及侵入带直径。储集层在径向上的电阻率变化，使得每种电阻率测井探测的视电阻率均要随R_{xo}、D_i(侵入带直径)、R_t这 3 个未知量变化。显然，为求准这 3 个未知量，至少要有分别反映浅、中、深介质电阻率的 3 种测井方法，它们组成一个电阻率测井系列。应用这 3 种测井系列能够比较清楚地指示储集层受泥浆侵入的情况并根据径向电阻率变化，求解R_{xo}、D_i、R_t，进而求得冲洗带含水饱和度及储层含水饱和度两个重要的参数，实现对储集层进行有效的含油、气、水评价的目的。

目前，测量地层电阻率的基本方法有感应测井与侧向测井。作为一级近似分析，冲洗带、侵入带与原状地层对感应测井的涡流来说是并联的，而对侧向测井电流则是串联的(见图 7-3-1)。

感应和侧向电阻率测井测量的深电阻率分别为R_{TIL}、R_{TLL}，则有：

$$\frac{1}{R_{TIL}}=\frac{1}{R_{xo}}+\frac{1}{R_i}+\frac{1}{R_t} \tag{7-3-1}$$

$$R_{TLL}=R_{xo}+R_i+R_t \tag{7-3-2}$$

显然，深感应测井的电阻率测量值R_{TIL}趋近于R_{xo}、R_i和R_t中的最小值；而深侧向测井的电阻率测量值R_{TLL}趋近于R_{xo}、R_i和R_t中的最大值。这一点至关重要，它决定着究竟用那

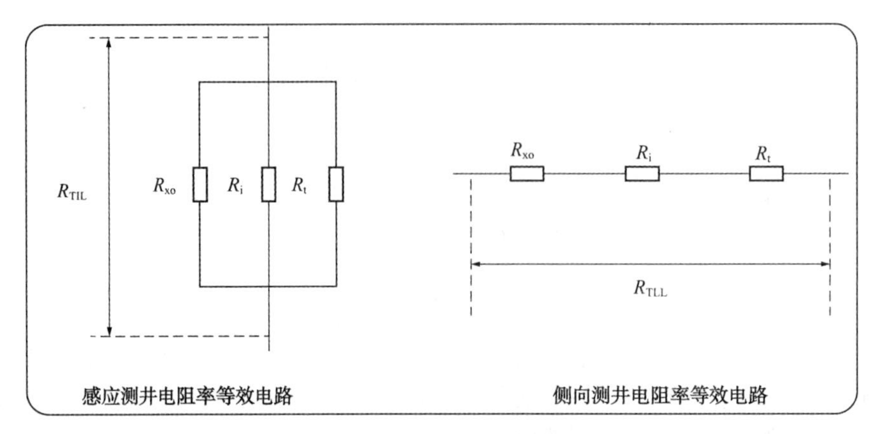

图 7-3-1　两种电阻率测井的等效电路示意图

种电阻率测井确定地层真电阻率。

当淡水泥浆高侵($R_{xo}>R_i>R_t$)且侵入较深时，$R_{TIL}\to R_t$、$R_{TLL}\to R_{xo}$，因此该情况下用感应测井能较准确地测得地层的真实电阻率；当盐水泥浆低侵($R_{xo}<R_i<R_t$)时，$R_{TIL}\to R_{xo}$、$R_{TLL}\to R_t$，因此该情况下用侧向测井能较准确地测得地层的真实电阻率。

研究表明，当泥浆电阻率大于 3 倍地层水电阻率时($R_{mf}>3R_w$)，电阻率测井优先选用感应测井；反之，$R_{mf}<3R_w$时，电阻率测井选用侧向测井。

对于东濮凹陷来说，沙三段地层储层孔隙度多为 15%，砂岩中岩电参数 $a=0.6$、$b=1$、m(范围)$=n=2$，对于黄河北地区来说 $R_w=0.02\Omega\cdot m$，此种情况下，数值模拟反算 $S_w=50\%$的地层电阻率 R_t为 $2\Omega\cdot m$；对于黄河南地区来说 $R_w=0.035\Omega\cdot m$，此种情况下反算 $S_w=50\%$的地层电阻率 R_t为 $4\Omega\cdot m$。也就是说，黄河北地区 $R_t/R_{mf}<33$ 时优先选用感应测井；反之，$R_t/R_{mf}>33$ 时，电阻率测井选用侧向测井。黄河南地区 $R_t/R_{mf}<110$ 时优先选用感应测井；反之，$R_t/R_{mf}>110$ 时，电阻率测井选用侧向测井。

以三叠系为例，储层岩性多为粉砂岩、局部砾石发育，岩性较下第三系致密，电阻率值多在 $3.0\sim30.0\Omega\cdot m$，为明显高阻地层，侵入剖面为低侵剖面。图 7-3-2 为卫 77-7 井三叠系所测感应、侧向电阻率测井曲线对比图，由图可以看出：

① 两者测得的地层视电阻率差别较大(图 7-3-2 中第三道)。

② 反映侵入带电阻率测井的浅侧向、中感应、八侧向测井探测深度在 30~50cm，相比来说，八侧向探测深度比浅侧向的探测深度浅，对低侵剖面来说，其受冲洗带低阻的影响较大，因此其测量值整体要比浅侧向小，但都不是地层的真实电阻率(图 7-3-2 中第四道)，但它们有助于了解地层的侵入情况。

③ 深侧向测井得到的电阻率受冲洗带的影响很小，和地层电阻率很接近，基本是地层的真电阻率(图 7-3-2 中第三道)。

低侵地层通常利用双侧向测井中的深侧向测井值来确定地层的真电阻率，但感应测井有助于了解地层的侵入情况，再者在勘探初期，三叠系没有引起人们的高度重视，电阻率测井系列基本沿用了新生界下第三系的测井系列，只测得双感应—八侧向，随着新层系的

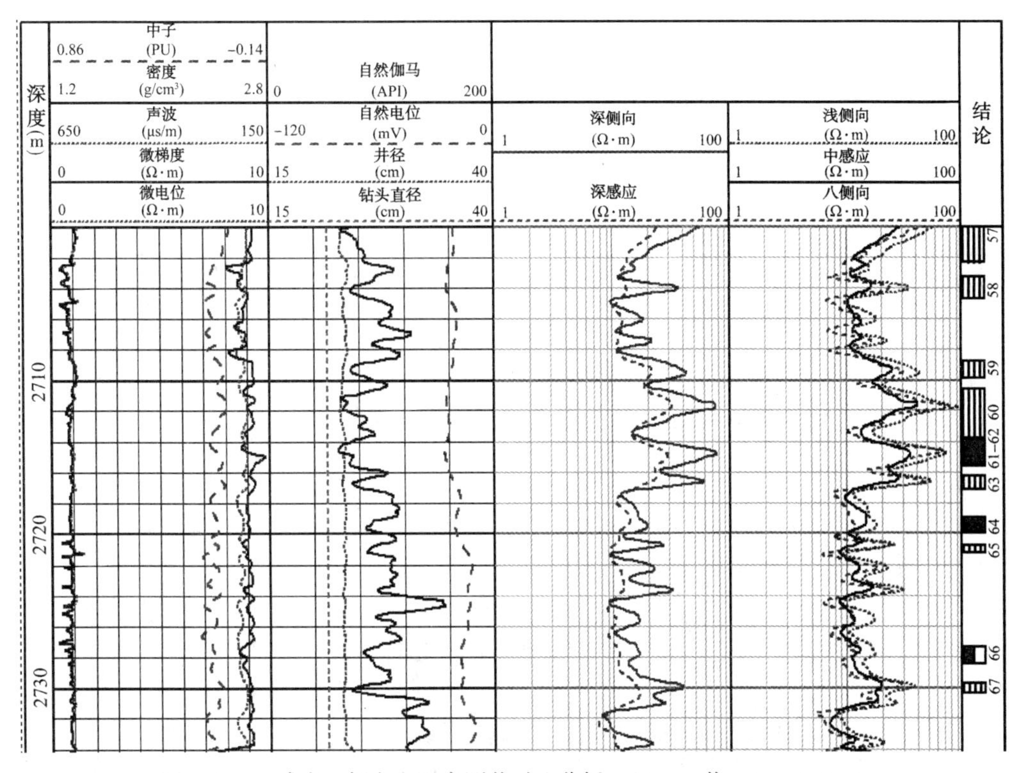

图 7-3-2　感应、侧向电阻率测井对比分析(卫 77-7 井 2700~2734m)

重大突破，一系列老井的复查、重新起用已提到日程上，尽管双感应—八侧向在评价高阻裂缝性储层方面不及双侧向测井，但由于以前老井均测双感应—八侧向而不测双侧向，考虑到新、老资料的延续性，可保留双感应—八侧向测井。

二、高分辨率阵列感应测井

高分辨率感应(High Definition Induction Logging，简称 HDIL)是继双相量感应(Dual Phase Induction Log，简称 DPIL)后贝克·阿特拉斯(Baker Atlas)生产的新一代感应测井仪器。测井仪采用三线圈系结构(1 个发射，2 个接收基本单元)，共有 7 个间距从 6in 至 94in 的主线圈，HDIL 为 8 种频率同时工作，这 8 种频率近似为：10kHz、30kHz、50kHz、70kHz、90kHz、110kHz、130kHz、150kHz。每种间距都同时在这 8 种频率下工作，使用感应方式测量，均测量实部和虚部信号，共获得 7×8×2=112 个信号数据，输出各种径向探测深度和纵向分辨率的感应电阻率测井曲线 18 条。

电阻率曲线的径向探测深度分别是 10in、20in、30in、60in、90in、120in，90in、120in 的感应测井仪的探测深度比常规深感应测井仪深，受井眼和侵入影响很小；纵向分辨率分别是：1ft、2ft 和 4ft，改进了对薄层和纹层状砂泥岩序列的地层评价。能够对 0.3m 的薄层进行识别。一般情况下，单条电阻率测井曲线不能代表在特定半径下地层的电阻率，当存在泥浆滤液侵入时，通过多条电阻率曲线的径向反演可以求出原状地层的电阻率。90in 和 120in 曲线提供了原状地层电阻率 R_t 的极好的估算，R_t 被可靠地用在没有“tornado chart”类

型校正的 S_w 计算中。该系列测井要求泥浆电阻率>0.02Ω·m。

1. 识别薄层

高分辨率阵列感应测井纵向分辨率分别是：1ft、2ft 和 4ft，利用 1ft 的高分辨率阵列感应测井曲线能够对 0.3m 的薄层进行识别，从而实现对薄层和纹层状砂泥岩序列的地层评价（见图 7-3-3）。

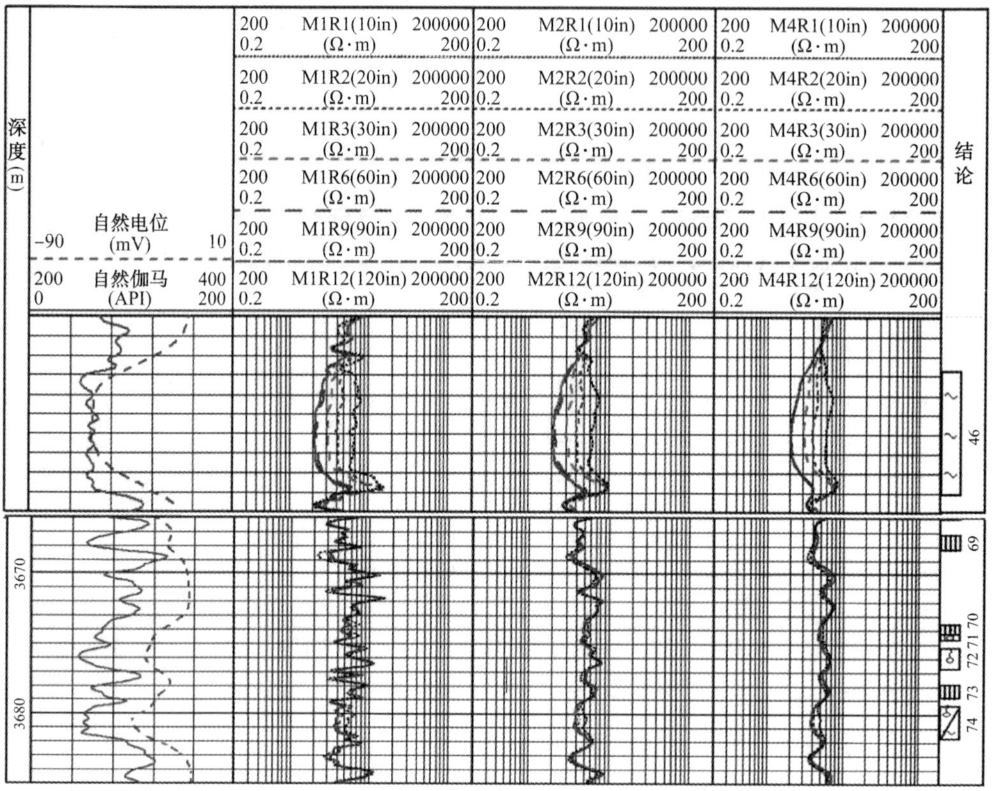

图 7-3-3　方 3 井高分辨率阵列感应测井曲线图

图 7-3-3 为方 3 井高分辨率阵列感应测井曲线图，从中可以看出，1ft 阵列感应电阻率曲线有明显的齿状变化，指示薄层特征明显，2ft 阵列感应电阻率曲线齿状变化幅度较明显，判断薄层能力较强，而 4ft 阵列感应电阻率曲线与双侧向电阻率曲线齿状变化幅度不明显，判断薄层能力较弱。70~73 号层划分厚度如下：

70 号层：3673.6~3674.3m，厚度 0.7m，解释结论：干层。

71 号层：3674.3~3674.7m，厚度 0.4m，解释结论：低产气层。

72 号层：3675.3~3676.8m，厚度 1.5m，解释结论：气层。

73 号层：3677.9~3678.9m，厚度 1.0m，解释结论：干层。

2. 划分渗透层

通过分析阵列感应 10in、20in、30in、60in、90in、120in 各不同探测深度曲线间的关系可以反映出泥浆侵入储层的程度。侵入半径的大小受储层岩性、物性以及泥浆性质、井眼条件等的综合影响。在井眼规则的非渗透性地层中，几条电阻率曲线基本重合；在渗透性储层中，由于钻井液在压差的作用下侵入地层，会使不同探测深度的电阻率值有明显差异，通过这种幅度差，可以精确刻画储层径向侵入情况，评价储层渗透性和径向含油饱和度变化特性。

一般情况下，渗透性差的储层，各组不同径向的电阻率曲线呈“收敛”趋势，渗透性好的储层，各组不同径向的电阻率曲线呈“发散”趋势(见图 7-3-3)。

3. 判别油水层

一般情况下，单条电阻率测井曲线不能代表在特定半径下地层的电阻率，当存在泥浆滤液侵入时，通过多条电阻率曲线的径向反演可以求出原状地层的电阻率。一般情况下，120in 电阻率曲线可以较好地反映地层真电阻率值，10in 曲线用来估算地层冲洗带电阻率值，阵列感应能很好的进行油水层的判别。

由于泥浆类型不同，油水层表现出来的特征也不尽相同。一般典型的油层呈“低侵”特征，即 M2R12 ≥ M2R9 ≥ M2R6 ≥ M2R3 ≥ M2R2 ≥ M2R1；典型的水层呈“高侵”特征，即 M2R12 ≤ M2R9 ≤ M2R6 ≤ M2R3 ≤ M2R2 ≤ M2R1。

受测井环境的影响，高分辨率阵列感应在本井区分油层、水层特征侵入较不明显，加测的双侧向在油层处“低侵”特征明显(见图 7-3-4)，助于识别油水层。

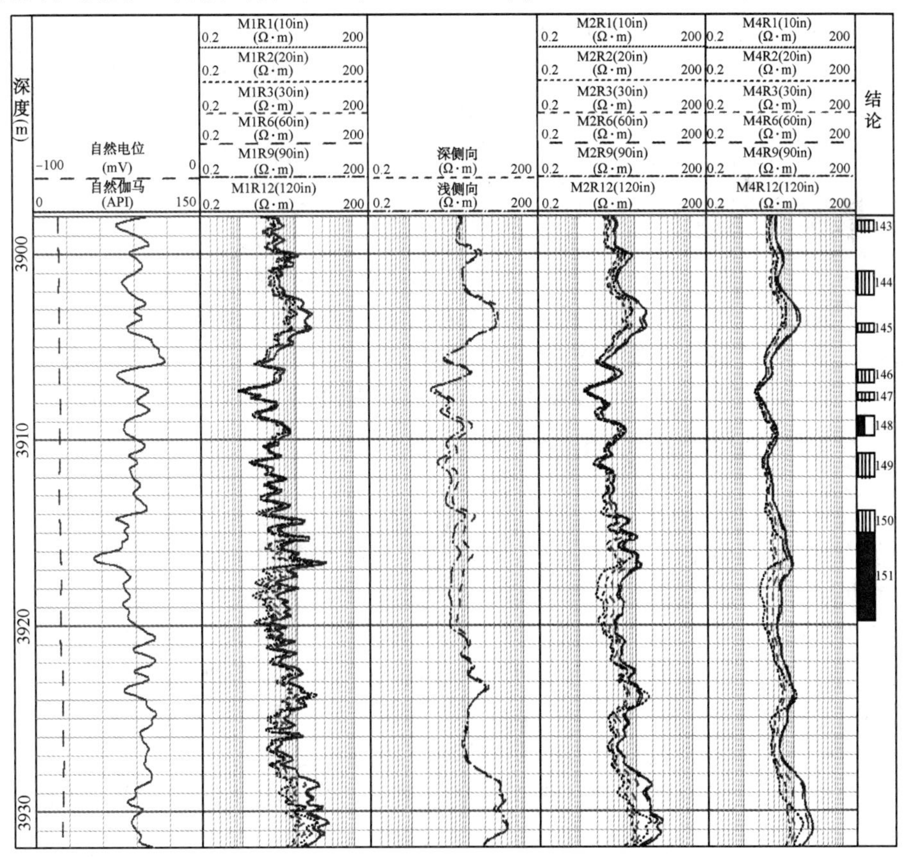

图 7-3-4　卫 452 井高分辨率测井曲线图

第四节 成像测井

一、电成像(XRMI)测井

利用电成像测井资料可以获得优质的地层成像资料，经过测井处理与仔细分析，能提供构造、沉积方面的重要信息，主要用途包括识别岩性、划分沉积相、进行构造分析、裂缝分析和薄层评价等。对于三叠系—二叠系的裂缝性油藏来说，识别裂缝并定量评价裂缝成为关键所在。利用电成像测井可定性地识别裂缝并对裂缝产状、裂缝条数、裂缝密度、裂缝宽度、裂缝走向、裂缝的有效性(裂缝的充填性)等裂缝参数进行定量评价，对于裂缝性油藏的勘探开发来说，这些参数的准确评价是至关重要的。

同时电成像测井在地层测井划分、地应力分析，井旁构造评价，特殊岩性分析等方面有其独特的优越性。另外，利用成像测井解释得到的裂缝、地层的产状，结合砂岩裂缝性油藏成藏模式，通过对裂缝—地层的空间配置关系的评价，可识别储层流体性质。电成像测井正在致密砂岩、碳酸盐岩油气勘探开发中发挥着重要作用。根据 32 口井三叠系的测试资料表明：油层均分布于三叠系地层的中上部，这对摸清裂缝分布规律、建立三叠系油气成藏模式至关重要。

图 7-4-1 给出了明 471 井测井综合评价图，其中左边组图为常规测井解释成果图，右边组图为 EMI 解释成果图，从中可看出 2088. 0~2095. 0m 井段裂缝较发育。其中裂缝长度平均为 2. 1m/m^2、裂缝密度平均为 3. 2 条/m、裂缝视孔隙度平均为 0. 01%、水动力宽度平均为 0. 05mm/m，结合常规测井资料，综合评价该井段上部为差油层、下部为油层。该井三叠系的 2076. 8~2103. 3m 井段射孔压裂投产，日产原油 21. 8t、水 3. 5m^3，投产结论为油层。

二、核磁成像(MRIL-P)测井

与其他测井方法相比，核磁共振是一种受岩性影响很小的测井方法，能够得到与岩石本身矿物成分无关的孔隙度、束缚水饱和度、自由流体孔隙度等重要信息，可对储层孔隙度和渗透率进行正确评价。核磁共振测井资料在生产中的主要用途有：提供与孔径尺寸相关的区间孔隙度、识别流体性质、评价低阻储层、储干层的界限评价和复杂岩性储层评价等。

三、多极子阵列声波测井

利用偶极声波测井资料可判别岩性、识别气层和裂缝，并对裂缝的有效性进行分析。评价裂缝的有效性：①纵波、横波、斯通利波幅度衰减程度与裂缝的充填物质有关。当裂缝被流体充填，此时充填的流体会导致地层径向波阻抗数值明显减小，衰减幅度也随之增大，裂缝为有效裂缝；相反当裂缝被固体矿物所充填，则对地层波阻抗的数值影响不大，衰减幅度也较小，该响应表明裂缝有效性差。②纵波声波时差利用的是首波，在几何尺寸较大的低角度裂缝段，由于多次反射，造成纵波能量衰减，可视为有水平裂缝存在的可能。③横波沿井壁传播，对高角度缝和裂缝发育带较为敏感。④斯通利波是一种管波，它在井筒中的传播相似于一个活塞的运动，造成井壁在径向上的膨胀和收缩，这时如有效裂缝与井壁连通，则将使井液沿着裂缝流进和流出，从而消耗能量，使其幅度降低。因此，利用斯通利波能量衰减可以定性判断裂缝储层的渗透性。

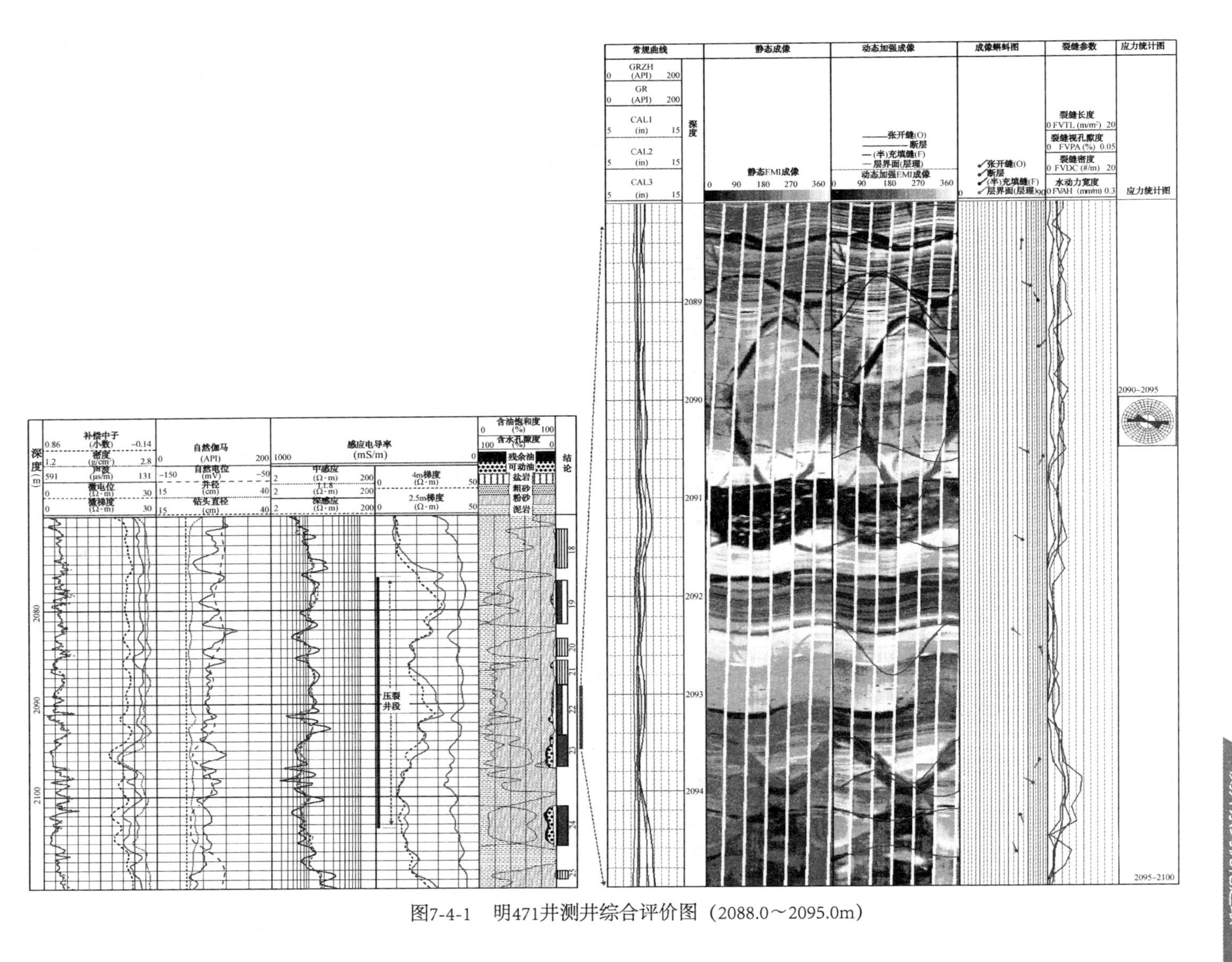

图7-4-1 明471井测井综合评价图（2088.0～2095.0m）

四、声波远探测测井

声波远探测是利用 XMAC-F1 仪器采集的正交偶极子横波数据，对井周距离超过 50ft 的裂缝及其他地质体进行高分辨成像。XMAC-F1 仪器的偶极子声源不仅激发沿井壁传播的扰曲波，并且产生向地层辐射的剪切横波。横波传播过程中遇到裂缝或其他横波阻抗界面，产生反射信号，被接收器记录。利用此部分反射信号有可能对反射体成像，但对于直达波的强振幅而言，反射波信号非常微弱。采用软件数据处理技术，对直达波进行压制，并且将反射信号分离为上、下行波场，分别进行偏移归位处理，最终获得可靠的井周远距离反射体成像。

在合适的反射几何框架下，声波远探测技术可对井筒外如裂缝等横波阻抗界面进行成像，确定其连续性、倾角方位等特征。传统的测井方法受限于探测深度，无法探测未与井相交的裂缝等地质体信息，声波远探测专利技术有效地解决了这一问题，与传统的声电成像测井资料相结合，构成了井周更全面的裂缝评价。

第五节　优选出的测井系列

东濮深埋藏致密碎屑岩储层的储集空间具有裂缝孔隙、基质孔隙两种类型，根据储集空间类型的差异性，区别目的层与非目的层，针对淡水、油基不同钻井介质优化测井系列，增强了测井资料采集的针对性与适应性。

对于探井来说，由于井的资料较少，常规测井类需要测量自然伽马能谱 NGR、自然电位 SP、井径 CAL、声波 AC、中子 CNL、岩性密度 DEN、双侧向 LL、微电极 ML、井斜方位 JXFW、地层倾角测井 SHDT。

中生界、上古生界地层，由于裂缝的存在，故将电成像列为必测项目，为提高复杂油气层的解释符合率，将核磁共振测井列为必测项目，为计算力学参数、获取储层预测所需的横波，将多极子阵列声波列为必测项目，于是形成了东濮凹陷中—古生界探井目的层段测井系列选取表(见表 7-5-1)。

表 7-5-1　东濮凹陷中-古生界致密碎屑岩探井测井系列选取表(目的层段)

<table>
<tr><th colspan="2">项目</th><th colspan="2">测量内容</th><th>解决问题</th></tr>
<tr><td rowspan="7">组合测井</td><td rowspan="3">常规类</td><td>淡水泥浆</td><td>自然伽马能谱 NGR、自然电位 SP、井径 CAL、声波 AC、中子 CNL、岩性密度 DEN、双侧向 LL、微电极 ML、井斜方位 JXFW、地层倾角测井 SHDT</td><td rowspan="3">复杂岩性识别、储层关键参数计算及油气层划分，分析地层产状，研究构造、沉积环境</td></tr>
<tr><td>盐水泥浆</td><td>NGR、SP、CAL、AC、CNL、DEN、LL、微球 MSFL、JXFW、SHDT</td></tr>
<tr><td>油基泥浆</td><td>NGR、SP、CAL、AC、CNL、DEN、HDIL、高分辨率阵列感应 HDIL、微球 MSFL、JXFW、SHDT</td></tr>
<tr><td rowspan="4">成像类</td><td colspan="2">电成像测井 XRMI(非油基泥浆)</td><td>评价裂缝发育和分布、地层特征、岩相、沉积相及微相</td></tr>
<tr><td colspan="2">核磁共振测井 MRIL-P(泥浆电阻率大于 0.02Ω·m，先于倾角测量)</td><td>计算总孔隙度、有效孔隙度、渗透率等参数、识别复杂油气层</td></tr>
<tr><td colspan="2">多极子阵列声波 WSTT 或 MXAC</td><td>力学参数计算、地层各向异性、裂缝分析及横波储层预测等</td></tr>
<tr><td colspan="2">(可选)取芯</td><td>直观了解地层含油气情况</td></tr>
</table>

表 7-5-2　东濮凹陷中-古生界致密碎屑岩探井测井系列选取表(非目的层段)

<table>
<tr><th colspan="2">项目</th><th colspan="2">测量内容</th><th>解决问题</th></tr>
<tr><td rowspan="5">组合测井</td><td rowspan="3">常规类</td><td>淡水泥浆</td><td>GR、SP、CAL、AC、CNL、DEN、LL、JXFW</td><td rowspan="3">复杂岩性识别、油气层划分、地层对比</td></tr>
<tr><td>盐水泥浆</td><td>GR、SP、CAL、AC、CNL、DEN、LL、JXFW</td></tr>
<tr><td>油基泥浆</td><td>GR、SP、CAL、AC、CNL、DEN、HDIL、JXFW</td></tr>
<tr><td rowspan="2">成像类</td><td colspan="2">(可选)电成像测井 XRMI(非油基泥浆)</td><td>评价裂缝发育和分布、地层特征、岩相、沉积相及微相</td></tr>
<tr><td colspan="2">(可选)多极子阵列声波 WSTT 或 MXAC</td><td>力学参数计算、地层各向异性、裂缝分析及横波储层预测等</td></tr>
</table>

表 7-5-3　东濮凹陷沙河街组致密碎屑岩探井测井系列选取表(目的层段)

<table>
<tr><th colspan="2">项目</th><th colspan="2">测量内容</th><th>解决问题</th></tr>
<tr><td rowspan="6">组合测井</td><td rowspan="3">常规项目</td><td>淡水泥浆</td><td>NGR、SP、CAL、AC、CNL、DEN、LL、ML、JXFW、SHDT</td><td rowspan="3">复杂岩性识别、储层关键参数计算及油气层划分，分析地层产状，研究构造、沉积环境</td></tr>
<tr><td>盐水泥浆</td><td>NGR、SP、CAL、AC、CNL、DEN、LL、MSFL、JXFW、SHDT</td></tr>
<tr><td>油基泥浆</td><td>NGR、SP、CAL、AC、CNL、DEN、HDIL、MSFL、JXFW、SHDT</td></tr>
<tr><td rowspan="3">成像类项目</td><td colspan="2">(可选)电成像测井 XRMI(非油基泥浆)</td><td>评价裂缝发育和分布、地层特征、岩相、沉积相及微相</td></tr>
<tr><td colspan="2">核磁共振测井 MRIL-P(泥浆电阻率大于 0.02Ω·m，先于倾角测量)</td><td>计算总孔隙度、有效孔隙度、渗透率等参数、识别复杂油气层</td></tr>
<tr><td colspan="2">(可选)取芯</td><td>直观了解地层含油气情况</td></tr>
</table>

类似的，形成了东濮凹陷中—古生界探井非目的层段测井系列选取表(见表 7-5-2)、东濮凹陷沙河街探井目的层段测井系列选取表(见表 7-5-3)、东濮凹陷沙河街探井非目的层段测井系列选取表(见表 7-5-4)、东濮凹陷沙河街开发井目的层段测井系列选取表(见表 7-5-5)、东濮凹陷沙河街开发井非目的层段测井系列选取表。

表 7-5-4　东濮凹陷沙河街组致密碎屑岩探井测井系列选取表(非目的层段)

项目		测量内容		解决问题
组合测井	常规项目	淡水泥浆	GR、SP、CAL、AC、CNL、DEN、HDIL	复杂岩性识别、油气层划分、地层对比
		盐水泥浆	GR、SP、CAL、AC、CNL、DEN、LL	
		油基泥浆	GR、SP、CAL、AC、CNL、DEN、HDIL	

表 7-5-5　东濮凹陷沙河街组致密碎屑岩开发井测井系列选取表(目的层段)

项目		测量内容		解决问题
组合测井	常规项目	淡水泥浆	GR、SP、CAL、AC、CNL、DEN、LL、ML、JXFW	复杂岩性识别、储层关键参数计算及油气层划分
		盐水泥浆	GR、SP、CAL、AC、CNL、DEN、HDIL、MSFL、JXFW	
		油基泥浆	GR、SP、CAL、AC、CNL、DEN、HDIL、MSFL、JXFW	
		(可选)核磁共振测井 MRIL-P(泥浆电阻率大于 0.02Ω·m,先于倾角测量)		计算总孔隙度、有效孔隙度、渗透率等参数、识别复杂油气层

第八章

应用实例

第一节　渤海湾盆地

一、沙河街砂岩孔隙型油气藏实例

1. 在卫 452 井发现致密油气藏

卫 452 井是部署在东濮凹陷濮卫环洼带西翼卫 370 东断鼻的一口评价井，目的层为沙三中及沙三下，钻探目的是评价卫 370 东块沙三上^{7}～沙三中^{4}砂组储层和含油气性情况（见图 8-1-1）。该井钻探时采用饱和盐水泥浆，自然电位无法划分渗透层，且部分储层自然伽马高值，致使储层划分困难。

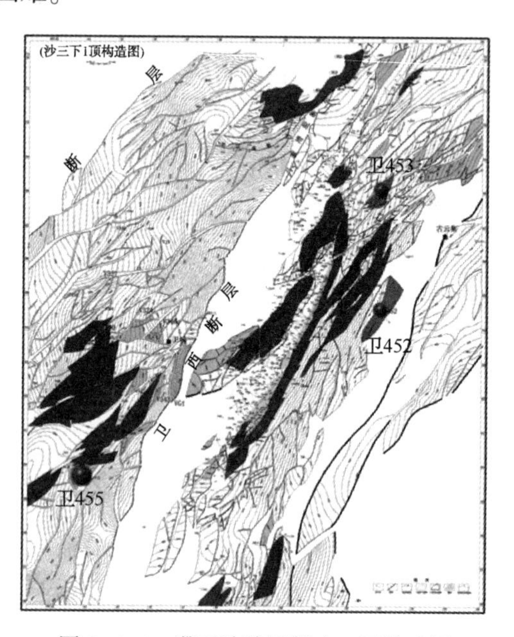

图 8-1-1　濮卫洼陷西部少三下构造图

利用无铀伽马来识别岩性、利用双侧向径向差异来划分渗透层，较好地解决了储层划分问题。基于分储集空间类型建立油气层测井解释标准，根据邻井云 9-1、卫 87、卫 370-3、卫 360-35 及卫 356 井的试油投产资料并结合这 5 口形成了濮卫洼陷西部沙三段粒间孔隙型储层的测井解释标准，即储干界限为 8.0%，油层（低产油层）电阻率 $R_t \geqslant 2.8\Omega \cdot m$、油水同层 $2.0\Omega \cdot m \leqslant R_t < 2.8\Omega \cdot m$、水层 $R_t < 2.0\Omega \cdot m$。

利用濮卫洼陷西部沙三段粒间孔隙型储层的测井解释标准，对卫 452 井进行了测井精细评价，在沙三下 3900.0～3920.0m 解释（低产）油层 2 层 5.8m、干层 6 层 5.5m（见图 8-1-2）。其中 148 及 151 号层物性较好，计算的孔隙度分别为 8.4%、9.3%；电阻率数值较高分别为 $9.9\Omega \cdot m$、$8.2\Omega \cdot m$，计算的含油饱和度分别为 37.4%、50.0%，综合分析解释 148、151 号层为（低产）油层。

测井解释结论与测试投产结果完全吻合。2016 年 3 月 15 日上返至 148 及 151 号(测井解释为油层)压裂，日产油 8.8m^3，少量气，未见游离水，试油结果为油层。两层的测井解释结论与投产结果完全吻合，同时实现了卫 452 井致密砂岩油藏的发现。

测井计算的“孔渗饱”(孔隙度、渗透率、饱和度)与岩芯分析结果高度吻合。利用 3 种含水饱和度模型处理卫 452 井，成果图见图 8-1-2。对 3 种模型饱和度与岩芯分析饱和度进行精度对比分析，3903.5~3920.2m 井段的 Archie、双水模型、普遍意义的 W—S 模型的平均含油饱和度分别为 21.0%、26.1%、23.8%，与岩芯分析的含油饱和度平均值 22.0%分别相差：-1.0%、4.15%、1.8%，相对误差分别为 4.7%、18.4%、8.0%。研究所建普遍意义 W-S 模型计算的含油饱和度最接近密闭取芯的岩芯分析结果。

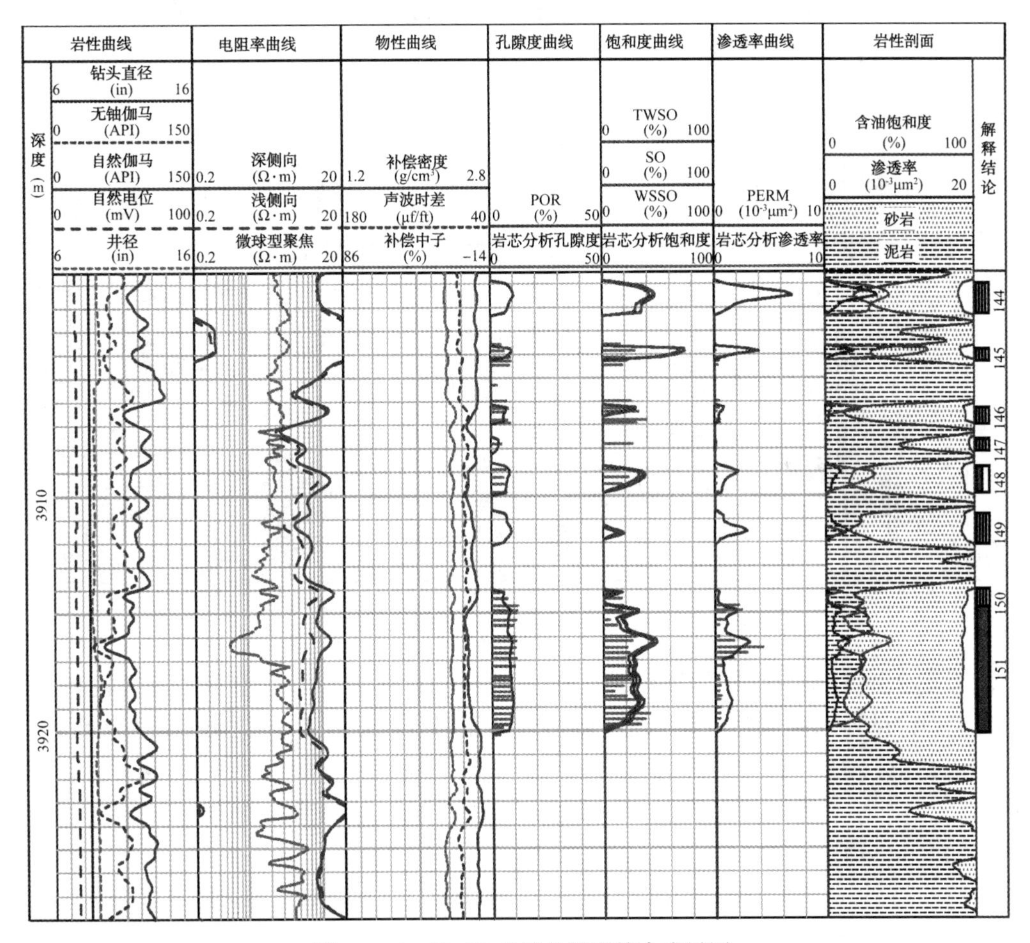

图 8-1-2　卫 452 井测井解释综合成果图

2. 在卫 455 井发现低电阻率油藏

卫 455 井是部署在东濮凹陷西部斜坡带马寨断层下降盘地垒上的一口评价井(见图 8-1-3)，钻探目的是了解马寨断层下降盘沙三砂组的分布及含油气情况。

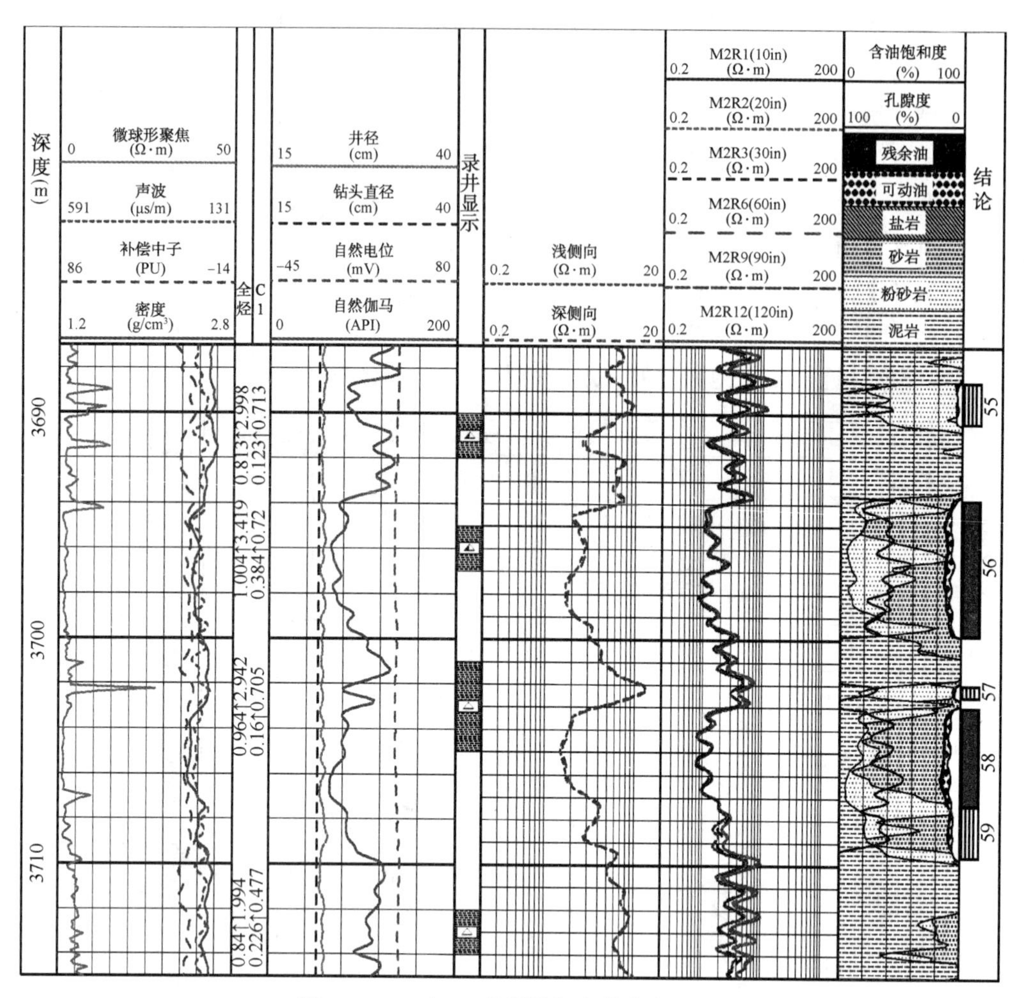

图 8-1-3　卫 455 井测井解释综合成果图

由于该井邻井少，目的层段没有投产测井结果可以参考，只有参照邻近区块濮卫洼陷北部及濮卫洼陷西部的测井解释标准。濮卫洼陷北部沙三段的储干孔隙度界限为 6.0%，油层电阻率 $R_t \geq 4.5\Omega \cdot m$、油水同层 $3.0\Omega \cdot m \leq R_t < 4.5\Omega \cdot m$、水层 $R_t < 3.0\Omega \cdot m$。濮卫洼陷西部沙三段粒间孔隙型储层的测井解释标准，即储干界限为 8.0%，油层(低产油层)电阻率 $R_t \geq 2.8\Omega \cdot m$、油水同层 $2.0\Omega \cdot m \leq R_t < 2.8\Omega \cdot m$、水层 $R_t < 2.0\Omega \cdot m$。

图 8-1-3 为卫 455 解释成果图，图中 58 号层(3703.0~3707.3m)的孔隙度为 16.7%、电阻率在 1.5~2.2Ω · m 之间，56 号层(3693.8~3699.8m)的孔隙度为 13.9%、电阻率在 1.8~3.0Ω · m 之间。无论是按濮卫洼陷西部或是濮卫洼陷北部的测井解释标准均解释为水层。但利用层内孔隙度—电阻率—岩性匹配关系识别为油层。图 8-1-3 中 58 号层 3705~3706m 自上而下自然伽马测井值依次减小，反映地层泥质含量依次减小，在孔隙度近似的情形下，但电阻率测井数值依次逐渐增大，为弱信号油层测井响应特征。类似地，56 号层(3693.8~3699.8m)中 3697.5~3698.5m 自上而下自然伽马测井值增大，但电阻率测井曲线

平直，为弱信号油层测井响应特征，利用层内孔隙度—电阻率—岩性匹配关系识别为油层。

对卫455井测井解释出的53～56、58～59号层，油层13.5m/4层、干层4.1m/2层投产，喜获3.5m^3/d的油流。测井解释结论与试油结果完全吻合，成功发现低含油饱和度油层。在邻井资料不足，无法建立测井解释标准时，层内孔隙度—电阻率—岩性匹配关系可较好地识别油气层。

二、沙河街油页岩间砂岩油气藏实例

1. 在濮156井油页岩间储层获得油流

濮156井是部署在东濮凹陷濮卫次洼南部濮75断块区的一口滚动井，钻探目的是评价濮城次洼南翼盐间沙三中含油气情况。由于井况原因，该井全井段钻具输送测井，测得自然伽马、井径、自然电位、套后中子、声波、双感应—八侧向等测井资料。

在常规测井资料不全的情况下，利用分储集空间类型建立油气层测井解释标准，并结合"四看电阻率"对濮156井进行测井评价，在该井3678.8～3709.6m井段内解释油层3层12.4m、(低产)油层1层11.1m、干层3层4.6m(见图8-1-4)。

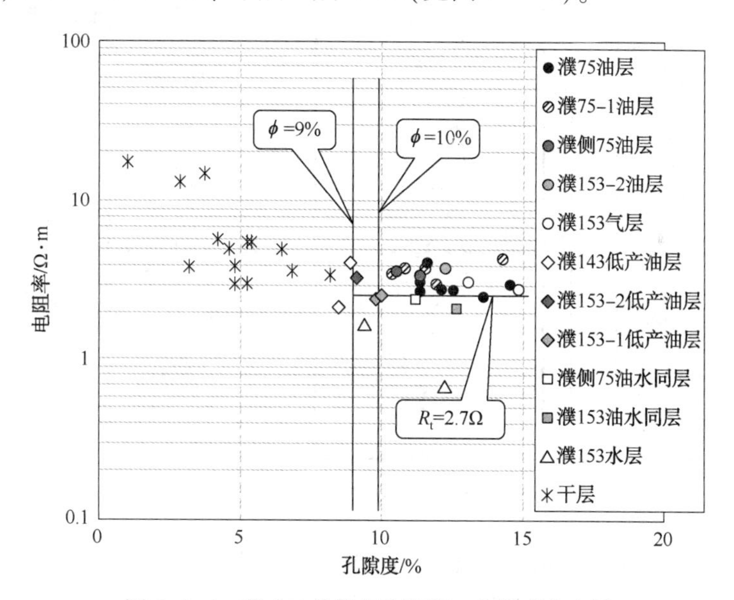

图8-1-4　濮156井邻井孔隙度—电阻率交会图

图8-1-4是根据邻井濮75、濮75-1、濮侧75、濮143、濮153-1、濮153-2六口测试投产井，沿用分储集空间类型建立油气层测井解释标准，濮156井区沙三段砂岩孔隙型储层的解释标准为：储干孔隙度界限为9.0%，(低产)油层和油层孔隙度界限为10%，油层(低产油层)电阻率$R_t \geq 2.7\Omega \cdot m$、油水同层$1.0\Omega \cdot m \leq R_t < 2.7\Omega \cdot m$、水层$R_t < 1.0\Omega \cdot m$，据此判别110～111号层为油层，109和113号层为干层(图8-1-5)。

111号层测井计算的孔隙度为12.6%，深感应电阻率为4.4Ω·m；110和112号层计算的孔隙度分别为9.2%、9.3%，虽然钻进中在110～112号层未见荧光及以上级别油气显示、仅有气测异常显示，但是依据四分法测井解释标准，综合解释该套层为油层。利用层内孔隙度—电阻率—岩性匹配关系发现，110~111 号层内在孔隙度测井曲线几乎没有变化的情况下，自然伽马测井数值在 3435.5~3437.0m 内，自上而下逐渐增大，表明泥质含量自上而下逐渐升高，而对应的深感应电阻率数值自上而下却是减小，储层呈现出油层的特征。故综合将 111 号层测井解释为油层。

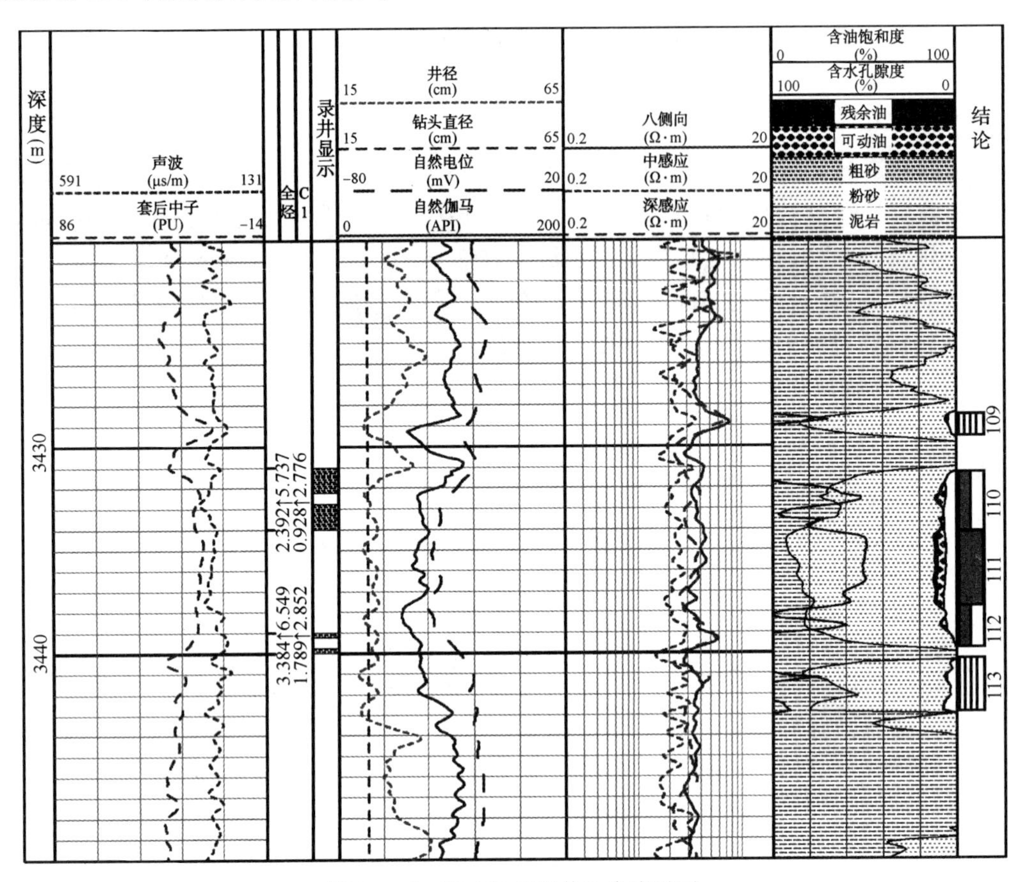

图 8-1-5　濮 156 井测井组合成果图

2019 年 10 月 22 日对濮 156 井的 110~112 号层进行测试，日产油 5.1t、气 3000m³、水 1.4t，测试结果为油气层，测井解释结论与试油结果吻合。

2. 卫 320 井沙三中油页岩间油层

卫 320 井是部署在东濮凹陷中央隆起带卫 79 断块的一口探井，钻探目的是追踪卫 79 井和卫 68 井的油层段，扩大含油面积，认识卫东断层，落实构造。该井于 1990 年 12 月 27 日开钻，1991 年 3 月 6 日完钻，完钻井深 3545m。该井测井包括常规测井资料的自然伽马、自然电位、井径、三孔隙度和双感应—八侧向。

图 8-1-6 中 1~3 号层(3362.8~3370.3m)的储层自然伽马测井曲线中等值，电阻率数值在 3.55~5.96Ω · m 之间，相对围岩明显高值，自然电位基本无异常显示，三孔隙度高于

围岩层，为典型油页岩间储层测井响应特征。

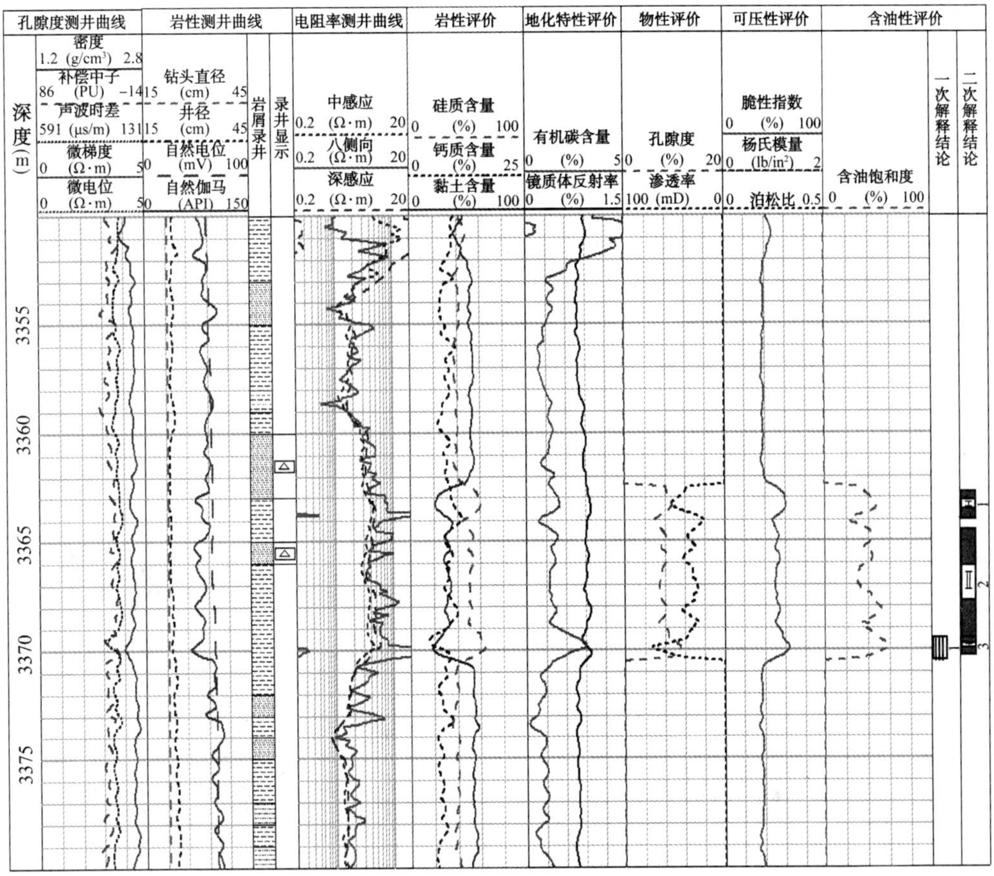

图 8-1-6 卫 320 井油页岩间储层评价成果图

根据定量计算结果，1、3 号岩性评价参数中的硅质含量分别为 60.25%和 61.31%，钙质含量分别为 9.51%和 5.92%，黏土含量分别为 21.56%和 21.88%；地化特性评价参数中的有机碳含量分别为 1.65%和 2.58%，镜质体反射率分别为 0.98%和 0.91%；物性评价参数中的孔隙度分别为 9.40%和 10.23%；可压性评价中的脆性指数分别为 60.91%和 60.95%；含油饱和度分别为 47.61%和 53.24%；根据濮卫地区油页岩间储层解释标准，两层均评价为页岩油层（Ⅰ类）。

2 号层的硅质含量为 52.39%，钙质含量为 8.05%，黏土含量为 31.31%；有机碳含量为 1.45%，镜质体反射率为 0.92%；孔隙度为 7.77%；脆性指数为 52.68%；含油饱和度为 40.70%；根据解释标准，该层评价为页岩油层（Ⅱ类）。

对沙三中新发现的油页岩间 1～3 号油层（3362.8～3370.3m）投产，预计会获得工业油流。

3. 卫 79 块沙三段油页岩间致密砂岩油层

卫 79-11 井是部署在东濮凹陷中央隆起带卫城构造上的一口开发井，钻探目的是钻探并开发沙三下油层。该井于 1991 年 3 月 20 日开钻，1991 年 6 月 15 日完钻，完钻井深 3600m。该井测井包括常规测井资料的自然伽马、自然电位、井径、声波时差和双感应—八侧向。

利用层内孔隙度—电阻率—岩性匹配关系识别法，尤其是“四看电阻率”发现：2-5 号层~2-10 号层，一看电阻率大小，深感应均在 2Ω · m 以上，为油层电阻率数值范围；二看电阻率形态，双感应电阻率呈凸状油层特征；三看电阻率侵入特征，双感应电阻率呈低侵油层特征(ILD>ILM)，四看电阻率与其他曲线的匹配关系，在 2-8 号层内孔隙度近似不变，3329. 5m 自然伽马测井曲线反映该处泥质含量增加，相应电阻率数值降低，为油层典型特征，综合解释为油层(见图 8-1-7)。其余四层 2-6 号、2-7 号、2-9 号、2-10 号整体相对油层物性略差，电阻率略低，因此综合解释为低产油层(见图 8-1-7)。

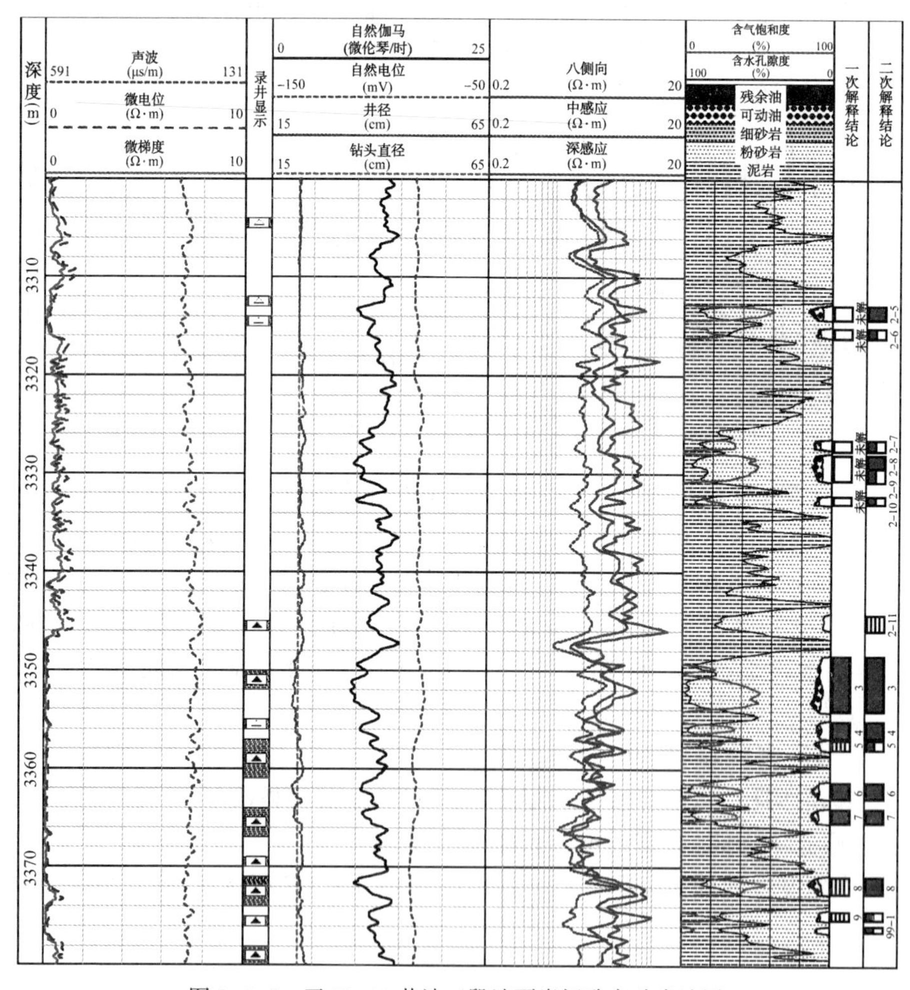

图 8-1-7　卫 79-11 井沙三段油页岩间致密砂岩油层

3号层~9-1号层，这8层依据“四看电阻率”法，一看电阻率大小，整体数值较高，较围岩高；二看电阻率形态，双感应电阻率呈凸状油层特征；三看电阻率侵入特征，双感应电阻率呈低侵(ILD>ILM)，四看电阻率与其他曲线的匹配关系，如在3号层内孔隙度近似不变，层内3351.8m和3352.2m自然伽马测井曲线反映泥质含量增加，相应电阻率数值不变，为油层典型特征，综合解释为油层(见图8-1-7)。

1991年7月对3号层~4号层、6号层~9号层射孔，日产油44t、气3116m³，试油结果为油气层，测井解释结论与试油结果吻合。

建议对新发现的2-5号~2-10号油层(一次未解释)试油，预计会获得油流。

4. 濮90井沙三中油页岩间油层

图8-1-8中1、2号层，自然伽马数值较高，电阻率特征值分别为4.61Ω·m和6.47Ω·m，相对围岩明显高值，自然电位基本无异常显示，三孔隙度略高于围岩层，属于油页岩间非常规储层，利用页岩油气处理软件对之进行处理，结果如下：

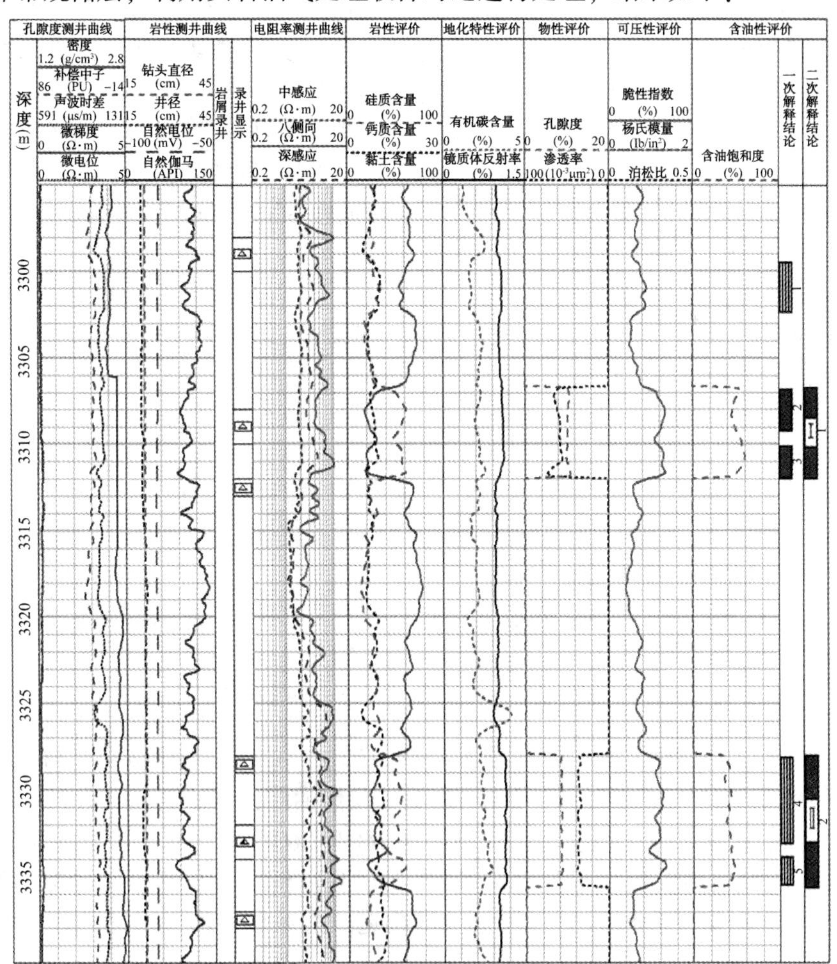

图8-1-8 濮90井油页岩间储层评价成果图

1号层(3306.8~3312.0m)经储层参数评价为页岩油层(Ⅰ类)。岩性评价参数中的硅质含量为54.95%,钙质含量为8.09%,黏土含量为24.72%;地化特性评价参数中的有机碳含量为2.21%,镜质体反射率为1.09%;物性评价参数中的孔隙度为10.21%;可压性评价参数中的脆性指数为61.55%;含油性评价参数中的含油饱和度为50.67%。

2号层(3328.0~3335.6m)经储层参数评价为页岩油层(Ⅱ类)。岩性评价参数中的硅质含量为50.39%,钙质含量为9.67%,黏土含量为29.16%;地化特性评价参数中的有机碳含量为2.46%,镜质体反射率为1.12%;物性评价参数中的孔隙度为8.43%;可压性评价参数中的脆性指数为60.41%;含油性评价参数中的含油饱和度为40.77%。

1998年4月23日,对沙三中[8]段地层3299.5~3336.0m(测井一次解释的1-5号层)井段进行射孔,没获得产能。随着技术的进步,该套层如采用现今的压裂技术,预计会获得工业油流。

三、三叠系砂岩裂缝型油气藏实例

卫77-21井是部署于卫77块三叠系构造的一口开发井,地理位置在卫77-4井147°方位20m、明5井28°方位305m处,钻探目的是落实并开发卫77块三叠系油藏。该井于2012年4月7日完钻,完钻井深3000.0m,完钻地层三叠系。

图8-1-9中37~39号层(2842.0~2847.0m),40~41号层(2852.0~2858.0m)为砂岩储层,电成像指示裂缝发育,裂缝主要为倾角大于60°的高角度裂缝,按裂缝产状分裂缝为两组,一组为倾向在170°~220°的裂缝,另一组为倾向在320°~360°的裂缝。地层为东南倾,倾向在100°~170°内(见图8-1-9)。

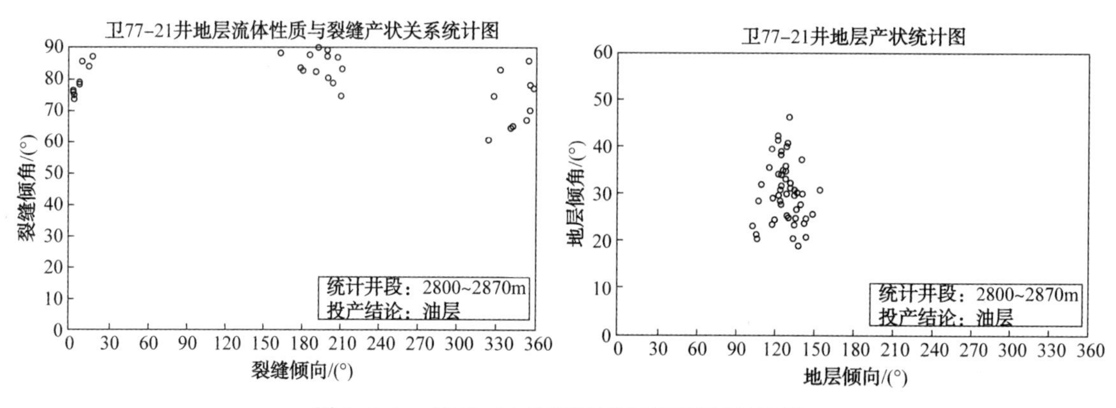

图8-1-9 卫77-21井裂缝与地层的配置关系图

根据研究形成的"裂缝与地层空间配置关系识别法"可知:当储层发育与地层产状(东南倾)一致的裂缝(裂缝倾向为115°~210°)时,储层为油层;当储层无发育与地层产状一致的裂缝(尽管储层内发育另一组裂缝,其倾向为260°~360°)时,储层为非油层。该井37~39号层、40~41号层均发育一组与地层倾向一致的裂缝(倾向在170°~220°的裂缝),按"裂缝与地层空间配置关系识别法",参照卫城构造三叠系地层油、水层测井识别标准,测井均综合解释为油层。

对该套层射孔后自喷(见图8-1-10),日产油18t,日产水1.7m³,含水8.6%,投产结论为工业油流层，测井解释结果与投产结论吻合。

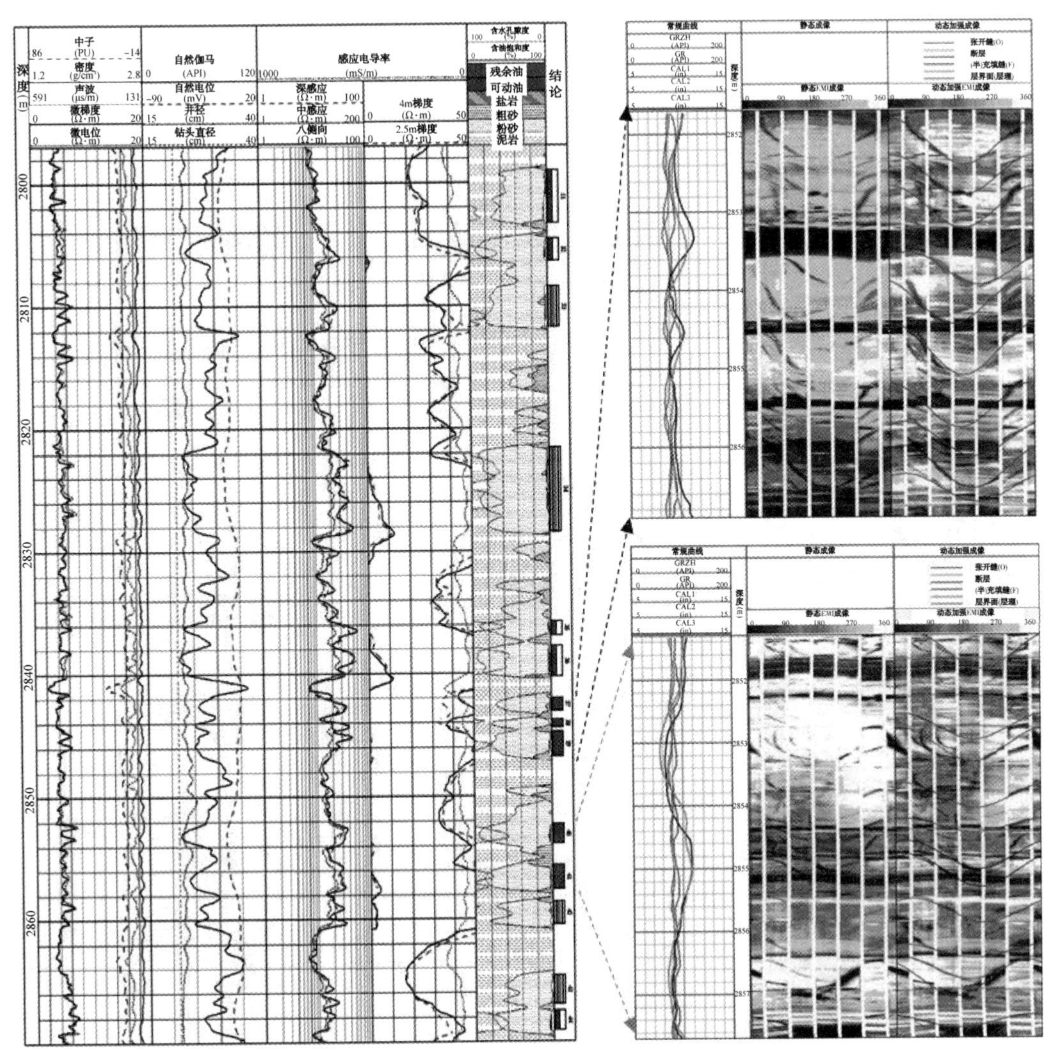

图 8-1-10　卫 77-21 井三叠系常规测井及电成像测井综合评价图

四、二叠系致密砂岩油气藏实例

1. 文古 2

文古 2 井是位于东濮凹陷中央隆起带文留潜山构造的一口预探井，钻探目的是探索文留潜山的含油气情况，评价文留潜山中生界、石炭-二叠、奥陶系的储集性能，探索适合于潜山的钻井、测试工艺。该井完钻井深 4850m，完钻层位奥陶系马家沟组。

由于局限于当时的测井技术发展状况，该井仅测得了常规曲线，利用“孔隙度—电阻率交会图”等传统方法在 3813.0~3834.0m 解释水层 2 层、干层 1 层(见图 8-1-11)。利用研究成果，通过对该井再评价，将 44、46 号水层提升为油气层。

层内非均质法指示，在46号层内三孔隙度测井曲线几乎没有变化(见图8-1-11第五道)，在3830.2m处自然伽马数值明显增大，表明泥质含量升高，而对应的深感应电阻率数值没有随之增大，在电阻率的匹配关系上，储层呈现出非水层的特征。故而将46号层二次解释为油气层。

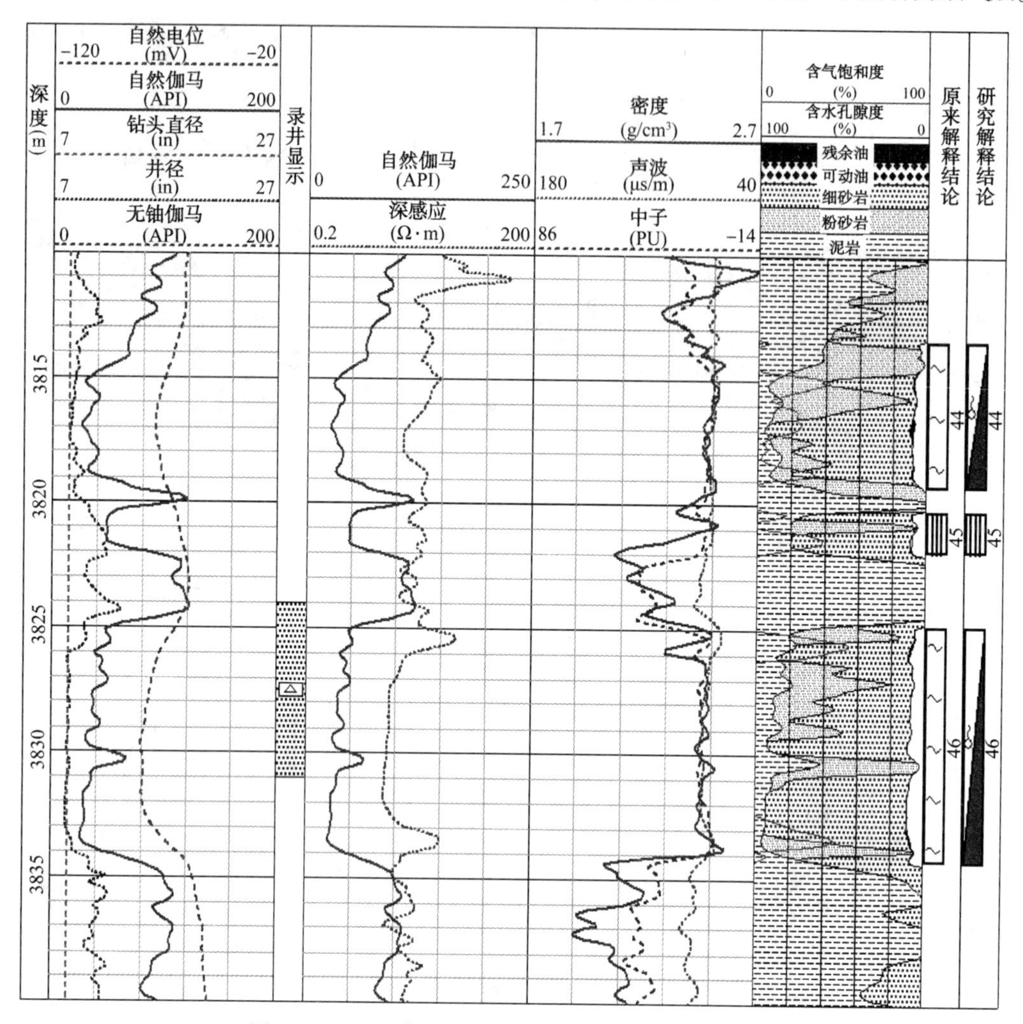

图8-1-11　文古2井利用层内非均质法识别油气层

后对44、46号层压裂获得工业油气流，日产气$1.1\times10^4m^3$、油5.78t，试油结果为油气层，测井二次解释结论与试油结果吻合。

2. 文古3井

文古3井是部署在东濮凹陷中央隆起带文留构造文23断块北部的一口滚动评价井。其钻探目的是：完善文23气田沙四段的开发井网；兼探该区域上古生界含气情况。测井系列为自然伽马、井径、自然电位、密度、中子、声波、双感应、微球形聚焦等测井资料。

应中原油田勘探管理部要求，对文古3进行老井复查，确认62号是不是油气层(甲方怀疑泥浆侵入形成了低阻油气层)。利用研究形成的“层内非均质”法，结合形成的“四看电阻率”快速识别油气层，对文古 3 井进行了测井再评价（见图 8-1-12），确认 62 号层为水层，建议不采取措施。

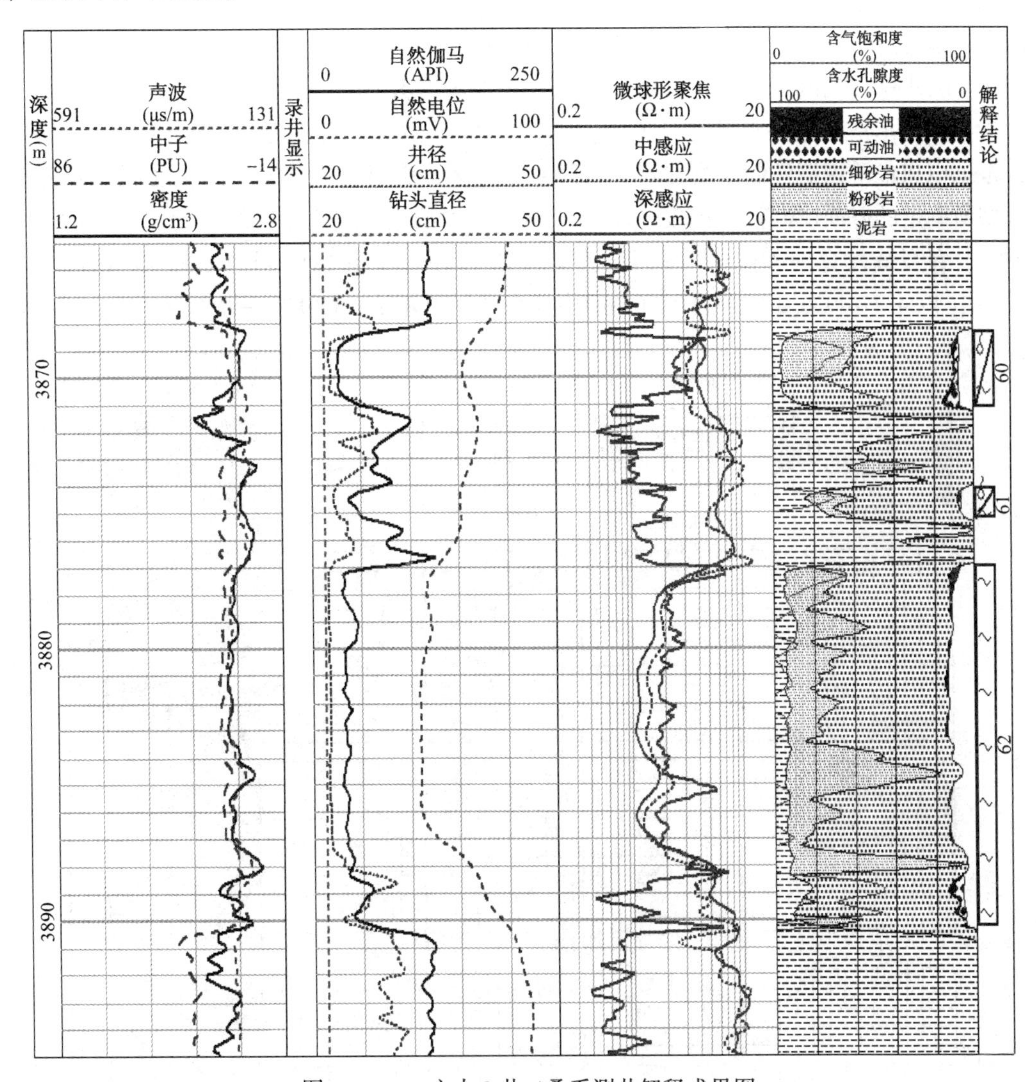

图 8-1-12　文古 3 井二叠系测井解释成果图

确认 62 号层为水层的重要依据就是“四看电阻率”，即一看电阻率大小，深感应电阻率数值仅 1.2Ω · m，为水层电阻率数值范围；二看电阻率形态，双感应电阻率呈“凹状”水层特征；三看电阻率侵入特征，双感应—八侧向电阻率呈“高侵”（ILD<ILM<LL8）水层特征；四看电阻率与其他曲线的匹配关系，在 62 号层内孔隙度近似不变，3879.0~3880.0m 自然伽马测井曲线反映该处泥质含量增加，相应电阻率随之增大，为水层典型特征。

该层压裂后抽汲，水分析的氯根稳定在 135624mg/L 后，日产水 22.3m³，试油结论为水层。测井解释结论与试油结果高度吻合，油气水层的精准判别提高了测井在油气勘探开发中的“话语权”。

3. 胡古 2 井

对胡 2 井进行了成功解释，在东濮凹陷二叠系成功发现类似气藏。胡古 2 是位于东濮凹陷西部斜坡带的一口预探井，也是近十年来中原油田再探古潜山的一口井，完钻井深 5245m。该井除常规测井资料外，还测有偶极声波及 FMI 测井。

参照研究形成的储层有效划分方法，利用自然伽马(GR)并参考自然电位(SP)识别出砂体，根据电成像等裂缝性储层测井响应特征判断砂体内裂缝是否发育，最后根据储层定量评价模型所确定的基质(裂缝)孔隙度、基质(裂缝)、含油饱和度大小，结合研究形成的油水判别方法，在裂缝发育的砂体中识别出油气层。在该井二叠系 181 号层(4855.8~4858.1m)和 193 号层(4924.1~4926.8m)解释出气层两层 5.0m(见图 8-1-13 和图 8-1-14)。

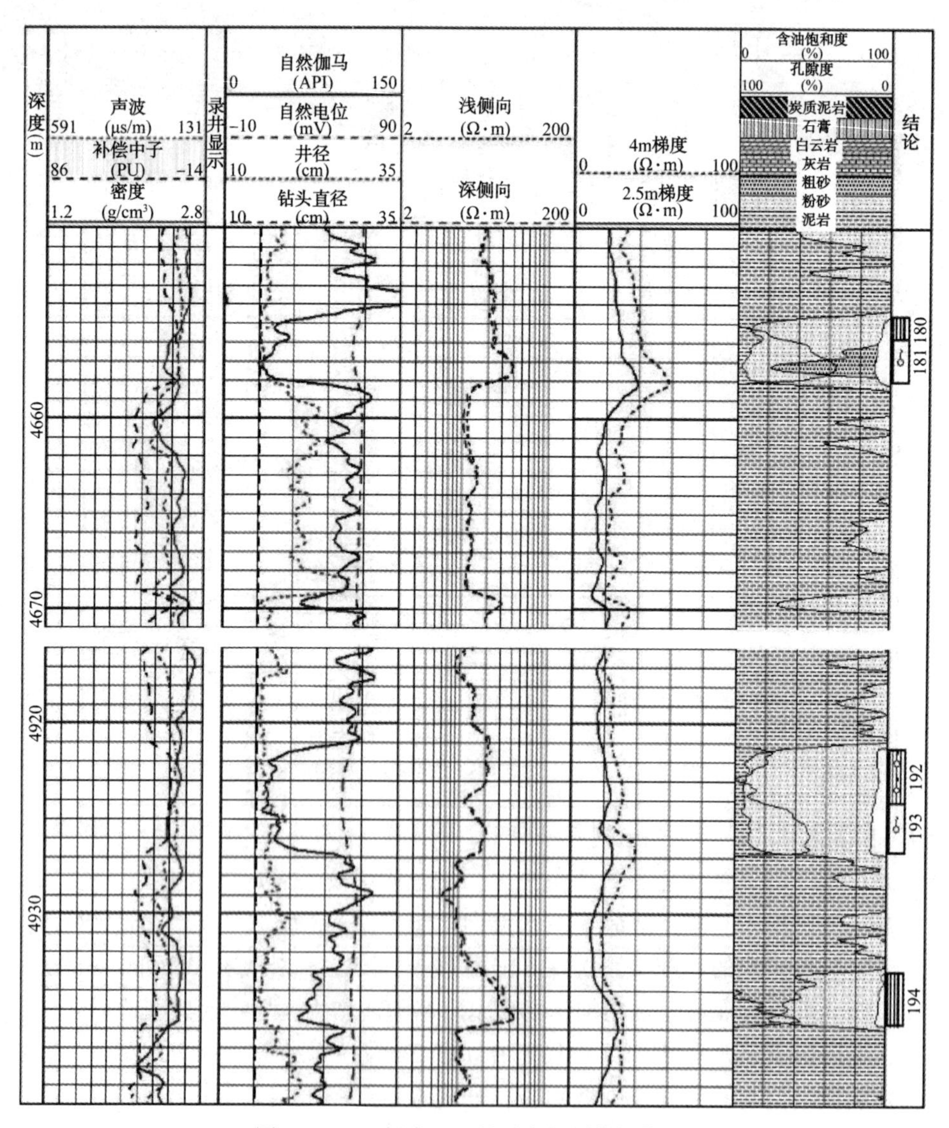

图 8-1-13　胡古 2 二叠系常规测井评价图

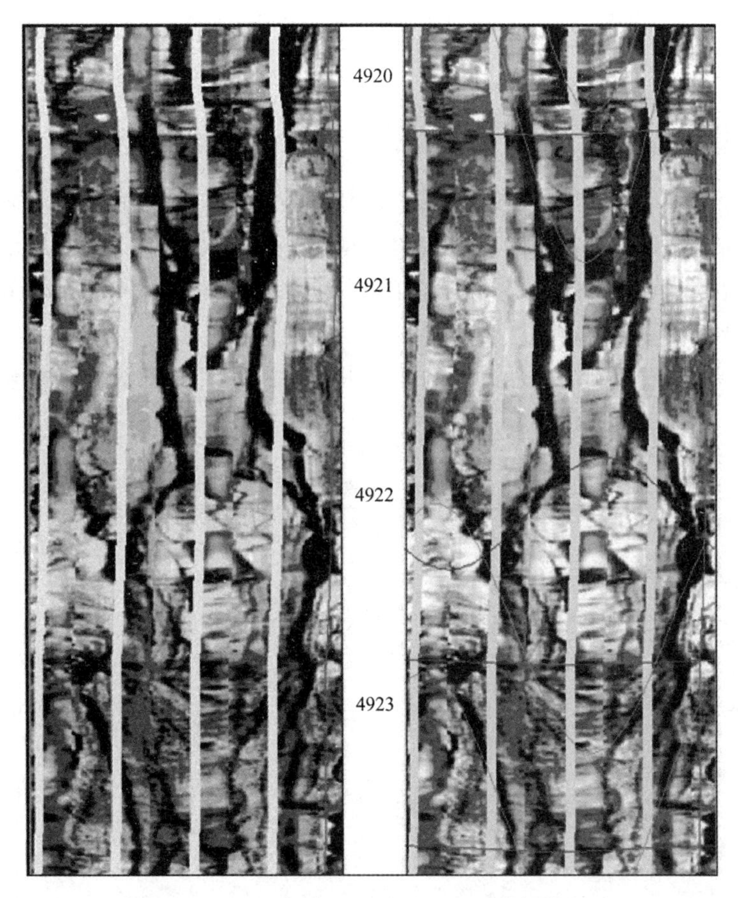

图 8-1-14　胡古 2 二叠系 FMI 测井评价图

另外，在相同(似)岩性和孔隙度情形下，气饱和岩石的纵波速度小于水饱和岩石的，而气饱和岩石的横波速度大于水饱和岩石的，因此气含量越大、水含量越小，V_p/V_s越小、DT_S越小；反之，气含量越小、水含量越大，V_p/V_s越大、DT_S越大。利用纵横波速度比(V_p/V_s)与横波时差(DT_S)交会判别两层均为气层，且 193 号气层好于 181 号气层。181 号层压裂后获得 1700m^3/d 的气流(最高产量达 8449m^3/d)、无水，测井解释结论和试油结果吻合，实现东濮凹陷古潜山气藏的发现。

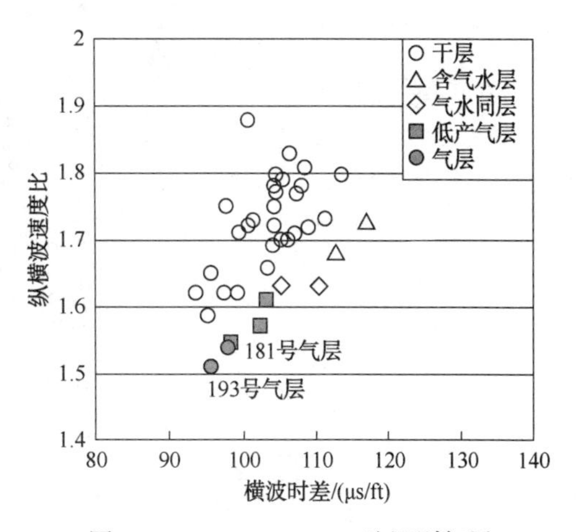

图 8-1-14　V_p/V_s—DT_S法识别气层

第二节　其他含油盆地应用

一、塔里木盆地

运用层内孔隙度—电阻率—岩性匹配关系及四分法建立测井解释标准两种油气层识别方法，实现了西北油气分公司低阻及特低阻碎屑岩油气层的准确识别。对中国石化集团公司塔北地区 80 口老井进行复查，发现 19 口井，新增油气层 25 层 84.6m。对 143 个测试层的统计，测井解释符合率由原来 78.5%提升至 98.0%。

实现塔河油田特低阻碎屑岩油气层的准确识别：T501 井是部署在阿克亚苏构造的一口井，完钻层位三叠系(见图 8-2-1)。

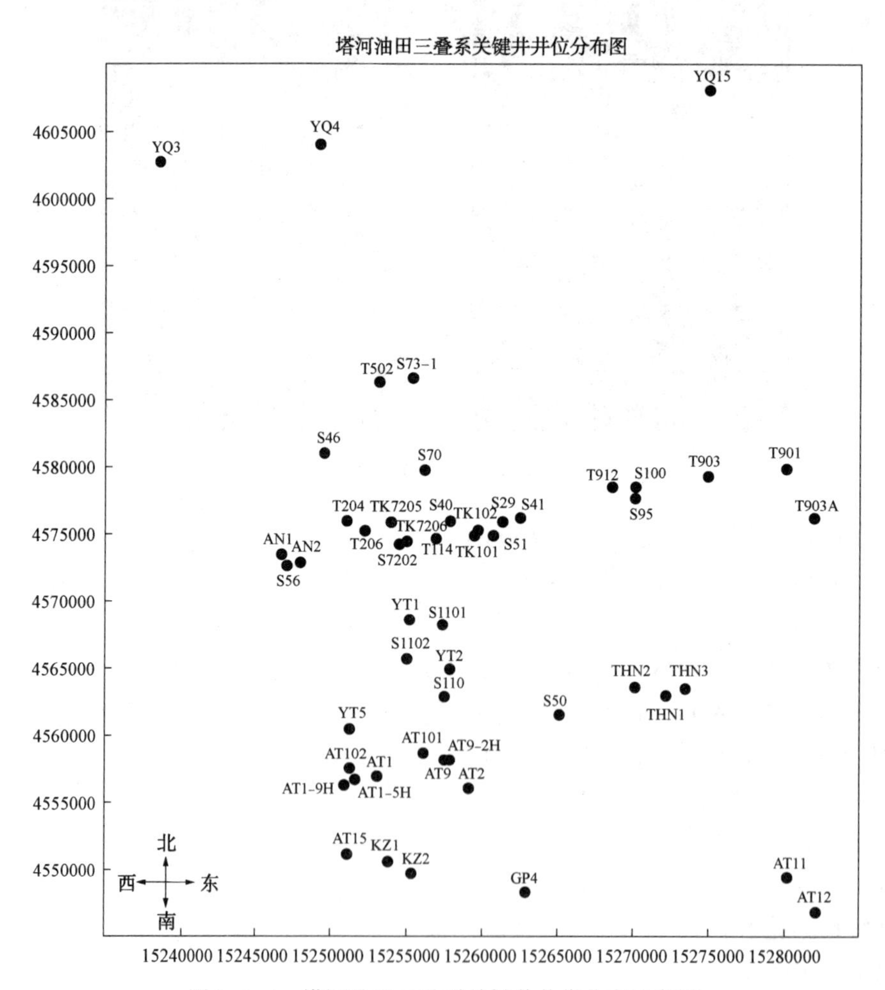

图 8-2-1　塔河油田三叠系关键井井位分布示意图

于奇-5区炭质泥下第Ⅰ砂组

① YQ15井。图8-2-2给出了YQ15井测井二次解释成果图。其中1号层(5093.0~5096.5m)位于三叠系哈Ⅰ段顶部(高GR、低ILD的炭质泥下部),测井二次解释孔隙度为15.48%,电阻率为2.72Ω·m,RT—POR交会图版法判断为油气层;含油饱和度为59.80%、残余油饱和度为42.75%、束缚水饱和度为40.2%,可动流体识别法评价为油气层;渗透率为$12.92\times10^{-3}\mu m^2$、油相渗透率为0.733,水相渗透率为0.000,相对渗透率识别法评价为油气层;核磁共振标准T_2谱幅度低缓、分布范围宽,差谱上有明显油气信号指示,移谱上长回波间隔T_2谱较标准谱有明显拖曳现象。以上均为含油气的核磁特征,由于3号层测试为油水同层,油样分析为重质原油(动力黏度为$2490\times10^{-3}Pa\cdot s$,远大于YQ4的$2.6\times10^{-3}Pa\cdot s$);1、3号层核磁孔隙度分别为10.0%、11.2%,远小于相应的岩芯分析孔隙度(14.5%、17.5%),这主要是由于稠油信号前移(甚至消失)致使T_2谱幅度减小。因此1、3号层测井解释均为油水同层。同样根据油气层测井识别方法进行定量解释,结合核磁共振测井解释成果,2号层(5097.5~5100.0m)由低产油气层调整为干层;4号(5104.4~5107.5m)由油水同层调整为含油水层(见图8-2-2)。

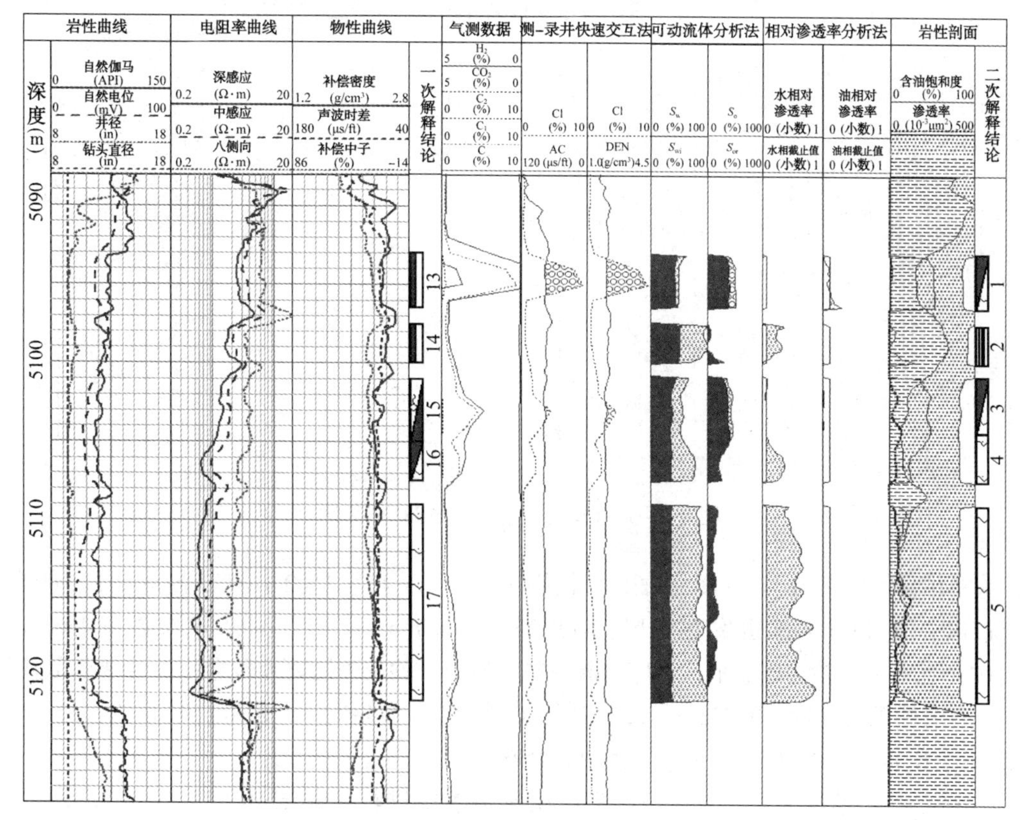

图8-2-2 YQ15井测井二次解释成果图

② T501井。图8-2-3给出了T501井测井二次解释成果图。其中1号层(4583.7~4587.7m)位于三叠系哈Ⅰ段顶部(高GR、低ILD的炭质泥下部)，测井二次解释孔隙度为15.66%、电阻率值为2.93Ω·m，RT—POR交会图版法判断为油气层；含油饱和度为51.56%、残余油饱和度为40.22%、束缚水饱和度为41.66%，可动流体识别法评价为油气层；渗透率为33.60×10^{-3}μm^2、油相渗透率为0.206、水相渗透率为0.003，相对渗透率识别法评价为油气层；由于该层泥质含量较重(为33.12%)。测井一次未解释，二次综合解释为低产油气层。

该层对应井段(4583.0~4586.0m)岩屑录井综合评价为气测异常；岩性为浅灰色细粒岩屑长石砂岩；泥浆槽面显示见约5%的针状气泡、荧光无显示。气测录井ΣC_n含量：1.617%、C_1含量：1.198%、C_2含量：0.365%、C_3含量：0.002%。该层对应井段(4589.5~4595.6m)岩芯无油气显示，岩性为灰色细粒岩屑长石砂岩。

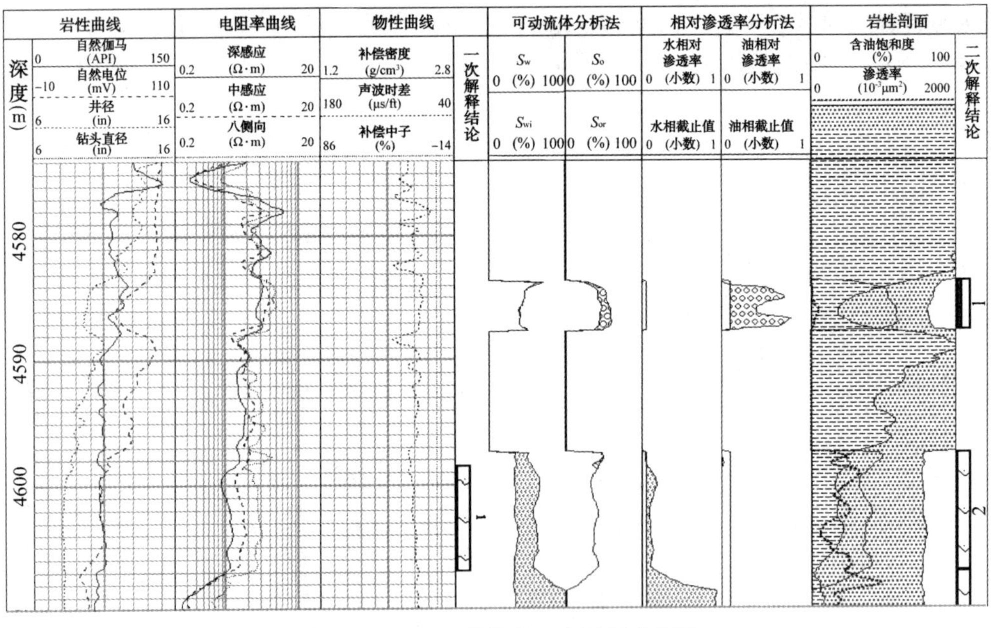

图8-2-3　T501井测井二次解释成果图

从邻井看，T501井与T502井对比性很强(见图8-2-4)，T502井在三叠系哈Ⅰ段的炭质泥(高GR、低ILD)下部也发育该层(4668.25~4673.75m)。T502井钻井取芯在4668.02~4674.02m见中—细砂油斑显示；对应岩屑录井为油斑、黄灰色油斑细砂岩；泥浆槽面无显示。

气测录井ΣC_n含量：0.773%↗3.109%、C_1含量：1.943%、C_2含量：0.094%、C_3含量：0.025%、iC_4含量：0.005%、nC_4含量：0.005%。

从测试/投产情况来看，五区三叠系仅在S73-1井进行了测试：4672.5~4677.5m测试结果为含油水层；4830.5~4833.5m测试获8.8m^3/d的油流。但它们均不是紧贴炭质泥标志层下的第Ⅰ砂组。就是说炭质泥标志下的第Ⅰ砂组尚未测试/投产过。

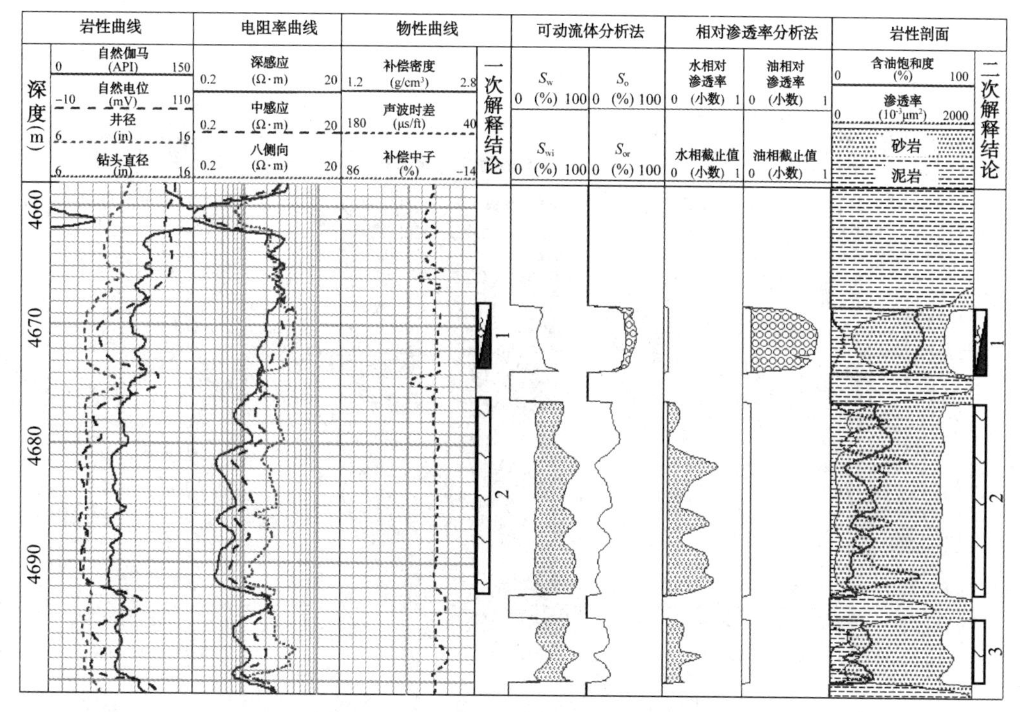

图 8-2-4　T502 井测井二次解释成果图

二、鄂尔多斯盆地

1. 东胜气田

在东胜气田应用新井 12 口，利用核磁共振锐化处理法，较好地解决了气层是否含水的问题，在 J66-2 发现石盒子组致密砂岩气藏。J66-2 井是部署在鄂尔多斯盆地伊盟北部隆起的一口气藏评价井，主要地质任务是评价盒 3 及盒 2 地层的产能，兼顾评价盒 1 及山西组层位含气性。

在该井测井解释过程中，利用核磁共振锐化处理法，核磁标准 T_2谱储层在 300ms 之后，物性较好；移谱谱峰形态低缓且在水线之前，含气性好。在石盒子组 2386.9～2395.5m 新发现致密砂岩气 8.6m（见图 8-2-5）。后对新发现的气层测试，日产气 8414m^3，测井解释结论与试气结果高度吻合。该井的投产为扩宽测井公司华北测井市场奠定基础。

2. 内蒙古矿业集团

实现鄂尔多斯盆地边缘油气勘探重大发现：A 井是内蒙古矿业集团部署在鄂尔多斯盆伊陕斜坡北部的一口参数井，钻探目的以页岩气勘察为主，兼探致密砂岩气、煤层气等非常规天然气，该井完钻井深 3568.00m，完钻层位为奥陶系马家沟组（见图 8-2-6）。

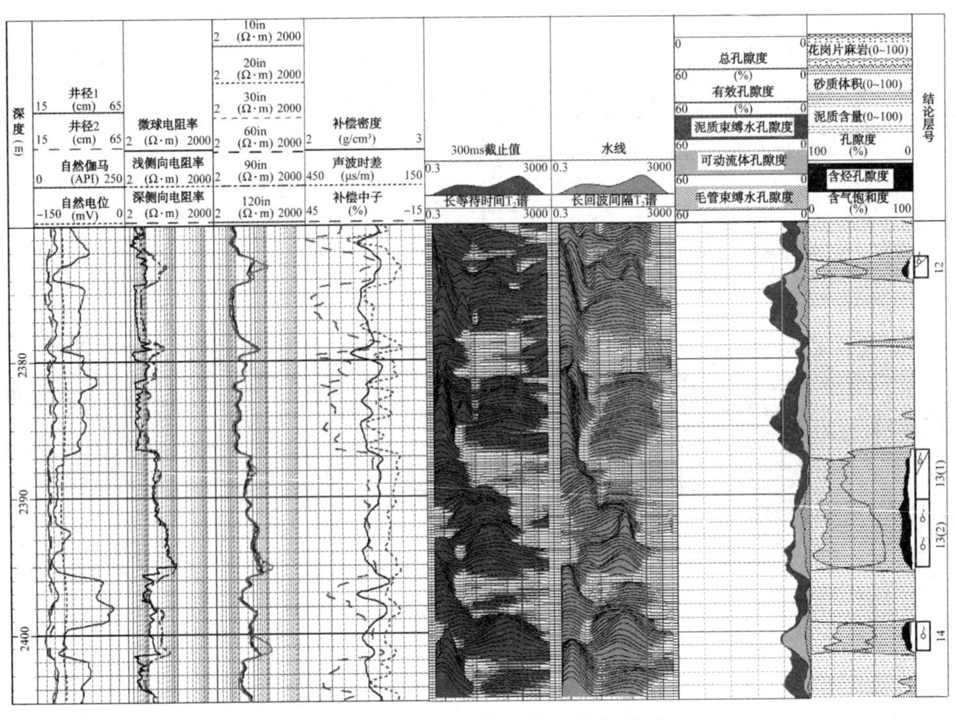
图 8-2-5　J66-2 井测井解释成果图

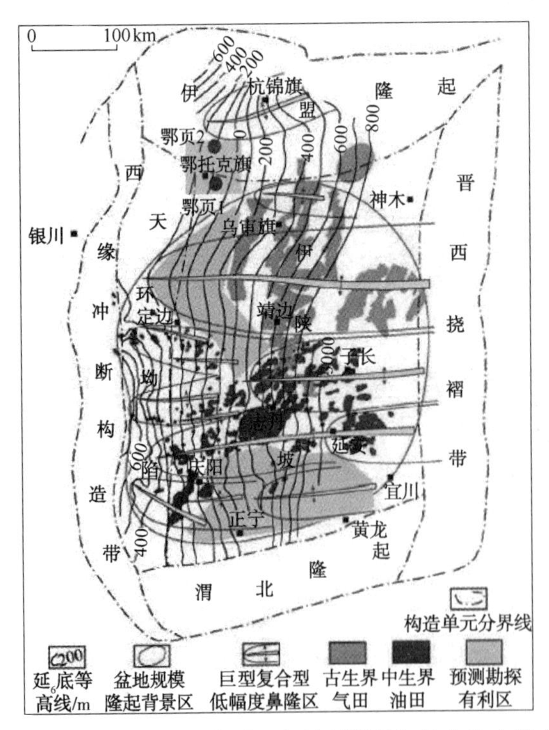
图 8-2-6　鄂尔多斯盆地伊陕斜坡油气分布及内蒙古矿业集团科研试验区位置图

测井评价的难点：①参考资料匮乏。该井周围 8km 没有油气井，钻探资料匮乏，属于典型参数“1”字号井，测井解释没有可借鉴的邻井(含试气资料)资料；②流体识别困难。致密砂岩骨架信号远大于流体，致使储层流体性质识别困难；③选层争议较大。在甲方优选 73 号层试气无效的情况下，该井下一步的试气方案确定异常困难。

测井评价方法：应甲方要求，根据研究成果，优化选取了该井的测井系列，成功测得了自然伽马能谱、井径、岩性密度、补偿中子、声波时差、井斜方位、高分辨率阵列感应、多极子阵列声波、电成像和核磁共振等测井资料。

利用研制形成的“分储集空间类型建立油气层测井解释标准”“孔隙度—电阻率交会”“纵波时差—纵横波速度比交

会”“中子—孔隙度交会”及“LLD—LLD/M2RX 交互判别法”对致密砂岩气层进行了识别，对该井进行了全井段的测井定量解释，在太原组发现致密砂岩气 9.5m/3 层、气水同层 8.0m/2 层及煤层气 13.4m/4 层。

孔隙度—电阻率交会图判别法：在孔隙性地层中，地层水的电阻率一般远低于油气和泥浆滤液电阻率，因此，地层含水时，会导致双侧向电阻率下降，特别是探测深度较深的深侧向电阻率；而孔隙度曲线是指示储层物性的主要标志，物性好的储层电阻率曲线主要受流体性质的影响，物性差时电阻率曲线会增大。通过深侧向电阻率与孔隙度曲线进行交会，可以界定储干界限，进而判定气层、水层(见图 8-2-7)。

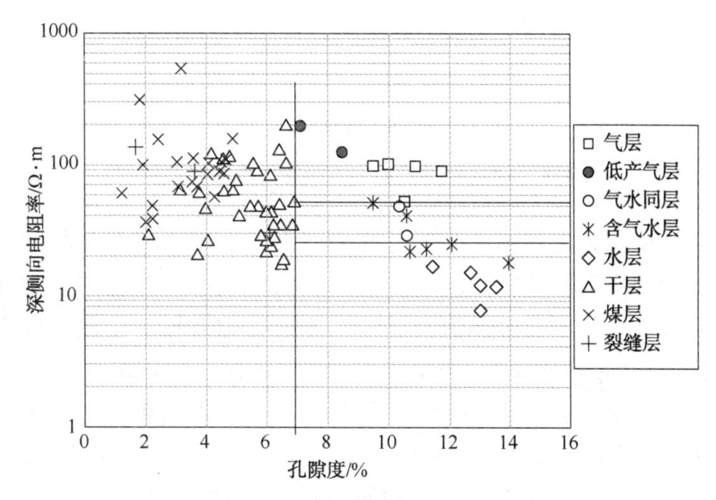

图 8-2-7　孔隙度—深侧向电阻率交会图

对 A 井延安组和延长组解释的煤层、石千峰组—马家沟组解释的储层和煤层做了孔隙度—深侧向电阻率交会图(图 8-2-7)。从孔隙度—电阻率交会图中可以看出，本井气层孔隙度在 9.0%以上，深侧向电阻率大于 50Ω·m；低产气层孔隙度在 7.0%~9.0%之间，深侧向电阻率大于 50Ω·m；气水同层的孔隙度在 7.0%以上，深侧向电阻率在 25~50Ω·m 之间；

含气水层的孔隙度在 7.0%以上，深侧向电阻率在 18~25Ω·m 之间；水层孔隙度在 7.0%以上，深侧向电阻率小于 18Ω·m；干层孔隙度在 7.0%以下；煤层的孔隙度均小于 5.0%，深侧向电阻率在 35Ω·m 以上。

纵波时差—纵横波速度比交会图判别法：一般情况下，砂岩的纵、横波波速比在 1.55~1.75 之间，气层的比值接近 1.5~1.6，而含水砂岩却表现为该比值随孔隙度、泥质含量的增大和有效应力的降低而增加。当地层含气时，地层中的气体使纵波速度降低，但对横波的影响很小，高孔隙度气饱和的砂岩具有异常低的纵、横波波速比，纵、横波速度比的幅度异常可定性指示含气性。图 8-2-8 为本井纵波时差与纵横波速度比交会图，从图中可以看出，储层含气时纵横波速度比会有不同程度的下降，含气越饱满，比值越小。

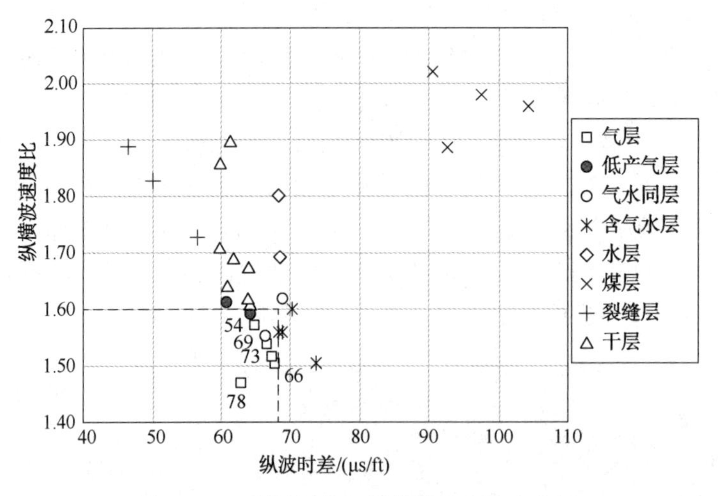

图 8-2-8　纵波时差—纵横波速度比交会图

孔隙度—补偿中子交会图判别法测井资料表明：补偿中子测井孔隙度取决于地层含氢量的高低，但当井壁周围地层孔隙空间中含有残余天然气时，补偿中子测井所测得的孔隙度远低于水层孔隙度。含气饱和度越高，其中子测井孔隙度比水层孔隙度下降越多，这就是天然气对中子测井的“挖掘效应”；利用补偿中子对气层的这种响应可以识别气层。

对本井储层做了孔隙度—中子交会图，见图 8-2-9。从图中可以看出，水层的数据点分布在 45°线以上；随着储层含气量的增加，中子数值减小，数据点分布在 45°线以下；纯气层中子值在 8.0PU 以下。个别气层受裂缝影响，中子数值偏大。

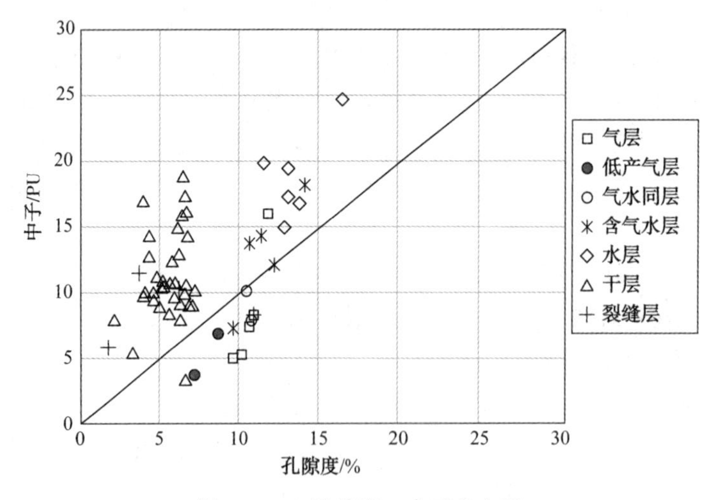

图 8-2-9　孔隙度—中子交会图

LLD-LLD/M2RX 交互判别法：对于气层来说，深侧向电阻率(LLD)代表地层的真实电阻率，且侧向电阻率值远远大于感应电阻率值；对于水层来说，感应电阻率代表地层的真实电阻率，侧向电阻率略大于感应电阻率。因而气层的深侧向电阻率(LLD)/深感应电阻率

(M2RX)远大于水层。利用这个特征可有效识别气层(见图 8-2-10)。

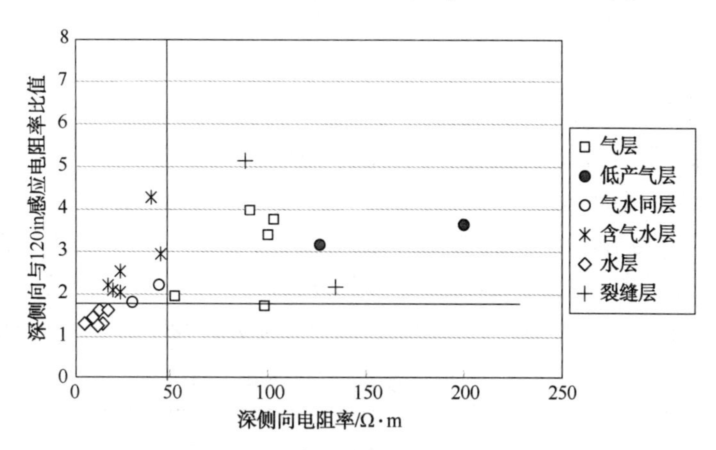

图 8-2-10　LLD-LLD/M2RX 交会图

对 A 井的储层做了深侧向与侧向感应比值的交会图，见图 8-2-11。从图中可以看出，含水层深侧向电阻率数值在 50Ω · m 以下，低产气层及气层的深侧向电阻率在 50Ω · m 以上；纯水层侧向感应的比值小，在 1~1.8 之间；随着含气量的增加，比值也随之增大，纯气层的侧向感应比值主要在 1.8~4 之间。

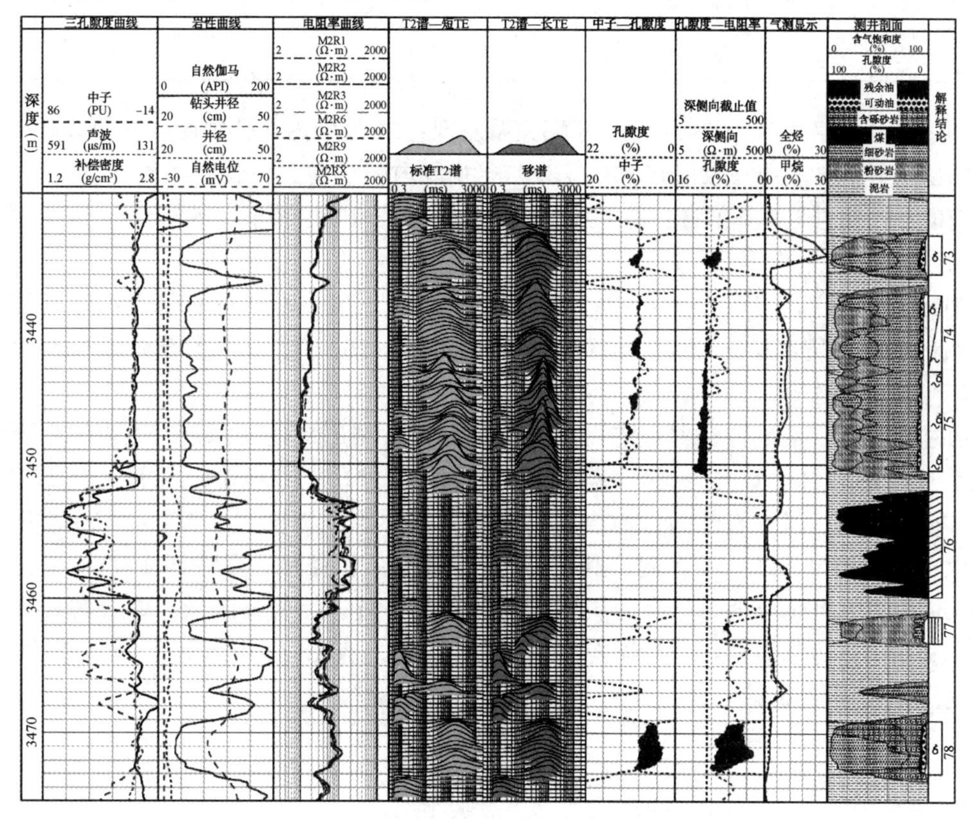

图 8-2-11　鄂尔多斯盆地 A 井测井解释成果图

应用效果：对 78 号致密砂岩气层压裂投产，获日产 $5\times10^4m^3$ 天然气的工业气流。根据中原测井的解释成果，内蒙古矿业集团在 A 井附近，建立了 $200km^2$ 的科研试验区。

三、四川盆地普光气田

成果成功应用于四川盆地普光气田完钻新井 15 口。普陆 3 井是部署在四川盆地川东断褶带黄金口构造普光东向斜的一口评价井，钻探目的是评价千佛崖组 2、4 砂组河道砂岩储层及含气情况，该井完钻井深 3979. 00m。

本井沙溪庙组至千佛崖组为砂泥岩地层，根据分储集空间类型建立油气层测井解释标准(见表 8-2-1)，据此在 3480. 0~3950. 0m 井段内解释(低产)气层 16 层 185. 2m(见图 8-2-12)。

表 8-2-1　普光陆相孔隙型储层评价标准

结论＼参数	孔隙度/%	渗透率/$10^{-3}\mu m^2$	电阻率/Ω·m	含气饱和度/%
气　层	$\phi\geqslant5.0$	$K\geqslant0.20$	$R_t\geqslant378.65\phi^{-0.9075}$	$S_g\geqslant35$
差气层	$3.0\leqslant\phi<5.0$	$0.05\leqslant K<0.20$	$R_t\geqslant378.65\phi^{-0.9075}$	$S_g\geqslant35$
水　层	$\phi\geqslant5.0$	$K\geqslant0.20$	$R_t<378.65\phi^{-0.9075}$	$S_g<35$
干　层	$3.0\leqslant\phi<5.0$	$0.05\leqslant K<0.20$	$R_t<378.65\phi^{-0.9075}$	$S_g<35$
	$\phi<3.0$	$K<0.05$	—	—

利用层内孔隙度—电阻率—岩性匹配关系发现，54 号层内在孔隙度测井曲线几乎没有变化的情况下，自然伽马数值在 3700~3703m 井段内明显增大，表明泥质含量明显升高，而对应的深侧向电阻率数值自上而下减小，储层呈现出油气层特征。故综合将 54 号层测井解释为(低产)气层(图 8-2-12)。

2020 年对普陆 3 井 3510. 0~3930. 0m 井段进行试气，获 $13\times10^4m^3/d$ 高产工业气流，测试结果与解释结论相符，预测资源量达 $1234\times10^9m^3$，取得了普光陆相勘探重大突破。

通过岩芯标定电成像测井、进而标定常规测井，利用层内孔隙度—电阻率—岩性匹配关系，准确识别低差异气层，以及泥质砂岩(页岩)气层。图 8-2-13 中 2721. 0~2745. 0m 井段内，录井岩性为细粒岩屑砂岩，测井计算孔隙度在 4. 5%~7. 2%之间，电阻率数值在 56~110Ω·m 之间，利用层内孔隙度—电阻率—岩性匹配关系，在层内 2740. 0m 附近自然伽马明显升高的层位电阻率曲线平直、无明显降低，综合解释提升为气层。利用上述方法对四川盆地通南巴地区进行老井复查 15 口井，发现 14 口潜力气井，新增气层 228. 3m/86 层。

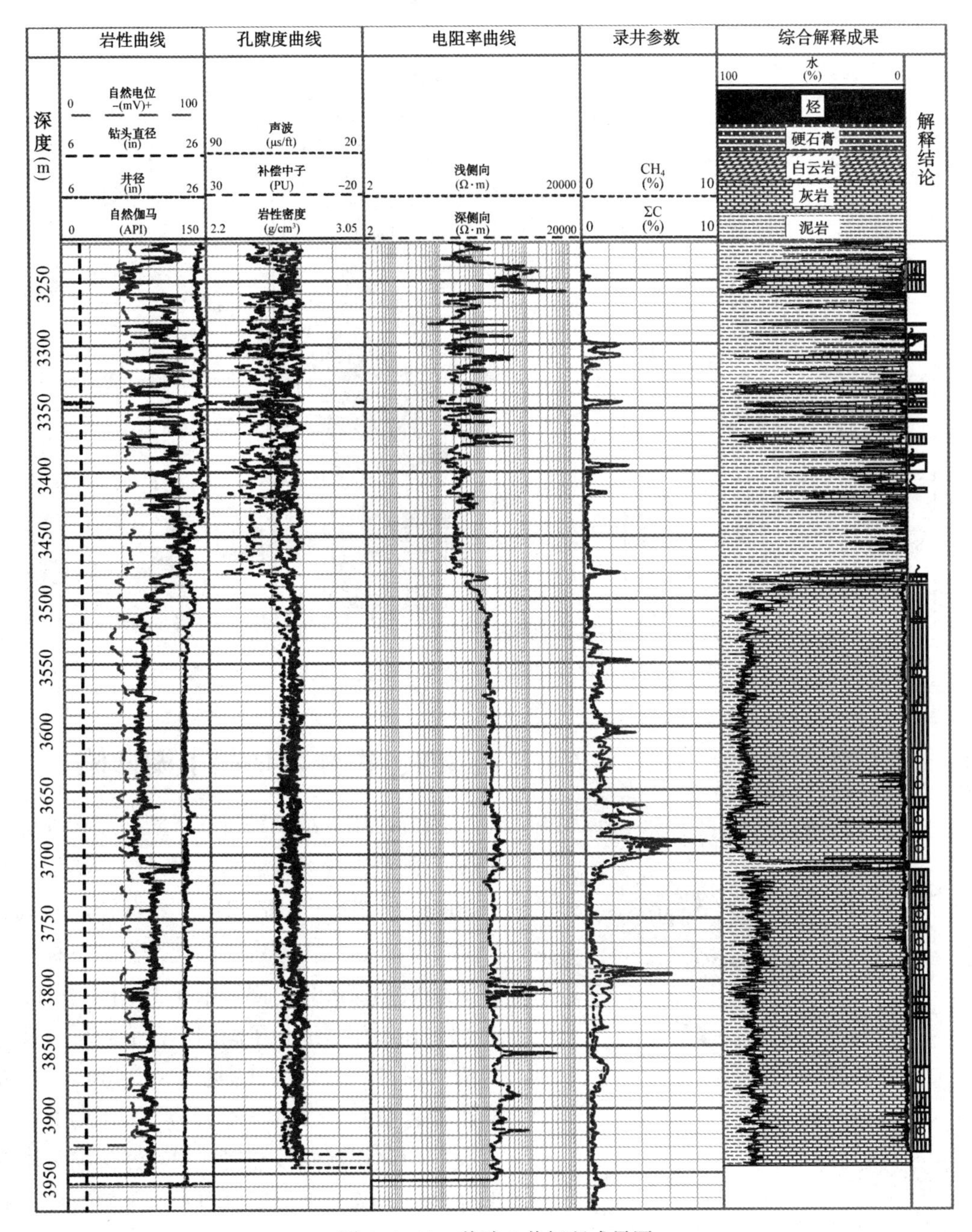

图 8-2-12　普陆 3 井解释成果图

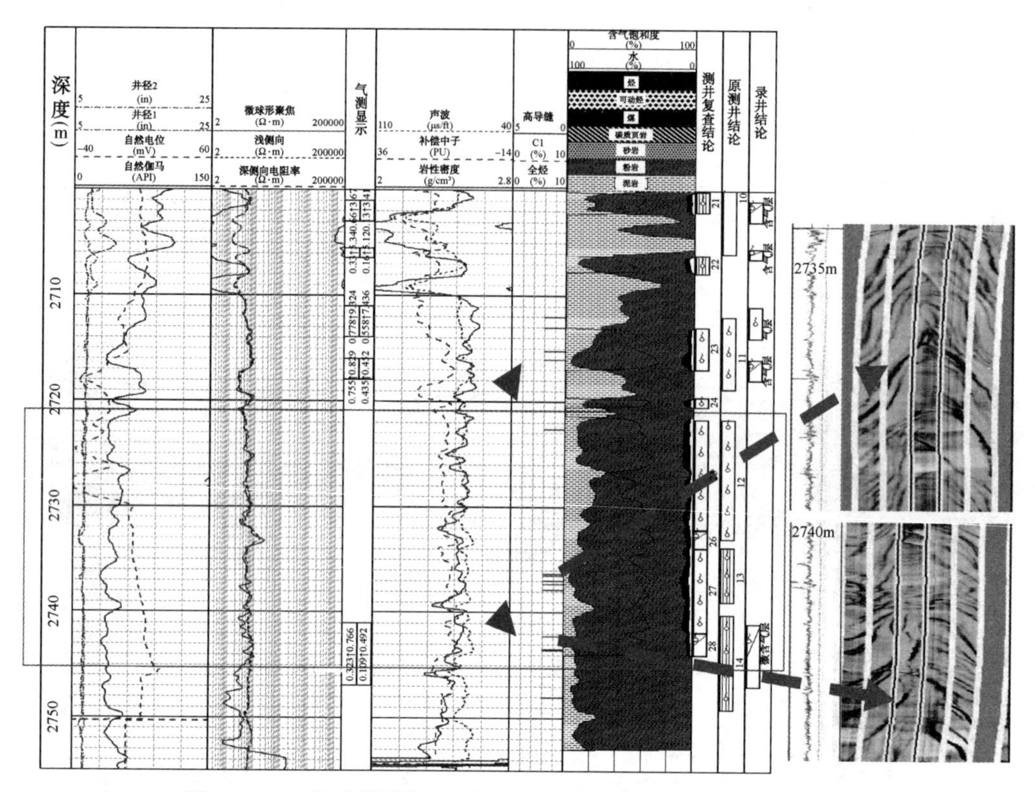

图 8-2-13　层内孔隙度—电阻率—岩性匹配关系识别低差异气层

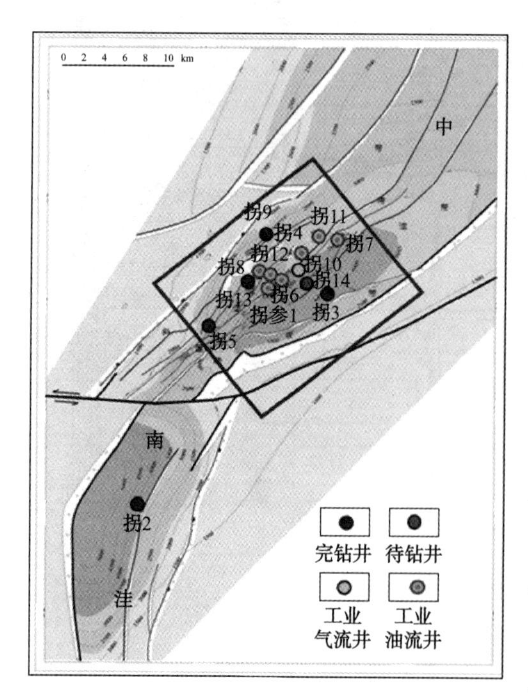

图 8-2-14　拐子湖凹陷勘探形势图

四、银额盆地拐子湖凹陷

新井应用：准确评价拐子湖凹陷中孔低渗储层。内蒙古探区银额新区拐子湖凹陷面积约 2630km²，与查干凹陷相比，具有较好的成藏条件。因此，在内蒙古探区优选有利目标继续扩大油气勘探成果，部署了拐 12 井。拐 12 井是部署在银额盆地拐子湖凹陷西部斜坡带反向屋脊亚带的一口评价井(见图 8-2-14)，钻探目的是评价拐子湖凹陷中洼拐 12 井高部位巴音戈壁组储层展布及油藏规模、评价拐子湖凹陷中洼基岩缝洞型储层展布及油气藏规模，完钻井深 3575. 00m。

通过层内孔隙度—电阻率—岩性匹配关系，完成 G4、G7、G10、G12 等探井的测井评价工作，其中 G12 井在 3355. 0~3392. 0m 井段内解释(低产)油层 4 层 5.5m、干层 4 层 6.6m(见图 8-2-15)，该井段射孔后 4mm 油嘴自喷，日产油 12.5m^3，解释结论与测试结果相符。G10 井在巴一段 1 砂组获工业气流，G12 井在巴一段 2 砂组获工业油流，试油讨论时优化两口井试油方案，节约了一笔可观的压裂费用。对提出的 6 口试油井均获得工业油流，进一步扩大银额盆地拐子湖凹陷含油场面。

老井复查：通过层内孔隙度—电阻率—岩性匹配关系，准确评价了拐子湖中孔低渗储层。复查 14 口老井，提升 9 口井，新增油气层 116.4m/75 层。

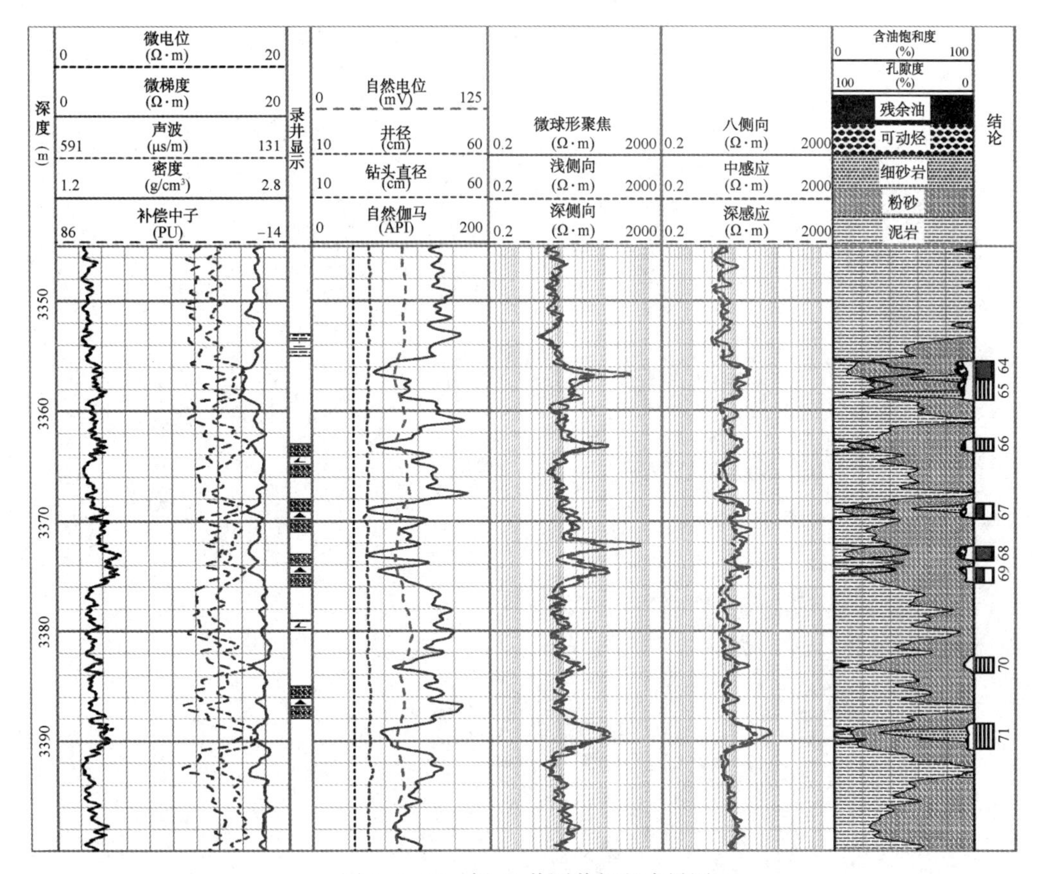

图 8-2-15　拐 12 井测井解释成果图

第九章

认识与建议

第一节　认　　识

在对岩芯分析数据、测试(投产)结果进行分析的基础上，结合其他专业领域的研究成果，对致密碎屑岩做了深入研究，取得了以下认识与成果：

① 不同区块、不同层位、不同储集类型的地层水、岩电参数差异明显，分区块、分层位、分岩性、分储集空间类型，即四分法构建孔隙度—电阻率解释标准，有益于复杂油气层的准确识别。

② 基于“孔道曲折度”提出的层内非均质识别法，较好地解决了沙河街组复杂油气层的识别问题，由此形成的“四看电阻率”快速识别油气层，易于在生产中推广应用。

③ 通过成像测井资料将微观的储层流体性质与宏观的油气成藏模式进行有效关联，利用裂缝与地层的配置关系识别油气层，有利于三叠系裂缝性油层的准确识别。

④ 在“后生淋积高铀储层模式”约束下，提出的“铀—电阻率—孔隙度”三维交会法识别油气层，实现了三维交会法识别油气层，打破了传统油气层识别方法的禁锢。

⑤ 根据储集空间类型的差异，区别目的层与非目的层，针对淡水、盐水、油基不同钻井介质优化测井系列，增强了测井资料采集的针对性与适应性。

⑥ 因能消除泥质对含油饱和度的影响，构建的W-S模型更具普遍意义，利用迭代法实现了对 S_w 的非线性方程的数学求解，易于在生产中应用。

⑦ 利用“中子—密度—声波时差”三维交会、V_p/V_s—DTS交会、M—N交会、光电吸收截面指数、“铀—钍”等5种方法可准确识别复杂岩性；尤其三维交会法，因其增加了一维约束条件，弥补了传统方法的不足，必会得到油气评价专家的青睐。

第二节　建　　议

(1)该成果是基于东濮凹陷建立起来的一套致密碎屑岩油气层测井识别技术，在东濮凹陷应用效果较好；在东濮凹陷以外的外部市场也有试用，但由于应用较少，其普适性有待于进一步跟踪分析。

(2)目前的岩芯分析法难以确定含油饱和度，所建的含油饱和度模型评价精度无法得到验证，建议开展密闭取芯工作以获得含油饱和度分析数据。

(3)EMI成像测井已成为三叠系裂缝性储层测井综合评价的关键性环节；但核磁共振测得的资料相对较少，建议增加核磁共振的测量井次，以保证对裂缝性储层的精确评价。

参 考 文 献

[1] 雍世和，张超谟．测井数据处理与综合解释[M]．山东东营：石油大学出版社，2001：442-448.

[2] 洪有密．测井原理与综合解释[M]．山东东营：石油大学出版社，1993：332-353.

[3] 潘和平，樊政军，孟繁莹．新疆塔北地区低阻油气层测井评价技术[M]．湖北武汉：中国地质大学出版社，2000：1-3.

[4] 赵俊峰，范瑞红，赵伟祥．马厂高含水期水淹层测井综合评价方法研究[J]．河南石油，2004；10(1)：30-33.

[5] 孙建孟，王永刚．地球物理资料综合应用[M]．山东东营：石油大学出版社，2001：18-19.

[6] 赵俊峰．马厂油田水淹层测井综合评价方法研究[D]．北京：中国石油大学(北京)，2004.

[7] 张庚骥．电法测井[M]．山东东营：石油大学出版社，1996：1-20.

[8] 褚人杰．确定水驱油藏地层水混合液电阻率的方法[J]．测井技术，1995；19(2)：117-125.

[9] 孙德明，褚人杰．利用自然电位测井资料求水淹层地层水电阻率[J]．测井技术，1992；16(2)：142-146.

[10] 孙德明．油田开发过程中水淹层电性、化学电位及含油性机理的理论、方法及实验研究[D]．北京：石油天然气总公司石油勘探开发研究院，1992.

[11] 秦积舜，李爱芬．油层物理学[M]．山东东营：石油大学出版社，2005：211-234.

[12] 赵俊峰，李俊舫．过套管电阻率测井方法研究[J]．断块油气田，2002，9(5)：72-75.

[13] 欧阳键．石油测井解释与油层描述[M]．北京：石油工业出版社，1994：206-213.

[14] 赵俊峰，唐远庆．苏里格气层测井识别与评价方法研究[J]．中国西部油气地质·2005：2(2)：217-221.

[15] 赵俊峰，魏昭冰，范瑞红．苏里格气层测井识别与评价研究[J]．断块油气田，2004，11(1)：77-80.

[16] 赵俊峰，赵伟祥，范瑞红．用测井方法评价储层的敏感性[J]．断块油气田，2004，11(3)：85-88.

[17] 赵俊峰，唐远庆，秦空．利用偶极横波成像测井评价地层的应力及各向异性[J]．中国西部油气地质，2006，2(3)：340-344.

[18] 赵俊峰，纪友亮，陈汉林，等．电成像测井在东濮凹陷裂缝性砂岩储层评价中的应用[J]．石油与天然气地质，2008，29(3)：383-390.

[19] 赵俊峰，纪友亮，陈汉林，等．低孔低渗气层测井识别与评价方法研究[J]．海洋石油，2008，20(3)：96-102.

[20] 赵俊峰，纪友亮．东濮凹陷沙三段盐岩成因及层序地层划分[J]．海洋石油，2009，29(1)：9-14.

[21] 赵俊峰，陈汉林，李凤琴，等．中原油田致密砂岩裂缝性储层测井评价方法[J]．海洋石油，2012，32(3)：86-91.

[22] 赵俊峰，田素月，陈汉林，等．东濮凹陷页岩油测井评价中的关键问题及对策[J]．特种油气藏，2013，20(3)：27-31.

[23] 赵俊峰，李凤琴，凌志红．东濮凹陷古潜山致密砂岩油气层测井识别方法[J]．特种油气藏，2014，21(2)：46-50.

[24] 赵俊峰，田素月，李凤琴，等．白云质泥岩缝洞型储层测井评价技术[J]．测井技术，2014，38(5)：581-586.

[25] 孙建孟，王永刚．地球物理资料综合应用[M]．山东东营：石油大学出版社，2001：39-43.
[26] 赵俊峰．东濮凹陷沙三段高分辨率层序地层学研究[D]．上海：同济大学，2008.
[27] 陆大卫，立宁，匡立春，等．石油测井新技术适用性典型集[M]．北京：石油工业出版社，2001：8-12.
[28] 丁次乾．矿场地球物理[M]．山东东营：石油大学出版社，1992：100-163.
[29] 司马立强．测井地质应用技术[M]．北京：石油工业出版社，2002：8-35.
[30] 冯启宁．测井新技术培训教材[M]．北京：石油工业出版社，2004：86-178.
[31] 杜增利，徐峰，刘福烈著．致密碎屑岩储层流体判别方法[M]．北京：科学出版社，2015.
[32] 张筠．致密碎屑岩储层测井技术论文集[M]．西安：西北工业大学出版社，2010.
[33] 胡宗全．致密裂缝性碎屑岩储层描述、评价与预测[M]．北京：石油工业出版社，2005.
[34] 杨克明，徐进．川西致密碎屑岩领域天然气成藏理论与勘探开发方法技术[M]．北京：地质出版社，2004.
[35] 赵彦超．非常规致密砂岩油气藏精细描述及开发优化[M]．武汉：中国地质大学出版社，2018.
[36] 谢渊，等．鄂尔多斯盆地东南部延长组湖盆致密砂岩储层层序地层与油气勘探[M]．北京：地质出版社，2004.
[37] 李长喜．致密砂岩油气测井评价理论与方法[M]．北京：石油工业出版社，2019.
[38] 景成，宋子齐．致密砂岩气藏测井解释理论与技术[M]．北京：中国石化出版社，2019.
[39] 孟祥宁．致密砂岩储层核磁共振测井评价方法[M]．北京：中国石化出版社，2019.
[40] 章成广，唐军，蔡明，等．超深裂缝性致密砂岩储层测井评价方法与应用[M]．北京：科学出版社，2021.